我这一代的物理学

〔德〕马克斯·玻恩 著

侯德彭 蒋贻安 译

Max Born

PHYSICS IN MY GENERATION

Translation from English language edition:

Physics in My Generation

by Max Born

据斯普林格出版公司 1968 年版译出

马克斯·玻恩(Max Born,1882—1970)

译者前言

M. 玻恩是当代著名的西方物理学家，1882 年生于德国。他在量子力学和固体理论等方面有过许多重要的研究和贡献，曾获得 1954 年物理学诺贝尔奖金。他还发表过不少关于自然科学哲学问题的论著和其他社会论著，如《不息的宇宙》、《物理学中的实验和理论》、《物理学与政治》、《关于因果和机遇的自然哲学》以及本书等。

本书是一本论文选，收集了作者在 1921—1951 年这三十年期间所发表的一些哲学性论文和一般社会言论。这三十年正是物理学的面貌有了根本变化的时期。其主要标志就是量子力学的诞生（1925—1927）和发展。量子力学是解释原子现象的有效的理论工具，它克服了过去的经典物理学理论在微观世界里遭遇到的原则性困难。这是一个根本统计性的理论，和经典物理的机械决定论观念形成了鲜明的对照。本来，就科学理论本身的意义说来，量子力学所代表的，无非也是我们对客观物质世界及其规律性的深入一步的认识。但是，西方某些物理学家和哲学家却纷纷利用量子力学的成果，对它的基本原理加以曲解，来宣扬主观唯心主义哲学。其中，以物理学家 N. 玻尔和海森堡等人为首的哥本哈根学派表现得最突出。这个学派宣称量子力学带来了二十世纪的“科学的哲学”,其核心则是所谓“并协原理”。他们积极宣扬非决定论思想,否认微观世界的客观性和因果规律性,强调观测者的作用,说什么主客体已不可分离。他们甚至把“并协原理”应用到社会现象和政治上,宣传资产阶级和平主义以及资本主义和共产主义和平共存、相互补充等观点。

玻恩是哥本哈根学派中的重要成员。在量子力学产生以前,玻恩哲学思想上的自发唯物主义倾向比较明显。但到后来,玻恩在主观唯心主义的“并协哲学”的学说中越陷越深。我们从本书可以清楚地看到玻恩哲学思想和社会政治思想的这个变化过程。

我们希望本书能向读者表明,自然科学家的自发唯物主义思想在今天是抵制不了唯心主义的进攻的。我们也希望读者能够用正确的观点对本书加以全面的、具体的分析。

译者限于水平,错误之处在所难免,敬希读者批评指正。

译　者

2013 年 8 月

目 录

作 者 序

在退休后的空闲时间里,我仔细读了自己的几本著作,发现其中有两本比较通俗的读物在对待某些基本科学概念的态度上,表现出一种令人吃惊的变化。这时候我就有了把这些随笔文章编成集子的想法。那两本读物就是 1921 年的《爱因斯坦的相对论》和 1951 年的《不息的宇宙》美国版。我把前者的导言作为这本论文集的第一篇,把后者的附言作为最后一篇。这两本书在空间和时间的相对概念上是一致的,但在许多其他基本观念上却有所不同。在 1921 年,我相信——和我同辈的物理学家大多数也有这个信念——科学提供了关于世界的客观知识,而世界则是遵从决定论的规律的。在我看来,科学方法比其他用以形成世界图像的较主观的方法(哲学、诗歌和宗教)更为优越;当时我甚至认为,科学的明确语言乃是取得人类之间更好了解的一个步骤。

在 1951 年,我一点也不相信这些了。客体和主体之间的分界线已经模糊不清,决定论的规律被改为了统计规律;虽然物理学家们越过国界相互取得了很好的了解,但是他们对国家与国家之间的较好了解并未作出丝毫贡献,反而促成了最可怕的毁灭性武器的发明和应用。

如今,我把从前的认为科学比其他人类思想和行为的方式更优越的信念，看成是一种自我欺骗，这种自我欺骗的来由乃是：在和形而上学体系的含糊性相比之下，我对科学思想的明确性怀有一种年轻人的热情。

但我还是相信，基本概念的迅速变化以及改进人类社会道德标准的失败，并不说明科学在追求真理和美好生活方面是无用的。

观念的改变并非随意的，而是观测事实强加在物理学家身上的。真理的最后标准是理论和经验的一致，而仅当在公认的观念框架中描述事实的一切企图都归失败时，方才形成新的观念，起初是小心谨慎地、勉勉强强地，而后来，要是得到实验证实的话，信心就加强了。经典的科学哲学就是这样地转变为现代的科学哲学的，它以玻尔的并协原理为发展的顶点。

为了说明这一发展过程，我选了几篇我在上述二书发表之间的三十年里所写的通俗文章，加上第一本书的导言和第二本书的附言编成了这个集子。其中有些文章和主要问题关系不大，例如关于物理学中最小值原理的一篇，关于爱因斯坦工作的几点讨论以及一些关于自传的谨慎尝试。其他文章谈的都是物理学的背景，以及它在我这一生中的革命性变革。这些文章有许多重复，要避免这些重复而不影响文章的内部结构是不可能的；但我认为，一个问题的各次重复是从不同的角度说明问题的，尽管它们都是基于我个人的观点。文章是按照年代来编序的。

我希望读者会从这本集子里感染到物理学这个伟大时期的某些探险精神。

荷顿博士为我审阅了校样，出版社的职工们热忱地满足了我的希望，而且印刷得很好，为此一并深致谢意。

《爱因斯坦的相对论》导言

（1921）

世界不是作为一件成品呈现在有内省能力的人心里的。人心必须根据大量的感觉、经验、通信、记忆和知觉去构成世界的图像。因此，可能找不到两个有思维的人，他们的世界图像在每个方面都一致。

当一个观念的主要内容成为大多数人的共同财富时，就产生了称为宗教信条、哲学学派和科学体系等精神活动；它们表明人们在见解上、信条上和信念上有所混乱的一个方面，这些东西阻碍着人们要求解决问题的一切努力。这里，似乎绝不可能找到一条线索，引导我们通过这许多分分合合的五花八门的学说，走上一条确定的道路。

我们打算把本书所要说明的爱因斯坦相对论，置于怎样的地位呢？相对论是否只是物理学或天文学的一个特殊部分，它本身是有趣的，而对人类思想的发展却没有很大重要性呢？或者，它是否至少是代表我们时代特点的特定思想趋势的象征？要不，它本身的确代表一种“世界观”？只有熟悉了爱因斯坦学说的内容以后，我们才能有把握地回答这些问题。但是，这里也许可以提出一种观点，按照这种观点来对所有各式各样的世界观进行分类（即便只是大概地),并且在作为整体的世界的统一观点当中,赋予爱因斯坦的理论以一定地位。世界是由自我和非我,即内在世界和外间世界组成的。这两极的关系是每种宗教和每种哲学的对象。但是,每种学说赋予自我在世界中的作用却有所不同。在我看来,自我对世界图像的重要性即在于它是一个尺度,按照这个尺度,我们可以像穿成一串珍珠似地,把各种信条、哲学体系、艺术或科学所提供的世界观整理出一个次序来。采取这种观念去研究思想史尽管是诱人的,但我们却不能离题太远,我们只把它应用到人类思想的一个特殊领域里,即应用到爱因斯坦理论所属的自然科学里。

自然科学位于这个序列的末端,在这里,自我(即主体)只起着无关紧要的作用;物理学、天文学和化学在塑造概念中的每个进展,都是向排除自我的目的地跨进一步。这当然不是针对和主体分不开的求知活动而言,而是针对完整的自然界图像而言,这里所依据的观念是:平常的世界独立于求知过程以外而存在,并且不受求知过程的影响。

自然界通过感官作为门户而呈现在我们面前,感官的性质决定着可以引起感觉或直觉的东西的范围。我们越是遥远地回顾科学的历史,就发觉关于世界的自然图像越多地取决于感官的性质。过去的物理学被划分为力学、声学、光学和热的理论。我们可以看出它们和感觉器官的联系,即和运动的感觉以及声、光和热的印象的联系。在这里,主观的性质仍然对概念的形成起着决定性的作用。精确科学的发展就是从这种状态沿着确定的道路走向一个目的地的,这个目的地即便还远未到达,但已清晰地显露在我们面前,那就是建立一个不受任何知觉或直觉限制的自然界图像,它纯粹是一种概念结构，是为了齐一地并且无矛盾地描写全部经验的总和而设想出来的。

今天，机械力已是一种抽象，仅仅在名称上和力的主观感觉有共同之处而已。机械质量已不再是可触摸物体的一种属性，即使仅仅充满以太辐射的虚空空间也具有这种质量了。有声领域已成为无声振动世界的一块小属地，它们之所以能够在物理上和无声振动区别开来，只是由于人耳仅对一定的频率间隔有反应这个偶然性质。现代光学是从电学和磁学理论中取出的专门一章，它讨论一切波长的电磁振动，从最短的放射性物质的γ射线（波长只有一毫米的亿分之一），到X射线（伦琴射线）、紫外线、可见光、红外线，直到最长的无线电波（赫兹波，波长达到许多千米）。在可以到达物理学家智慧之眼的不可见光世界里，物质之眼几乎是盲眼，能够使之变为感觉的振动间隔是太小了。热的理论也无非是力学和电动力学的专门部分。它的基本概念是绝对温度、能量和熵，这些都是精确科学的最精巧的逻辑建筑物，并且也只是在名称上还带有热和冷的主观印象的痕迹而已。

不可闻声、不可见光、不可觉热，这些就构成物理的世界，对那些想体验活的自然界，想把握它内部的和谐关系，怀着敬畏之心惊叹它的伟大性的人来说，这是个僵冻的、死的世界。歌德就讨厌过这种不动的世界。他认为牛顿乃是对自然界持有敌意看法的典型人物，他反对牛顿的一场尖刻论战表明，那不仅是两个研究个别颜色理论问题的人之间进行孤立斗争的问题。歌德代表着一种世界观，这种世界观的地位差不多是在上述那个尺度（即是按照自我的相对重要性制定的尺度）的相反一端，就是说，和精确科学的世界图像所占有的那一端相反。诗的实质是灵感和直觉,是以象征的形式对感官世界所作的幻想的理解。诗的源泉是个人经验,而不管这种经验是由于感官受到刺激而引起的一种明显自觉,抑或是某种关系或联系中所强烈表现出来的观念。在这种天赋的、也许的确是上天恩赐的心灵所构成的世界图像中,逻辑形式和理性的东西是不起什么作用的。对这种心灵来说,作为那些仅仅间接与经验有关的抽象东西之总和的世界,乃是一个陌生的领域。只有直接呈现在自我面前的东西,只有能够感觉到或者至少可以作为一种可能的经验表现出来的东西,对它才是实在的有意义的东西。因此,当后来的读者去考察歌德时代以后的这一个世纪期间精确方法的发展时,当他们从效果来衡量歌德关于自然科学史的著作的作用和意义时,这些著作就仿佛是一位幻想家的文集,是个人对自然关系的新奇感的表现(移情)[①]了,而对这样的读者来说,他在物理学上的主张也就似乎是一些误解,是对一种更伟大力量的徒劳无益的反抗了;即便在当时,这种伟大力量的胜利也是确保的。

那么,这种伟大力量究竟是什么呢?它的目的和手段是怎样的呢?

它既有取又有舍。精确科学敢于追求客观的陈述,但又不认为它们是绝对有效的。这个公式显现出以下的对比。

一切直接经验所导致的陈述,必然有一定程度的绝对有效性。如果我看到一朵红花,经验到快乐或痛苦,那就是经验到一些事体,怀疑它们是毫无意义的。这些事体无疑是有效的,但这只是对

① 移情(Einfühlung)是把主体的感情转移给客观事物。——译注

我来说。它们是绝对的,但也是主观的。人类知识的所有探索者,目的都是要把我们从这个自我的小圈子里带领出来,把我们从一个还要更小的瞬时性的自我小圈子里带领出来,从而建立起我们和其他思维生物的共同基础。首先要建立和另一时刻的自我的关系,然后建立和别人或者和神的关系。一切宗教、哲学和科学的发展,都是为了把自我扩张为"我们"这个字所代表的较广的团体。但是,这样做的方法各有不同。如今我们又面临着互相矛盾的学说和见解上的一片混乱了。可是我们不再感到惊慌,而是按照我们在追求领悟的方式中所给予主观的重要性去整理它们。这就把我们带回到我们一开始出发的那个原则,因为一个完整的领悟过程才算是一种世界图像。这里又出现了两个相反的极端。一部分人不想否认或者放弃绝对性,所以他们仍然紧紧抱着自我不放。他们创造的世界图像不能靠任何系统的过程产生,而只能靠对他人进行宗教、艺术或诗歌等表达手段上的一种难以理解的活动产生。在这里,支配一切的是信仰,真诚的热情,兄弟般的友爱,但常常也有狂热、狭隘和理智的覆灭。

相反,另一部分人的想法是放弃绝对性。他们发现到——却常常带着恐怖的感觉——一个事实:内省经验是无法交流的。他们不再为了不能获得的东西斗争,而就此认输。但是他们希望至少在可以获得的东西上达到一致。所以他们力图去发现在他们的自我和别人的自我中什么是共同的东西;而在这里面已经找到的最好的东西,不是精神本身的经验,也不是感觉、观念或感情,而是一些性质最简单的抽象概念——数字、逻辑形式;简言之,就是精确科学的表达手段。这里我们不再谈论什么是绝对的。在科学家的专门领域里,大教堂的高度不是引起他们的敬畏之感,而是用米或厘米来量度。生命过程不再作为一种时间瞬息即逝的经验,而是以年和日来计数。相对的量度代替了绝对的印象。而我们所得到的世界,乃是一个狭窄的、片面的、有着明显边缘的世界,它没有任何感觉上的魅力,没有任何的颜色和声音。但就以下一点来说,它胜过其他的世界图像:它在人们的心灵之间架起了一道桥梁,这是不容怀疑的事实。铁的比重是否大于木头的,水是否比水银容易冻结,天狼星是行星还是恒星,它对这些问题的看法是能够一致的。不一致也会有,有时候,一种新学说似乎推翻了一切旧的事实,可是,力求深入到这个世界内部而不退缩的人一定感到,已经肯定的知识领域在不断扩大着,这种感觉可以减轻由于精神孤独而引起的痛苦,从而建成通向同类心灵的桥梁。

以上是尽力按照这种方式来说明科学研究的本质,现在,我们可以把爱因斯坦的相对论归入它的范畴了。

首先,相对论纯粹是力图摆脱自我,力图消除感觉和知觉的产物。我们曾经谈到物理学中的不可闻声,不可见光。在有关的科学里我们也可以看到类似情况,例如在化学中(化学宣称存在某些放射性物质,谁也不曾用任何感官直接知觉到它们存在的丝毫痕迹),或是在下面将要谈的天文学中。这些"世界的外延部分"——我们可以这样来称这些科学——本质上都涉及感官性质。但是,每件事都发生在空间和时间中,这种空间和时间的概念是由力学的奠基者牛顿引入到力学里的。现在,爱因斯坦发现,这种空间和这种时间仍然整个被包裹在自我之中;他发现,如果把这些基本概念也加以相对化,自然科学的世界图像就会变得更加光辉灿烂。在以前,空间密切联系着广延性的主观绝对感觉,时间密切联系着生命过程的主观绝对感觉,而现在,它们纯粹是一些概念结构了,它们也像实体一样远远离开了直接知觉,正如除了很小的波长间隔以外,现代光学中的整个波长区域并不能产生光的感觉一样。但是,也像后一情形一样,我们可以毫不困难地把知觉到的空间和时间顺序纳入物理概念体系里面去。这样,我们就得到一种客观性,它已经以真正惊人的方式预言了自然现象,从而显示出自己的力量。下面我们还要详细谈这点。

因此,爱因斯坦理论的成就就是空间和时间概念的相对化和客观化。在目前来说,它是科学所提出的最后一个世界图像。

量子力学的物理面貌[①]

〔首次发表于 *Nature*119 卷,354—375 页,1927 年。〕

这篇通讯的目的不是报导量子力学的现状。这样的报道最近已由新理论的奠基者海森堡发表了(*Die Naturwissenschaften*,45 卷,989 页,1926 年)。我们这里是试图解释量子理论公式的物理意义。

目前,我们有着惊人有用的合适工具,来解决量子理论的问题。在此必须坚持,不同的表述方式,即矩阵理论、狄拉克的非对易代数、薛定谔的偏微分方程,在数学上都是彼此等价的方式,而且一起构成一个单一的理论。这个理论能用来计算原子的定态,还能计算相应的辐射,只要我们略去辐射对原子的反作用;在这方面,似乎不能希望什么更多的东西了,因为对每个事例进行计算的结果都是符合实验的。

然而,物质的可能状态问题还不是全部的物理问题。也许更重要的还是当平衡受到扰动时,所发生现象的过程问题。经典物理谈的完全就是这个问题,它对结构问题几乎完全无能为力。相

① 本文是 1926 年 8 月 10 日作者在牛津英国学术协会甲组(数学和物理组)宣读的一篇论文的扩充,由奥本海默先生译成英文。作者对其细心的翻译深表谢意。

反,在量子力学里,现象过程的问题实际上是不出现的,因为这个问题不能直接适应理论形式的发展。下面我们来考虑一下用新力学处理这个问题的一些尝试。

在经典动力学中,有关一个封闭系在任一瞬间的状态的知识(即全部粒子的位置和速度)明确决定着系统的未来运动;这是因果原则在物理学中所采取的形式。在数学上,这表现为如下的事实:物理量满足一定类型的微分方程。但是除了这些因果律之外,经典物理总是要采用某些统计考虑。事实上,几率的出现之所以合理,是因为我们从来也没有准确地知道过初始状态;只要是这种情况,就可以采用统计方法,而这多少是临时性的做法。

初等几率理论的出发点,是假设我们有理由认为某些事件是同等可几的,并且由此可以导出这些事件的复杂组合的几率。更一般地说,它是从一个假设的分布出发(例如同等可几事件形成的均匀分布),导出一个依赖于它的分布。导出的分布与假设的初始分布完全无关或部分无关的情形,自然是特别重要的情形。

以上所述相当于如下的物理程序:假设一种初始分布,如有可能,便假设事件同等可几的分布,然后设法去证明,这个初始分布与最后的观测结果无关。在统计力学中,我们看到这个程序有两部分内容:我们把相空间分割为同等可几的相格,这样做仅仅是靠某些一般定理(能量守恒,刘维定理)的指引;同时,我们设法把得到的空间分布变为对时间的分布。这个转变是靠各态历经假设来实现的,各态历经假设说,每个系统如果任之自然的话,总要均匀地掠过其相空间;但是,这纯粹是一个假说,今后多半还是一个假说。这样看来,把相空间分割为相格这种选择同等可几事件的做法,其正确性只能在它解释观测现象成功以后推知了。

在物理学中,凡是应用几率考虑的场合,都有类似的情况。让我们用原子碰撞——电子与原子碰撞——来作为例子。当电子的动能小于原子的第一激发势时,碰撞是弹性的:电子不损失能量。这时我们可以问,电子在碰撞后偏转到哪一方向上。经典理论认为每次这样的碰撞都是可按因果律来决定的。如果知道原子中全部电子的以及碰撞电子的准确位置和准确速度,我们就能事先算出偏转角。但是不幸,我们又是缺少有关系统细节的这些知识,我们还是不得不满足于平均值。人们常常忘记,为了得到这些平均值,必须作同等可几位形的假设。这样做的最“自然的”方法,就是用角变数和位相来表示电子在初始轨道上的坐标(相对于原子核而言),并且把相等的位相间隔看作同等可几的。但这只是一个假设,其正确性只能用它的结果来证明。

这个做法的特点是,微观坐标的引入只是为了使个别现象至少在理论上是可以决定的。而对实际目的来说,它们并不存在:实验者仅仅数出沿给定角度偏转的粒子数,而不纠缠在路径的细节问题上;路径的主要部分,即原子对电子有反作用的那一部分,是观测不到的。但从偏转角的数据中,我们能作出有关碰撞机制的一些结论。这方面的一个著名例子是卢瑟福关于 α 粒子散射的工作;但是,这时微观坐标不是电子的位相,而是 α 粒子原来的路径到原子核的距离。卢瑟福根据散射的统计学证明了,库仑定律对原子核与 α 粒子之间的作用也有效。微观坐标最后已从粒子按不同偏转角分布的理论公式中消去。

因此,这个例子说明,计算力场可以采用计数的方法,即采用统计方法,而不用测量加速度和牛顿第二定律。

从根本上说,这方法好比我们在掷骰子时,如果每掷六次当中有一面经常不止一次地朝向上,那就会使我们怀疑这颗骰子是假的;统计考虑指出,这里面有个转矩。说明这方法的另一个例子是“气压公式”。我们当然能用动力学导出这公式,这只要把空气看成一种连续物质,并且要求流体力学压强和重力之间取得平衡;但在实际上,压强只被统计地定义为分子在碰撞中所平均转移的动量,因此,我们不仅可以而且从根本上说也更有理由把气压公式看作是对重力场中的分子计数的结果,由此即可导出重力场的规律。

这些考虑是要把我们引致这样一个观念:牛顿的力的定义可以改为统计的定义。在经典力学中可以断言,如果粒子的运动是直线运动,它就一定不受外力的作用,同样,采用力的统计定义则应当说,如果一个粒子系集均匀分布在某一区域,它就一定不受外力的作用。(选择适当的坐标,从两种理论可以导致相似的问题。)按照经典理论,力的大小是用粒子的加速度来度量,而按统计理论就会用粒子系集的不均匀性来度量。

在经典理论中,当然面临着把两个力的定义归为一个的问题,这也就是一切试图解决统计力学合理基础的目的;但我们已经试着阐明,这些尝试始终没有取得成功,因为归根到底,我们不能不选择同等可几的事件。

有了这番准备以后,现在我们转而来看量子力学。值得注意的是,在量子力学里,甚至从历史上说,先验几率的作用也绝不能归结到同等可几的场合,例如,在发射跃迁几率中就是如此。当然,这也许只是理论的一个弱点。

更重要的是，形式上的量子力学显然提供不出什么方法来决定粒子的时空位置。也许有人反对说，根据薛定谔，粒子是不能有任何明确确定的位置的，因为粒子只是一个范围不明确的波群；但我想还是抛弃这种“波包”观念的好，我们从来也没有并且也许不能把这个观念坚持到底。因为，薛定谔波不是在普通空间中运动，而是在位形空间中运动，这空间的维数与系统的自由度数（N个粒子有$3N$个）同样多。量子理论在描述系统时，在一定程度上谈到了系统的能量、动量和角动量；但它没有回答某个粒子在给定时刻的位置问题，至多只是在经典力学的极限情况下作了回答。在这方面，量子理论是和实验者一致的，因为微观坐标也是实验者之力所不及的，所以他仅仅数出事例的数目，并且满足于统计学。这表明量子力学同样只回答适当提出的统计问题，关于个别现象的过程问题是说不出什么的。因此，量子力学乃是力学和统计学的一种奇特的融合物。

据此，我们应当把波动方程和如下一种图像联系起来：满足这方程的波完全不代表物质粒子的运动；它们仅仅决定物质的可能运动，或者不如说，仅仅决定物质的可能状态。我们总能想象物质是由点质量（电子，质子）组成的，但在许多场合下，粒子并不能等同于个体，例如当它们构成原子系统的时候。这样一个原子系统有一系列分立的状态；但它也有连续的状态域，这些状态有一种奇异的性质，就是，其中的扰动可以沿着一条路径以有限的速度离开原子传播出去，就像有一个粒子被抛出来似的。这个事实证明粒子的存在，甚至要求它存在，虽然我们说过，在某些情况下，这是不能过于拘泥字面来理解的。这些粒子之间的力是电磁力（暂且不考虑传播的有限速度)：就我们所知，这些力可由经典电动力学用粒子的位置表出(例如库仑吸力)。但是，这些力不像在经典理论中那样是引起粒子加速度的原因；它们和粒子的运动没有直接关系。这里面有个波场作为媒介：力决定着某个函数 ψ 的振动，而 ψ 依赖于全部粒子的位置(是位形空间中的函数)；力之所以能决定 ψ 函数的振动，是因为 ψ 的微分方程的系数中含有力本身。

只要一个物理过程的进程在量子力学上说是确定的(不是因果意义上的确定，而是统计意义上的确定)，则由 ψ 的知识就能跟踪这进程。每个过程都是由基元过程所组成，习惯上常把这些基元过程称为跃迁或跳变；跳变本身似乎完全不能想象，只可以确定它的结果。这结果就是，系统在跳变之后处在不同的量子态上。函数 ψ 以如下的方式确定着这些跃迁：系统的每个状态对应于微分方程的一个特定的特征解，即对应于一个本征函数；例如，基态对应于函数 ψ_1，下一个解对应于 ψ_2，等等。为简单起见，我们假设系统原来处在基态；在发生一个基元过程之后，解就变为下列形式：

$$\psi = C_1\psi_1 + C_2\psi_2 + C_3\psi_3 + \cdots\cdots$$

它是具有确定振幅 $C_1, C_2, C_3, \cdots\cdots$ 的若干本征函数的叠加。而振幅的平方 $C_1^2, C_2^2, C_3^2, \cdots\cdots$ 则给出系统在跳变之后处在状态 1,2,3,……上的几率。例如 C_1^2 是系统尽管受到扰动而仍旧留在基态的几率，C_2^2 是它跳变到第二个态的几率，如此等等[①]。因此，这些

① 不妨指出，这个理论并不等同于玻尔、克拉莫斯和斯莱特的理论。在后一理论中，能量守恒和动量守恒是纯粹的统计定律；而根据量子理论，它们都是严格成立的，这可从基本方程推知。

几率在动力学上说是确定了。但系统的实际行为没有确定,至少不是用目前已知的定律可以确定的。然而,这并不是什么新东西,因为如前所述,经典理论——例如在碰撞问题上——给出的仅仅是几率。经典理论引入了决定个别过程的微观坐标,只是因为我们无知,才采取对其数值取平均的方法把它们消去;而新理论根本不需引入这些坐标就可得到相同的结果。这当然不排斥我们相信微观坐标的存在;但是,只有我们想出了用实验观测它们的方法以后,它们才会有物理意义。

这里不是考虑有关哲学问题的地方;我们只简短谈谈由于全部物理学证据而迫使我们接受的一个观点。我们解除了力的经典任务——直接决定粒子的运动,而只让它们去决定状态的几率。以前的目的是使这两个力的定义统一起来,而现在,严格地说,这个问题已经不再有什么意义了。唯一的问题是,为什么经典定义对一大批现象是如此之有用。这些情况下的答案照例是:因为经典理论是新理论的极限情形。实际上,我们经常遇到的是“绝热”情形,也就是外力(或者系统各部分彼此之间的力)作用十分缓慢的极限情形。在此情形下,下式在很高的近似程度上成立:

$$C_1^2=1, C_2^2=0, C_3^2=0, \cdots\cdots,$$

这就是说,跃迁的几率等于零,系统在扰动停止后仍旧处在初态上。因此,这样缓慢的扰动是可逆的,和经典的情况一样。我们可以把这点推广到系统最终所处的状态确实和初态有所不同的情形,即推广到状态绝热地变化而无跃迁的情形。这是经典力学所讨论的极限情形。

当然,这些概念是否在一切场合都能保留,还是有待讨论的问题。碰撞问题就是借助这些概念给出其量子力学的规律表述的；结果在定性上完全符合实验。这里有一些观测事实的正确解释，可以看成是能量量子化结构的最直接的证明。这些观测事实就是弗兰克和赫兹首先观测到的临界势。理论上可以直接推知，随着碰撞电子速度的增加，这种激发态会突然出现。而且，关于电子按不同偏转角的分布，理论可以给出一个普遍公式，它和经典理论所期望的结果有着显著的不同。这是爱尔沙色在普遍理论提出以前所首先指出的（*Die Naturwissenschaften*，13 卷，711 页，1925 年）。他是从德布洛意的观念出发，即粒子的运动伴随着波，而这些波的频率和波长则取决于粒子的能量和动量。爱尔沙色算出了慢电子的波长，发觉它约为 10^{-8} 厘米，这正好是原子直径的大小。由此他得到结论：当电子与原子碰撞时，应当引起德布洛意波的衍射，就好像光被微小粒子散射的情形一样。因此，波强在不同方向上的起伏应当表示偏转电子分布的不规则性。戴维荪和耿斯曼的实验证明了这个效应（*Phys. Rev.*，22 卷，243 页，1923 年），他们的实验是使电子在金属表面上反射。杜芒用电子与氦原子碰撞的实验最后完全证实了这个基本假设（*Nature*，6 月 13 日，910 页，1925 年）。

不幸，现阶段的量子力学只容许定性地描绘这些现象；因为完全的解释需要氦原子问题的解。所以，看来特别重要的是解释上述卢瑟福及其合作者关于 α 粒子散射的实验；因为在此情形下所要研究的是一个简单而完全已知的机制，即两个带电粒子彼此之间的“衍射”。卢瑟福根据粒子双曲线轨道的考虑而导出的经典公式，已经在很大范围内得到了实验的证实；但是最近，布拉开特在 α 粒子与氢原子的碰撞实验中发现结果和这个公式有偏差，他认为这些偏差也许可以归因于德布洛意波的衍射效应。目前仅仅解决了初步的问题,即经典公式能否作为量子力学的极限情况而导出。温侧尔曾证明(*Zeit. f. Phys.*,40卷,590页,1926年)情况的确是如此。此外,本文作者已经完成了电子在氢原子上碰撞的计算,得到一个同时可用于任意能量粒子的碰撞公式(从慢电子到快速的α粒子)。这个公式迄今仅仅计算到一级近似,所以还不能更详细地说明衍射效应。这一计算所给出的只是卢瑟福偏转公式以及氢原子在林纳德所明确研究了的范围内对电子的截面的单一表式。这方法也可用来计算氢原子被电子碰撞后激发的几率,但是计算尚未完成。

理论的成败会取决于有无可能作进一步的近似,取决于能否解释实验与卢瑟福公式的偏差。

但是,即便这些概念经得住实验的考验,也并不在任何意义上意味着它们就是最后的。甚至在现在,我们也能说,这些概念和通常时空观的关系过分密切了。形式上的量子理论具有很大的灵活性,对它容许有更一般的解释。例如,我们能够通过正则变换把坐标和动量混合起来,从而得到一些在形式上完全不同的理论体系,有着完全不同的波函数ψ。但是,几率波这个根本观念也许要以这种或那种形式保留下去。

论碰撞过程对理解量子力学的意义

〔首次发表于 *Proceedings of the International Conference of Physicists*, *Como*, 1927 年。〕

海森堡所创立的初期矩阵形式的量子力学，仅适用于处理封闭的周期系。它描述可能的状态和跃迁；它可以用来计算能级，以及与量子跳跃相联系的“虚共振器”的振荡；但是它不能预言一个系统在给定外界条件下的行为会是怎样的。然而不久就看出，用矩阵力学统计地描述系统的行为总是可能的，只要它和其他系统的关联不大。这时，系统的能量不是常数，能量矩阵具有非对角的矩阵元，但矩阵的平均值是对角的；如果一个矩阵元代表第 n 个状态在扰动作用之下的平均能量，则可将它看成是第 n 个状态与未受扰动系统的所有其他状态之间发生量子跳变的结果。每一跳变都对应有一个跃迁几率，可从相互作用算出。另一方面，关于量子跳变发生的时间，我们就什么也不能说了。量子力学的进一步发展愈来愈明显地表现出它的统计特色，特别是当我们发现能用它来处理非周期性过程的时候。为了处理非周期性工程，已经想出几种推广矩阵力学的方法，这是指作者和维纳一起引入的算符方法,狄拉克的 q 数理论,以及德布洛意和薛定谔的波动力学。后者可在形式上看成是算符理论的特殊情形,虽然它的产生是由于其他根源,而且把一些重要的观点提到了显著地位,其中包括物质具有两重本性的观点,就是说,正和光一样,物质从许多方面看来是由波所组成,而从其他方面看来则是由微粒组成的。算符理论最一般的陈述如下。一个物理量一般不能由给定的坐标值精确地指定;我们只能给出它分布在整个坐标变化域上的频数规律。这个频数规律,一般只能取决于无限多个数值,就是说,要么取决于一个连续变化的函数,要么取决于一个分立的数列;但是,这两种表现方式并无根本的不同,因为,譬如说,连续函数可以通过指定其傅立叶系数所组成的分立序列来确定。因此,我们可用无限多维空间中的一点来表示分布规律,这完全是抽象的表示方式。在这个空间中可以引入欧几里得度规①,这时我们就说这空间是一希尔伯空间。然而,希尔伯空间不仅可以有分立的直角坐标轴,而且也可以有连续分布的坐标轴。按照点子所投影的坐标轴的种类,就能得到用数列或用函数表出的两种分布规律表示中的一种或另一种。

每个物理量都对应有一个线性算符,即对应于希尔伯空间对其本身的一次仿射变换,或者不妨说,对应于该空间的均匀形变。正像弹性理论里一样,总存在有一组主轴,其特点在于这样一个事实:在形变以后,主轴上的点子仅仅沿着轴移动了一个位置。这位

① 但距离的表示式不是二次形式,而是厄米形式;所有代表物理量的矩阵都不是对称阵,而是厄米阵。

移的大小就是所考虑算符 Q 在主轴上的数值，它们构成了物理量所能取的数值域；这个数域可以是连续的，也可以是分立的。一组轴相对于另一组轴的位置由一正交矩阵 ϕ 决定。一个已知其主轴的算符 q，可以和这另一组轴联系起来。因此矩阵 ϕ 的元素是 q' 和 Q' 的函数，这里 q' 和 Q' 是两算符 q 和 Q 的任意两个数值（主轴）①。按照狄拉克和约当，$\phi(q',Q')$ 这个量有一简单的物理意义：$|\phi(q',Q')|^2$ 是在 Q' 给定时，变数 q' 取给定数值（或者数值落在给定间隔 $\Delta q'$ 内）的几率（或几率密度）。ϕ 称为几率振幅。薛定谔波函数是它的特殊情形，即是属于算符 q 和 $H\left(q,\left[\frac{h}{2\pi i}\right]\frac{\partial}{\partial q}\right)$ 的几率振幅，这里 $H(q,p)$ 是哈密顿函数：如果像通常那样，将后者的主轴记为 W，则 $|\phi(q',W)|^2$ 便是在能量给定时，坐标 q' 落在给定间隔 $\Delta q'$ 内的几率密度。

我们不打算进一步介绍这个理论形式的细节了，但要提出这样一个问题：这种理论观点的实验证据是什么。这个证据首先在于原子碰撞过程，这些过程几乎迫使我们要把薛定谔波函数的模的平方 $|\phi(q',W)|^2$ 解释为粒子数。例如拿卢瑟福所首先研究的情形来说：一束 α 粒子和重原子核相碰撞，与此对应地有一平面波 ϕ，它在原子核上衍射（由于电荷之间的库仑交换相互作用）而变为球面波。温侧尔和奥本海默曾经证明，如果把薛定谔波的强度取作几率的量度，事实上就可得到散射粒子数的卢瑟福公式。我们还能算出甚至是复杂原子的激发几率和电离几率，并且得到弗

① q' 和 Q' 可以与多维空间相联系。

兰克和赫兹首先从实验上发现的那些熟知的定性规律,这些规律是整个量子理论最确实的证据之一。爱尔沙色还用这个方法研究过 α 粒子的遏止,并且证明了,熟知的经典玻尔理论在一定程度上还是有效的。

关于这种波动力学的碰撞理论,狄拉克最近完成了一个特别重要的应用。他导出了带有辐射阻尼的光学色散公式。他把光被原子散射的过程看作光量子与原子碰撞的过程。这只要把两个固定状态与原子联系起来就可以了:一个是较高的状态,在此状态下光量子是束缚的;一个是较低的状态,此时光量子是自由的;在后一情形下,光量子具有连续的能量值。用这种简单的模型就足以导出色散公式,阻尼常数(谱线宽度)是用原子与光量子之间的相互作用表出的。用这个方法还能解释维恩关于极燧射线所发射的光的衰减实验,得到的阻尼常数相同。关于阻尼常数与原子性质和所考虑谱线的性质的关系,尚有待更精确的研究。

所有这些结果,都最动人地证实了量子力学的统计观点。经典物理中所一直公认的自然过程的基本决定性,现在必须加以放弃。这样做的基本理由在于波动微粒二象性,这性质可以表述如下。为了描述自然过程,同时需要有连续和不连续两个要素。我们只可以统计地决定后者的出现(微粒,量子跳变);然而,它们出现的几率却是按照波的方式连续传播的,这些波所遵从的规律,在形式上类似于经典物理中的因果律。

论物理理论的意义

〔1928 年 11 月 10 日所作的公开演讲。*Nachrichten der Gesellschaft der Wissenschaften zu Göttingen*, *Geschäftliche Mitteilungen* 1928—1929 年。〕

凡是孤立地去看精确科学发展的人,一定感到有两个矛盾的方面。一方面,整个自然科学呈现出一幅不断健康成长的景象,呈现出一幅没有错误地发展和建设的景象,这无论就它内部的日益深入,或是就它对外应用到自然界的技术控制方面来说,都是同样明显的。可是另一方面,我们不断地看到基本物理概念有许多变革,看到观念世界中的真正革命,在这些变革和革命中,原有的全部知识似乎都被推翻掉,从而揭开一个科学研究的新纪元。理论上的突变,和确立不移的成果的不断充实与扩大,形成鲜明的对照。我们可以举几个例子来说明理论上的一些大变动。试考虑物理学的最古老、历史最悠久的分支——天文学——以及关于星体宇宙的各种观念,其经历可以追溯几千年之久。起初,地球是位于宇宙中心的一块静止圆盘,它周围有许多星群按次序运动着。后来,几乎与知道地球的大小和球形形状同时,出现了哥白尼的宇宙体系:太阳的位置在中央,而地球在这个中央星体的许多其他伴星当中仅仅处于从属地位。牛顿的万有引力理论标志着自然科学新纪元的开始,它和太阳系学说结合在一起,大约有两个世纪之久一直没有发生问题。然而,在我们这个时代,爱因斯坦的相对论性引力理论代替了它,完全推翻了行星以太阳为中心的学说,也推翻了引力是超距作用的学说。

在光学中,关于光的本性的观念的改变情况有些类似,这些观念是:要么按照牛顿,把光想象成一种微粒子流;要么按照惠更斯,把它想象成光以太中的波列。19世纪初突然从微粒说改变到波动说,而本世纪接着带来了一个新转变,我现在就来谈谈这个转变。关于电磁学的研究,上个世纪中叶是一个革命时期,在这个时期,超距作用的概念不得不让位给力通过以太而连续传播的观念。关于物质结构这个深奥问题(在物理科学的枝丛中,化学这一大分支一直特别关心这个问题),甚至在几十年前就已表现出两个古老的对立面——原子论和连续统的概念。今天,这两个对立面的抉择看来有利于前者;但这些问题还是密切关联着观念上的一次最根本的革命的,这次革命正以量子力学的名称发生在我们眼前。

理论在小规模上的兴起、接纳和衰落,这是常有的事;今天还是有价值的知识,明天可以成为如此的廉价品,简直不值得去作历史的回顾。这就发生一个问题:理论的价值是什么?或许,它们只是科学研究的一个副产品,是一种形而上学的装饰品,就像一件漂亮的外衣那样披在"事实"上面,至多只是我们劳动中的支柱和帮助,是在我们设计新实验时对我们想象力的刺激剂。

这个问题总是可以提出的,这件事就表明物理理论的意义决非显而易见。这也就是我今天采取这个题目作为讲题的原因。目前，正当基本物理观念上的严重危机又一次得到了克服的时候，有许多物理学家还不完全清楚这最近一次理论变革的意义是什么。

这些理论——相对论和量子论——是我们时代的象征，也最适合我们的目的，因为我们自己感到它们的许多主张是奇怪的，矛盾的，甚至毫无意义。旧的理论一定对当时的人有同样的影响；然而，我们只能用历史调查的方法去想象这种思想情况。因为我不大注意研究历史，所以我将满足于对早期危机作一番简短的回顾。

任何一个理论概念都是来源于观测，来源于对它的最合理的解释。看看我们生长在上面的这个固定不动的地球，看看运动着的天空，自然就会想到宇宙以地球为中心的体系。光可以投出明锐的影子，这个事实可以最简单地用微粒假说来解释，早在鲁克理细阿的著作中，我们就可以找到以诗歌形式出现的这个假说了。至于后来成为一切物理理论之模型的力学，古人只知道静力学，即关于平衡的科学。原因当然是作用在杠杆上和其他机械上的力能够用人体（或动物体）所施予的力来代替，因而它们属于感官可以直接知觉到的领域。

问题是，当这些原始观念——宇宙的地心说、光的微粒假说、力学中的静态力——被其他观念所代替的时候，这改变的意义是什么？决定性的因素肯定是人需要相信有一个不依赖于他而存在的永恒的实在外界，是人具有为了保持这个信念而对自己的感觉表示怀疑的能力。一个远距离的客体看起来比它近的时候小。但是人所看到的总是这“客体”，认为它总是有相同的大小，并且绝对肯定地相信，如果去接触它，摸摸它，他就能使自己确信这个事实。原始人遇到的客体——石头、树木、小山、房屋、动物、人，就其性质说来都适合进行这种试验。这是几何学产生的根源。在最初,几何学完全是研究刚体的相互位置和大小关系的。在这个意义上说,几何学是物理学最早的一个分支;它首先指出了,就空间特性而言,外界客体遵从着严格的规律。后来人们由于爱好这些规律的美,就忽视了几何学的经验基础,甚至加以否认;研究逻辑结构的问题本身成了一个目的,当成数学的一部分。然而,测地学家和天文学家却总是把几何学的学说看作有关外界实在客体的陈述,而且从不怀疑,即便那些因为极其遥远而无法直接接近的物体也遵从相同的规律。几何法则在行星上的应用表明,行星一定是很远很大的,它们在黑暗天空上的运动只是它们真实空间路径的投影而已;最后,对这些路径的分析以及观测技术的改良,就必然导致哥白尼体系。后者的胜利证明,相信多次试验过的规律比相信直接的感官印象强。当然,如果一个前所公认而现在知道是错误的学说是以这种感官印象为根据的话,新理论就必须解释感官印象错误的原因。例如在哥白尼体系的情形,只要指出地球对比于人的大小就足以知道这个原因了。这个天文学的例子是所有后来情形的典型。我们在星体宇宙中第一次遇到了只能用一个感官——即视觉感官——接近到的实在,那时往往认为它是一种仿佛没有多大意义的印象,是远远离开了人的生活和斗争的;可是毫无疑问,它和我坐的这把椅子或者和我正在读的这张纸是同样的实在。我说的这种客观实在,在任何地方都永远以同一个原理为基础,就是:它们遵从几何学和物理学的一般规律。甚至我认为这把椅子是实在的,也只是因为它呈现出属于这类固体的那些不变性质;这里所需要的几何学和力学,是人人都能根据无意识的经验而随便使用的。当我们把一个称为火星的光点看作一个像地球那样巨大的球体而考虑这样做的理由时,问题并没有本质的区别;但是在此情形下,观测一定更为精确,我们一定是有意识地应用了几何学和力学。一个简单而不懂科学的人之相信实在,基本上和一个科学家相同。某些哲学家认为这个观点是科学家必不可少的;这叫作经验实证主义,它在各种唯心主义当中占据着一个不大稳固的地位。然而我不想在这里讨论不同哲学学派的争论,而只想尽可能地说清楚构成自然科学之主题的实在的性质。这种实在不是感官知觉的实在,不是感觉、感情、观念的实在,一言以蔽之,它不是主观的绝对的经验实在。它是事物的实在,是构成知觉之基础的客观物体的实在。作为这种实在之判据的,不是依靠任何一种感官印象或孤立的经验,而是看它是否和我们在现象中发现的一般规律相符。

上面用天文学例子所详细说明的东西,在物理学发展中曾经再三再四地出现过。我们已经从本质上肯定了一切理论的意义,现在我们想说明,物理学中历次发生的革命都是建设客观世界道路上的一些驿站,这个世界把星球大宇宙、原子小宇宙和日常事物的宇宙结合成为一个没有矛盾的整体。

让我们首先来看力学。如前所述,在它的幼稚时期,其进展未能越出对平衡情况的研究。运动或动力学的研究乃是比较成熟时期的产物。如果没有某些远远超出思想自然界限的观念,伽利略和牛顿从观测中导出的那些规律是不能陈述出来的。当然,像质量和力这些词汇在此以前早已用过:大致来说,“质量”是指一定的物质之量,“力”是指费力的大小。但在力学中,这些字获得了新的精确意义;它们都是人造出来的字,也许还是造得最早的。这些字的发音和平常说话里的一样,但是它们的意义只能从特别表述的定义中看出来。我这里不准备讨论这种(那决不是简单的)定义,而仅仅指出这里面有个概念确实只有借助数学工具才能得到精确的说明,它在科学以前的时期并不起作用,那就是加速度的概念。如果用这个概念来定义质量(定义为"加速度的阻力"),那就足以清楚地说明力学基础乃是思想的人工产品。在伽利略到牛顿之间的一段时期,在有关地球上的物体的经验中,能够举出来证实新理论的十分有限。可是伽利略力学的内部逻辑是如此之有力,以致使牛顿采取了伟大的一步,那就是把它应用到星体运动上。这一步的极大成功主要是靠这样一个观念:天体之间的相互作用力和我们在地球上知道的重力基本上相同。然而,这个概念使人们放弃了一个迄至当时一致公认的概念,那就是,物体的力仅仅作用在它的紧邻上。静力学知道的只是这种接触力。在伽利略的著作里,地球重力最初仅仅是作为表述落体定律的一个数学工具而出现的。为了解释行星运动,牛顿需要引入星球之间的超距作用,但是他自己认为这只是一个临时性的假定,以后还是要用接触力或接近作用来代替的。然而,牛顿万有引力理论的实际成就对后人的影响是如此之不可抗拒,以致引力的超距作用不仅被视为当然的,而且被用来作为其他力的作用方式的模型,例如电力和磁力。前些时候,关于这种通过虚空空间的超距作用曾经引起过一场激烈争论。有些人说它是违反力的自然观念的怪物。另外一些人则欢呼它是揭开星球宇宙秘密的一个非凡工具。究竟谁正确呢?我们说,牛顿的万有引力是一个人为的概念,除了它的名称以外,它和力的感觉这个简单观念并无共同之处。它的合法性仅仅是基于它在客观自然科学体系中的地位。当它在客观自然科学体系中能够履行它的义务时,它可以保留;但是一旦当新的观测和它有矛盾时,它就必须为新观念的形成让路,新观念在旧的观测范围内当然应和超距作用的理论一致。仅仅在我们这个时代,经过一个很长的、与电磁学的演变密切关联着的发展之后,这个变化才终于发生了。

如前所述,当人们大约在150年前开始对电力和磁力进行系统研究的时候,是按照引力模型把它们看成超距作用的。电荷相吸的库仑定律,电流对磁极影响的毕奥-沙伐耳定律,这些都是在形式上和概念上模仿牛顿定律的。但在理论的数学结构中有一件值得注意的事:人们发现,利用所谓势论可以把这些定律变为接近作用的形式,即变为力在相邻空间点上相互作用的形式。可是在这些如此不一致的概念之间所存在的这种惊人等价性,几乎没有引起人们的注意。要迫使对“超距作用还是接近作用?”的问题作出物理决定,还必须完成新的发现。这些新事实的发现者是法拉第,而其解释者则是麦克斯韦。麦克斯韦方程是电磁现象的接近作用理论,因而表示概念上回到了更为自然的思想方式。但我认为这是完全不重要的。当时事情的局面是怎样呢?如果不算法拉第和麦克斯韦关于磁感应现象和介电体位移电流的新发现,那么,麦克斯韦方程所包含的无非就是当时已有的势论,即将超距作用定律变为接近作用定律的数学变换理论。因此,从这个观点看来,上个世纪中叶所发生的物理理论的变化并不真正是一次破坏既有东西的革命,而是一次新领地的征服,以及旧领地的改造。

然而,作为这一征服的结果,有一个新概念提出来了,那就是宇宙以太的概念。因为每种接近作用都要求有一个载体作为一种基础,力就在载体的粒子之间作用着,而既然电力和磁力甚至可以通过无普通物体存在的虚空空间作用,所以,除了假设一种人为的物体当作这个载体之外,别无其他东西可取。但这是比较容易的事,因为这样一种以太早已在另一个领域即光的领域里想了出来,所以新电学理论马上就能把这种光学以太与电磁以太等同起来。

现在我们可以来看看光的理论了。在光学中,如前所述,十九世纪初在微粒说和波动说之间的争端已成定局:结果有利于后者。尽管这个抉择的影响很深远,但在如上所述的意义上说,它所表示的乃是新领地的征服以及随之而来的统治权的改变,而不是一次真正的革命。因为在我们还不知道干涉现象和衍射现象的时候,微粒概念和极短波的概念事实上是等价的,因而争论不可能得到解决。整个十八世纪都坚持微粒说,这其实是偶然的事。首先是由于牛顿的权威,他认为在缺乏令人信服的反面证明时宁可采取微粒说,因为这个概念比较简单。其次是由于,当时还没有能解释明锐阴影出现的数学证明,即便对于短波也没有这个证明;这个证明最先是由费涅耳在设法解释实际影子的弥散性(即衍射现象)时完成的。只要讨论到这些现象,人们对波动概念的正确性就不能再有任何怀疑了。我要强调指出,这个概念在今天还是正确的,尽管如我们下面即将看到的,微粒说已经得到了新生。正像我们能够看到水波并且跟踪它们的传播一样,我们也能用仪器觉察到光波。我们完全没有理由在这两种情况下使用不同的字眼和不同的观点。光波存在的这种确实性给最近的光学发现带来了一些疑难之点，下面我们准备讨论一下这些发现。

然而，首先必须谈谈以太的问题。波要求有一个载体，所以大家就假设空间充满了光学以太。以太理论的前期又一次表明可以把问题简单地归入熟知的观点里去。当时已经知道波可以在弹性体中传播，所以就假设以太具有和普通弹性物质相同的性质。诚然，它不会像气体或液体一样，因为后者里面只能传递纵波，而偏振光的实验表明光波肯定是横波。因此我们必须假设整个宇宙充满了一种固态的弹性以太，而光波就在这种以太里传播。显然，如果我们要想了解行星和其他天体在这种物质中运动的时候为什么觉察不出有何阻碍，那么，这个假设就发生困难了。光在表面上反射和折射的过程，光在晶体中的传播以及诸如此类的现象，也都不能得到满意的解释。因此，当赫兹从实验上证实了麦克斯韦理论的时候，情况就得到了解救，因为这时我们能把电磁以太和光学以太等同起来。困难在形式上马上消除了，因为电磁以太不是一种具有日常经验里所知道的那些性质的力学体，而是一种特殊实体，它有着自己的规律——这就像麦克斯韦方程一样，乃是一个典型的人为概念。

物理学在紧接着麦克斯韦以后的一段时间充满了许多由于这个理论而得到的成就，以致那时常常以为，无机界中的全部主要定律都已被发现了。因为事情表明力学也有可能归入所谓“电磁世界的图像”；由质量引起的加速度的阻力，也被归根到电磁感应现象。可是眼光远的人却看得出，这方面的界限近在咫尺，在这些界限之外有一个这方法所不能支配的新领地。接着我们就进入了最近的时期。这个时期的特点是，物理学批判所考虑的观念不再专门属于物理学的范围了,它们也是哲学本身所要求的观念。然而在这里,我们总是要把物理学的观点置于首要地位。

随着观测技术的改进,电磁宇宙以太的理论照例遭遇到了概念上的困难:我这是指迈克尔逊-莫雷实验。在此以前,我们可以把以太想象成一种在宇宙各处处于静止的物质,它具有一些特殊性质,并且洛伦兹证明了,当时已知的静止物体中或运动物体中的所有电磁过程都能通过这个途径得到解释。真正的困难在于解释如下的事实:在以相当大速度通过以太而运动的地球上,未能觉察到以太风。洛伦兹证明了,这种以太风引起的任何光学效应和电磁效应一定极其微小;它们正比于地球速度和光速之比的平方,这个量的数量级是 10^{-8}。迄至迈克尔逊实验完成的时候,这样小的量是在可观测的限度以下的。因此,实验应当揭示光波旁边有以太风吹过。然而大家知道,正像所有后来的实验所一再表明的,这个效应的丝毫迹象也没有观察到。这点很难解释,所以就有必要引入一些很人为的假设,诸如斐兹杰惹和洛伦兹所提出的假说,即一切物体在其运动方向上都要缩短。爱因斯坦在他的"狭义"相对论里解决了这个谜,其主要之点在于对时间观念的批判。

时间是什么?在物理学家来说,时间不是一种流逝感,不是生成和停歇的象征,而是过程的一种可测性质,也像过程的许多其他可测性质一样。在科学的幼稚时期,人们对时间经历的直接观测或知觉,自然决定着时间概念的形成,时间经历和经验内容之间的一一对应关系自然导致如下的看法:在宇宙中,这里的时间和任何其他地方的时间是相同的。爱因斯坦首先提出疑问:这个说法是否有任何可以从实验上加以验证的内容呢?他指出,仅当我们对所用信号的速度有所假定时，才能确定不同地方发生的事件的同时性，这个看法连同以太风实验的否定结果一起，使他导致一个新的同时性定义，其中包含时间概念的相对化。不同地方发生的两个事件本身是无所谓同时的；它们对一个观测者来说可以是同时的，而对另一个相对于原来观测者运动的观测者来说就不是同时的了。这个观念变革也牵连到空间的物理概念，特别是在几年以后，当爱因斯坦揭示出引力与新的空间时间概念的关系的时候。我不能在这次演讲的范围内介绍这种“广义的”相对论；我只想指出，在引力理论中，它标志着超距作用过渡到接近作用，因而这是向直观接近。另一方面，它要求向抽象迈进一大步：空间和时间丧失了全部简单的性质，而在广义相对论以前，正是这些性质使得几何学和运动学成了对物理学如此之有用的工具的。熟知的欧几里得几何和相应的时间现在仅仅归结为实际情况的近似；但同时成为不可理解的是，为什么人们用这个近似一直可以得到如此之好的结果。甚至在今天，我们在实践中也几乎总是可以用它得到满意的结果；事实上，能够用来检验爱因斯坦理论的偏差极为稀少，而且很难观测到，这是一件不幸的事。然而，由于这个理论的内在协调和逻辑性，已经足以使多数物理学家都接受它了，只有少数人不同意。

宇宙以太在相对论中的地位如何呢？起初，爱因斯坦建议完全避免这个概念。因为以太既然可以看成一种物质，它就和普通物质至少有一些最基本的共同性质。这些性质包括个别粒子的可识别性和可分辨性。而在相对论中，如果说“我以前曾在以太的这一点上”，那是毫无意义的说法。以太应当是这样一种物质，它的各部分既无位置又无速度。但尽管如此,爱因斯坦后来还是喜欢使用“以太”这个词,当然,他是把它当作一个纯粹的人为概念来用的,和普通物质的观念毫无共同之处。因为在我们说到空间中的振荡和波时,要有一个主词来支配“振荡”这个动词,这仅是一种文法上的需要。所以我们说,“以太在振荡”,并且按照爱因斯坦理论的场方程在“振荡”;这就是我们关于以太*所能*说的一切了。

相对论对力学质量的概念也作了重要的修正,把它和能量概念融合了起来。这些都是物理学中意义最重大的结论,关系到物质结构和辐射的研究;然而,它们所引起的骚动并不像空间和时间的传统观念遭到批判时所引起的骚动那样大,因为后者被认为属于哲学的内容。问题的真相是(这是一切有常识的哲学家都同意的),从前,当各门科学本身还没有取得独立的时候,哲学仅仅接受并保留着自然科学的概念。正像幼稚时期常有的情况那样,这些概念所对应的完全是感官知觉,所以,许多思想学派形成一种偏见,认为它们都是表示思想的不变性质的,是先验的经验。这在知觉领域里当然是对的,而在客观的物理学领域里就不对了,因为这个领域里的性质永远必须适应经验的发展及其系统的整理。

尽管相对论带来了许多革新,可是,与其说它是一个新时代的开端,倒不如说它是连续宇宙以太学说发展的顶峰。然而,本世纪普朗克之引入量子论倒的确是一个新时代的开始。量子论的真正的最深刻的根源在于原子论,这是一门古老的学说,可以回溯到希腊哲学家那里去。在 1900 年以前,原子论的发展虽然日趋丰硕而富有成果,但一直是十分连续而平稳的发展。化学首先使原子的概念成为有用；接着它也征服了物理学，主要是因为它可以解释气体和溶液的性质，并且从这里又进一步渗入到电学理论里去。电荷之通过电解溶液，导致电的原子假说，这些电的原子称为电子，它们的存在已在气体放电现象和阴极射线、贝克勒耳射线中得到如此光辉的证实，以致电子的真实性很快就像物质原子的真实性那样成为确定无疑的了。而当人们揭示出电子是一种比原子更小的粒子时，研究工作就集中在普通原子如何分解为更小的带电成分这个问题上。当时的观念是，一切原子都是由带负电的电子和带正电的成分所组成，而后者的本性尚未得知。困难在于，按照简单的数学定理，带电体在已知的电力作用下决不能处于稳定平衡的静止状态。因此有必要假设一些未知的力，这当然不是怎么令人满意的。后来卢瑟福的伟大发现到来了。他用一些称为 α 射线的原子碎片去轰击原子，α 射线是由放射性物体发射出来的；由于这些射线的速度很高，它们在击中原子的时候可以穿入其内部。卢瑟福根据 α 射线的偏转得到一个完全肯定的结论，就是：α 粒子的运动表现出原子中心仿佛有一个重的很小的带正电的质量，称为“核”，它以普通的静电力作用在 α 粒子上。这样，原子就极不可能是由未知的非静电力保持为整体的。但是，电子为什么能够在核的周围处于平衡状态呢？看来唯一的出路是假设电子并不处于静止，而是绕着核作轨道运动，就像行星绕着太阳作轨道运动一样。这当然对我们的帮助不大，因为这样的动力学系统是高度不稳定的。毫无疑问，假如我们的行星系不幸走到另一个巨大星体的附近，它就会被搅得乱七八糟；但气体原子却可以在一秒钟内经受千百万次碰撞，而性质没有丝毫改变。

从19世纪末叶的理论,即今天常简称为"经典理论"的观点来看,原子的这种惊人稳定性完全是个谜。当时,光谱学家收集到的庞大事实也提出了一个同样困难的谜。在光谱学中,人们得到了以原子所发射的光振荡的形式出现的来自原子内部的直接消息,这些消息听来决不像一些莫明其妙的话,倒颇像些有条理的话——只是难以理解。特别是,当时发现气体光谱有着简单的结构:它是由一条条有色谱线所组成,每条线对应一个单周期振荡,而且这些线表现出简单的规律性。可以把它们整理成一些线系,以致用一个简单的公式就能把一条谱线在光谱中的位置从它的线系号数计算出来,计算的准确度极高。巴尔末首先对氢原子找到了这个公式,后来其他科学家(特别是润奇和里得堡)又对许多别的物质找到了它。摄谱和测谱这件诱人的工作引起了大量物理学家的兴趣,所以在那几年里积累了大量的观测材料,从中作出了许多有关物理学、化学和天文学中个别问题的重要结论,但是它们的真正意义却还是隐而未露。当时的情况就像人们见到已经绝种的玛雅人的手稿一样:在墨西哥尤卡坦州(Yucatan)许多古城堡的遗址里曾经找到玛雅人的大量手稿,但是不幸的是,谁也读不懂它们。

物理学终于发现了解开这个谜的关键,那是经过了一条曲折离奇的道路的。在十九世纪末二十世纪初,最时新的工作是研究灼热固体的辐射。这个问题除了对白炽灯等的制造具有技术上的重要性之外,还可以期望从它的解答中得到许多深奥的理论结果。因为基尔霍夫曾经根据无可争辩的热力学推理证明,从灼热炉子内部穿过小孔发出的辐射,必须给出性质不变的发射谱,它与炉子里的和炉壁的质料的本性完全无关;这个结论曾经得到实验的证实。因此,当时曾期望通过“空腔辐射”的测量得到有关辐射过程的最一般性质的结果,而这个期望并没有落空。然而现在看起来,值得注意的是,一个最基本的规律竟能够通过这种方法发现。因为——让我们再拿一种外国话来作比喻——我们所听到的并不是个别发音清楚的话,而是一片喊叫声,我们从这片喧哗中,听到了关键性的字眼,而使得其他一切也成了可以理解的。灼热炉子有着如此复杂的结构,它包含着难以计数的振荡原子,向我们发出一堆杂乱的波。从实验上看,这个波谱的特征是,它有确定的颜色,例如红的、黄的或白热的,要看温度如何。这就是说,某个依赖于温度的振荡表现得最强烈,而在此区域的两边,即到达快振荡和慢振荡两边时,强度便逐渐降为零。另一方面,经典理论要求强度应当向快振荡一边连续地增加。这里,当时所公认的定律又一次遇到了难以解决的矛盾。

企图把这个矛盾归因于经典理论中有错误结论的无数尝试都终归失败,以后,1900 年,普朗克大胆地提出了相当于如下的一个积极主张:火炉中振荡粒子的能量在辐射时不是连续改变的,而是不连续地跳变的,在每次跳变中,转移出去的能量子与发射或吸收的光的振荡频率之比,是一个固定的普适常数。这个常数今天称为普朗克常数,可以十分准确地从当时可资利用的热辐射实验计算出来,并且从那时起,又用许多不同方法重测了多次,结果都和原来的数值没有多大差别。

事实上,这是自然界中一个新的基本常数的发现,可以和光速或电子电荷的发现相比。这是任何人都不怀疑的,但是大多数人认为能量子的假说很难接受。只有爱因斯坦很快就看到,它可以解释机械能转变为辐射时所表现出来的其他奇特之点。我必须稍微谈谈其中一个最重要的现象,那就是所谓光电效应。当给定频率的光照射到高真空中的金属片上时,可以观察到有电子从金属片中飞出。在这个过程中,有一件值得注意的事:依赖于光强的仅仅是发射电子的数目,而不是它的速度。波的图像决不能解释这点;因为,如果我们移动金属片使它逐渐离开光源,入射波就要变弱,变得越来越稀薄,这就很难理解为什么它总是能够传给电子相同的能量。爱因斯坦注意到,如果光不是由波所组成,而是一簇粒子的话,这种情况立刻就能得到解释;机关枪射出的弹雨随着距离的增加而逐渐稀疏,但是每一颗子弹仍然保持着它的穿透力。把这个想法和普朗克的量子假说结合起来,爱因斯坦便预言,光粒子的能量(因而发射电子的能量)一定等于频率乘以普朗克常数。这个结果已经完全得到实验的证实。这就使过去的光的微粒说在新的形式下复兴了。

下面我们来看看由此引起的矛盾。但首先让我就量子论进一步发展的问题稍微谈几句。如所周知,N. 玻尔曾想出用普朗克假说解释原子性质的观念;他假定原子(它们完全不像经典的行星系)只能处在一系列分立的状态上,并且,当它从一个状态跃迁到另一状态时,就发射光或吸收光,其频率与原子的能量改变之比是普朗克常数。用这种方法,上述实验与经典理论之间的全部矛盾就都归到同一个根源,都能用分立能量子的假设来解决。原子稳定性的解释是,因为存在有“最低的”量子态,在此状态下,原子即便受到扰动也可以保持不变,只要这些扰动没有达到使原子可能发生最小能量跳变的程度。弗兰克和赫兹从实验上肯定了这个最低能阈的存在,他们是用速度已测定的电子去轰击原子(水银蒸气的)。这个实验同时证实了玻尔关于光发射的假说;因为当轰击电子的能量超过第一能阈时,原子便发射出单色光,其频率正好是借助普朗克关系从能量算出的频率。这样,光谱学家过去所积累的大量观测材料,一下子就从一堆数字和难以理解的规则变成了有关原子可能状态以及其间能量之差的最有价值的记录了。而且,在激发各种光谱时所需要的那些从前看来十分莫名其妙的条件,也完全成为可以理解的了。

尽管玻尔的观点得到这样巨大的成功,但是,从他的简单的定态观念到达一个完善的、逻辑上令人满意的原子力学,却经过了一段漫长而艰难的道路。这里又经过了一个幼稚时期,在这个时期,人们尽可能地把通常的力学定律应用到原子中电子的轨道上,而值得注意的是,这事实上在一定范围内是可能的,虽然在经典量的连续性和量子论的不连续过程(跳变)之间有着不可调和的矛盾。然而,力学终于受到必要的修改,以便考虑到不连续性。新的量子力学是以几种不同形式发展起来的,一部分是由哥庭根这里的一批人和牛津的狄拉克,根据海森堡提出的基本观念发展起来的,一部分则是作为德布洛意和薛定谔的所谓波动力学发展起来的。这些形式体系终于被证明在本质上是等同的;它们一起构成了一个逻辑上封闭的体系,在内部的完整性和对外的有用性方面可与经典力学相比拟。然而,起初它们只是一些形式体系,揭示它们的意义乃是一个后验的问题。事实上,在物理学研究中经常可以看到,从大量观测材料中导出一个形式的关系要比解释它的真正含意容易些。这种情况的深刻原因在于物理经验的性质:物理对象的世界处在感觉和观测的领域之外,感觉和观测仅仅在这个世界的边境上;我们很难从一个广阔领域的边界地区来说明它内部的东西。在量子论里有几个特别的困难;我想谈谈其中最重要的一个,那就是关于光的微粒说的复兴问题。个别运动的光量子观念已为进一步的实验所证实,特别是为康普顿的实验所证实。这个实验表明,当这样一个光量子和电子相碰撞的时候(例如 X 射线被石蜡这类物质所散射,这类物质中含有许多结合松弛的电子),通常的力学碰撞定律也像对弹子球那样地成立。入射光量子放出一定的能量给予和它相碰撞的电子,这样,反冲光量子的能量就减小了,因而根据普朗克关系,其频率便小于入射频率。实验证明被散射 X 射线的频率果然降低,于是反冲电子的存在也就得到了证明。

这样一来,关于光是由粒子所组成的主张,就不能怀疑它的正确性了。但是另一个光是由波所组成的主张也同样正确。我们在讨论光的波动本性的证明时曾经看到,在每种干涉现象里,光波都能表现得像水波或声波那样地清楚而明显。然而同时存在着微粒和波,这似乎是完全不可调和的。尽管如此,理论必须解决这两个观念调和起来的问题,当然不是在实验范围内解决,而是在客观的物理关系范围内解决,在这个范围里,除了应当不含逻辑矛盾以外,存在的唯一判据就是理论预言应和实验相符。这个问题是通过对基本概念的批判获得解决的,很像相对论里的情况。

整个量子论的基础是能量和频率之间的普朗克关系,这个关系认为二者应成正比。但这个“量子公设”里有一不合理之处。

因为,能量的概念显然是对单个粒子(光量子或电子)而言,也就是说,是对小区域内的某种事物而言;而频率则是属于波的概念,波必定占据一个很大的空间,严格地说,它应当占据整个空间:如果把一个纯周期性的波列取去一节,它就不再是周期性的了。因此,把粒子的能量和波的频率等同起来的做法,本身就是完全不合理的。但我们能够使它成为合理的,只要放弃物理学中过去一直公认的一个原理,那就是决定论原理。以前总是假定金属片在光波照射之下发射电子的光电过程在每个细节方面都可以决定——即这样的问题是有意义的:"电子在何时何地发射出来?"或者同样可以提出这样的问题:"哪个光量子,在什么地点和什么时刻,击中金属片后产生了效果?"

假定说,我们拒绝回答这个问题;采取这个行动比较容易些,因为在特定的场合下实验者不会想到提这个问题或者想到回答它。事实上,它显然是一个人为的问题;实验者总是知道有多少粒子出现并且带有多大能量就够了。

所以,让我们不去回答粒子的确切位置在哪里的问题,只知道它是处在一个确定的空间区域(尽管这区域可以很大)内就算了。这样,波动说和微粒说之间的矛盾就可消除。这是很容易看出的,如果我们赋予波以决定粒子出现几率的功用,并且借助普朗克关系把粒子的能量与波的频率联系起来的话。要是我们所考虑的空间区域很大,因而波列几乎未受到干扰并且几乎是纯周期性的,它就对应有一个确定的频率和一个精确确定的粒子能量;至于粒子出现在此空间区域中的哪一点上,那是完全不确定的。如果要比较准确地决定粒子的位置,我们就必须减小观测过程在其中进行的空间区域;然而这样做就是取去了一节波,因而就破坏了它的纯周期性;尽管如此,这种非周期性扰动还是能分解为许多纯周期性振荡;于是在此混合振荡中,每个不同频率的振荡便对应着被测粒子的不同能量。这样一来,位置的精确决定就破坏了能量的决定,反之亦然。

可测性有限这个规律,是由海森堡发现的,它已在各种场合下得到了证实。每个外延量(例如位置和时间)都对应另一个内延量(例如速度和能量),其中一个决定得愈精确,另一个的决定就愈不精确,而且我们发现,这样两个有联系的量所取的数值范围的乘积,正好是普朗克常数。这就是这个至今还不可思议的自然常数的真正意义。它是一切测量准确度的绝对界限。人们以前没有发现它,只是因为它极其微小而已。

根据这个观点,我们就能在任何个别场合解释量子力学的形式体系,从而说明它和实验者的观测概念的关系,而不可能有任何矛盾。

如果不牺牲平常的观念,当然就没有这个情况。例如,当我们说到粒子的时候,习惯上总是具体地想象它有一整条路径。我们仍然可以这样做,只是从中作结论时必须小心谨慎。因为,如果这样一条假想的路径要用实验来验证的话,那么,无论怎样小心地进行实验,实验本身总要使路径发生变化。从比较基本的意义来说,重要的是放弃决定论,也就是用统计描述代替严格因果的描述。

几率和统计的方法已在物理学中起了积极作用,那是在现象涉及大数目的场合(例如在气体分子运动论里)。然而,通常认为这些方法乃是我们在细节知识不足的情况下临时采取的措施。只要我们在某一时刻知道了一个封闭系中全部粒子的位置和速度，它未来的发展就会完全决定下来，并且仅仅用计算方法就能预言这个发展。这相当于我们对大物体的经验。让我们想想威廉·退尔的故事[①]。当退尔在瞄准苹果之前匆匆地祈祷上苍的时候，他一定是祈求有一只坚强的手和一只锐利的眼睛，深信他的箭那时会自动找到射中苹果的路径。完全同样地，物理学家过去假定，只要他瞄得足够准，他的电子和 α 射弹就一定会命中任何一个预期的原子，并且从不怀疑，这只是一个实践的问题，随着实验技术的进步，是能越来越好地得到解决的。而现在却反过来，断言瞄准本身的准确度只能是有限的。假如格士勒是命令退尔用 α 粒子去射击他儿子头上的一个氢原子，并且给他的不是一张弓，而是世界上最好的仪器的话，那么，这时退尔的技艺就会无济于事；他是否能命中，将是一个机遇的问题。

准确测得状态的全部数据之不可能，使我们无法预先决定系统的未来发展。因此，通常形式的因果原则就成为毫无意义的了。因为，要是我们在原则上不可能知道过程的全部条件（原因）的话，说每个事件都有原因就等于是说空话。这个看法当然要遭到那些把决定论看作自然科学基本特点的人的反对。然而，另外一些人持有相反的看法，他们认为量子力学并未就决定论的问题提

---

① 传说瑞士有一善射者，名叫威廉·退尔，因为不肯对奥国州长格士勒悬于市场上的帽子行礼，而被罚令射击置于其子头上的苹果，竟被射中；后来退尔射死了格士勒，使瑞士脱离了奥国的统治。——译注

出什么新主张;他们认为,即便在经典力学里,决定论也只是虚构的,没有什么实际内容的[①];这就是说,实际上,不管力学如何,有一个原则却是处处可以成立的,那就是,一切统计方法的基础都在于原因小而结果大。例如,如果把气体分子看成小球,则在正常压强下,两次碰撞之间的平均自由程乃是原子直径的千万倍;因此,某次碰撞中反冲方向的极微小偏差必将使原可命中的下次碰撞变得不命中,而方向的显著变化等于用一条未受干扰的通路来替代。这肯定是如此的,但这还没有接触到问题的实质。让我们再回到退尔的故事。在射击苹果的时候,瞄准的准确度关系到生死问题,还有什么更好的例子能说明原因小、结果大的法则呢？可是,这故事显然是以理想善射者的概念为基础,这个善射者要永远能够使他的瞄准误差小于最小型的靶子——当然同时要假定没有意外影响,例如风使他的箭转向。完全同样地,我们在经典力学里也可以想象一种理想情况:系统完全不受外界的影响,它有精确确定的初始状态,并且没有理由假定说,哪怕近似地达到这个目标也不但是困难的而且简直不可能。然而,量子力学主张:这也许是不可能的。这个区别在从事实际工作的科学家看来也许索然无味:但是准确度存在有绝对界限这一发现,对理论的逻辑结构有着巨大的重要性。

即便不考虑所有的哲学方面,要是不用这种统计观点的话,辐射的微粒性和波动性之间的矛盾在物理中也是会得不到解决的。

---

① R. von Mises, *Probability, Statistics and Truth*(密瑟斯:《几率,统计学和真理》),Springer,1928 年。试将以下论述与本书“经典力学果真是决定论的吗?”一文相比较。

这个理论获得的巨大成就在于:它根据形式上的理由预言了,即使是物质射线,例如原子射线或电子射线,在适当情况下也一定显示出波动本性;并且在此以后,实验工作者已经用不平常的干涉实验证实了这个预言。

尽管新理论似乎有着很好的实验基础,但我们仍然可以提出将来是否能通过推广或改良使它重新成为决定论的问题。对此我们可以回答说,用精确的数学方法能证明,目前公认的量子力学形式体系不容许有这样的增添。因此,如果想保留有朝一日回到决定论的希望,那就必须认为目前的理论根本是虚构;而这个理论的某些陈述,就势必要为实验所推翻。因此,如果决定论者想改变统计理论信徒的信仰,他们就一定要去做实验,而不是在口头上声明异议。

当然,许多人采取了相反的态度,他们欢迎放弃物理学中的决定论。我还记得,在量子力学统计解释的初期工作发表的时候,有一位先生曾送给我几篇神秘学者的论文,认为我也许适于改信唯神论。然而,也有一些认真观察科学进展的人,他们认为物理学中目前的转变乃是一种宇宙概念的崩溃,另一种宇宙概念的开始,是一种更深刻的关于"实在"之本性的观念的开始。他们宣称,物理学本身允许"在决定性的结果中有破绽"。这样一来,物理学还有什么权利把它发明的东西作为"实在的东西"来提倡呢?

在反驳这些论点的时候,重要的是要解释清楚,较之任何其他新提出的理论来说,新量子力学的革命性既不更多也不更少。它其实也是新科学领地的又一次征服;和从前一样,人们在这个过程中发现,旧原理不再是完全充分的了,必须部分地用新原理来代替。但是,在某些现象中,当普朗克常数和同类性质的量相比之下因为极其微小而可以忽略不计的时候,旧观念仍然可以作为一种极限情形保留下来。因此,大物体世界中的事件是高度准确地遵从着旧的决定论规律;偏差仅在原子领域内出现。如果说量子力学有任何特点的话,那就是,它并不在以前认为是同等可能的两种表现方式(微粒和波)之间进行抉择,而是在一种表现方式似乎取得优势之后,恢复另一种表现方式,并且将两者结合为一个更高的统一体。必须牺牲的是决定论的观念;但这并不意味着严格的自然规律不再存在。只是因为决定论属于一般的哲学概念,这才使我们认为新理论特别具有革命性而已。

我希望我已经说明了,物理理论的整个进展,直到它们最近的形式,都是取决于大家的齐心协力,其目的可以从上述几个个别例子里清楚地看出。让我再一次试用较为一般的形式表明一下这个目的。人的经验世界是无限丰富而多样的,但也是纷乱而与经验者纠缠在一起的。经验者力图去整理他的印象,并且力图与他人就这些印象取得一致。语言、艺术及其多种表达方式,都是这类心灵与心灵之间的传递方式,它们得用有关的感觉世界中的对象作补充,它们不能很好地用作关于外界的精确观念的交流。这种交流标志着科学工作的开始。科学从许多经验当中精选出少数简单的形式,并且用它们,通过思维,建成一个关于种种事物的客观世界。在物理学中,一切"经验"都不外乎是制造仪器的活动,看仪器指针读数的活动。可是,从这里得到的结果足以通过思维再创造一个宇宙。首先是形成表象,它们要受到观测很大的影响;渐渐地,概念变得越来越抽象;旧观念被放弃了,代之以新观念。但是,所构成的物质世界无论离开观测多远,它的边界都是和感官知识有着分不开的联系的,并且,即便在最抽象的理论中,也没有一个陈述最终不是表示观测之间的关系的。这就是为什么每次新的观测都可以动摇整个结构,而使理论表现出兴衰的原因。然而,这也正是诱惑和吸引科学家的地方。如果科学家的心灵所创造的东西不会死掉而又重生的话,那就是可悲的事情了。

近代物理某些哲学方面的状况

[当选爱丁堡大学自然哲学泰特教授的就职演说。首次发表于 *Proc. Roy. Soc. Edinburgh*, 107 卷,第一辑,1—18 页,1936—1937 年。]

我继达尔文教授之后当选的这个教授职位,是和我们父辈的伟大学者泰特的名字联系在一起的。当我刚一开始学习数学物理的时候,我就熟悉这个名字了。那时候,在哥庭根的包括希尔伯和明可夫斯基在内的一群杰出数学家当中,克莱茵算是一个领导人物。我还记得,他一直很想把物理学和数学联系起来,不放过一个机会向我们这些学生指出仔细阅读汤姆逊和泰特所著《论自然哲学》一书的重要性,这本名著对于我们已经成了数学学科的一种圣经。

今天,理论物理已经在一些很不同的方面取得了进步,年轻一代也许差不多不知道汤姆逊和泰特的这本书了。但这也是一切科学成就的命运;因为我们不能要求科学成就像艺术大师们的创作那样永远有效,如果它曾为当时服务过,那就算很好地完成任务了。对我来说,这本书由于它的书名而特别有吸引力。在世界上别的地方把这门学科含糊地叫作"物理学",这儿是高尚地称为

“自然哲学”,这个大学里的两个物理学教授职位就是以这个名称来命名的。我们这门科学靠着这一名称获得了自己的尊严。忙于常规测量和计算等乏味工作的物理学家都知道,他所有这些工作都是为了一个更高的课题:自然哲学的基础。我常想把自己的工作看成是对这一课题的微小贡献,因而我在这个远离我的祖国的大学里就任自然哲学泰特教授的时候,心里感到和在家里一样。

把这个特殊的科学部门看作一门哲学学说,其根据与其说是它有着广大的对象——从原子直到宇宙万物,倒不如说是由于这样的事实:从总体上研究这个对象的时候,每一步都遭遇到逻辑上的和认识论上的困难;而且,尽管物理学只是有限的片段知识,没有考虑到生命现象和意识现象,但是这些逻辑问题和认识论问题的解决乃是理性的迫切需要。

本世纪的开始正好是两个不同时期划分的标志,在此以前的物理学常称为经典物理,以后的称为近代物理。这对于描述历史的发展倒是一个方便的巧合。1905 年爱因斯坦的相对论可以同时看成是经典观念的顶峰和新观念的起点。但在前十年,和伦琴、J. J. 汤姆逊、贝克勒耳、居里夫妇、卢瑟福以及许多其他人等的名字分不开的关于辐射和原子的研究,已经积累了大量的完全不符合经典观念的新事实。1900 年普朗克首先提出的作用量子的新概念,是有助于澄清这些事实的。爱因斯坦和玻尔从这一概念推出了一些最重要的结论,前者在 1905 年奠定了光量子论的基础,那也就是他发表相对论的一年,后者在 1913 年把量子观念应用到了原子结构上。

每个科学阶段都和当时的哲学体系有着相互影响,科学给哲学体系提供观测事实,同时从哲学中接受思想方法。19 世纪经典物理所依靠的哲学,其深刻根源在于休谟的观念。从他的哲学发展出了两个体系,在经典物理后期支配着整个科学,那就是批判哲学和经验哲学。

这两个体系在先验的问题上发生分歧。伟大的希腊数学家曾经提出一个观念,认为一门科学能够在逻辑上简化为少数的公设或公理,他们首先尝试把几何学作了公理化,并且从这些公理推出了整个定理系统。从那时起,我们仅仅接受这些公理的理由是什么的问题,就不断引起数学家和哲学家的兴趣了。康德的工作可说是这个问题的一种大规模推广;他试图把一般地建立经验所必需的公设表述出来,他把这些公设称为先验的范畴,并且讨论了这些范畴之所以有效的根源。结果是先验原则被分为两类,他称为分析原则和综合原则,前者是纯逻辑思维的法则,包括算术法则在内,后者则包括空间和时间、实体、因果性以及其他这类一般概念的规律。康德认为第一类原则有效的根源在于"纯理性"本身,而第二类原则所以有效则是由于我们大脑的一种特殊能力,它不同于理性,他称之为"纯直觉"(reine Anschauung)。这样,数学就被划为一门建立在先验原则基础上的科学,是建立在我们大脑特性的基础上的,因而是不变的;而对牛顿所建立起来的那些最普遍的物理学定律,他也同样认为是这样。

但是我怀疑,要是康德再稍微活得长些的话,他是否会坚持得出这个观点。洛巴柴夫斯基和波利亚伊之发现非欧几何,直接动摇了先验的观点。高斯就曾直率地说出了他的意见:几何学公理并不见得比物理定律更优越,两者都是经验的系统表述,前者说的是刚体运动的一般法则,并且给出在空间中进行测量的条件。渐渐地,大多数物理学家都转而相信经验的观点。这种观点否认以纯理性和纯直觉的规律形式出现的先验原则之存在,并且断言,每一科学陈述(包括应用于自然界的几何学)的有效都是基于经验。这样说时需要十分谨慎。因为,我们的意思当然不是说,每个基本的陈述——例如欧几里得几何学公理——都是直接建立在专门的观测基础上。只有在逻辑上协调的知识领域总体,才是受经验检验的对象;要是有足够多的一系列陈述得到了实验的证实,我们就可以认为这是对整个体系(包括作为该体系最简洁的逻辑表述的那些公理在内)的证实。

我不觉得这种形式的经验主义有什么可反对的。它的优点就是摆脱了先验论哲学体系的那种呆板倾向。它给了科学研究以必要的自由,事实上,近代物理已经充分利用了这种自由。近代物理不仅像一百年前那些伟大的数学家那样,怀疑欧几里得几何学的先验有效性,而且实际上已用一些新的几何学形式取而代之;它甚至使几何学依赖于物理力——引力;它还以同样的方式革新了几乎所有的先验范畴,诸如时间、实体、因果性等。

从先验观念底下解放出来,这件事对科学的发展肯定是重要的,但那已是上个世纪发生的事了,并不代表经典物理与近代物理的决定性差别。决定性的差别在于它们对客观世界的态度有所不同。经典物理认为当然有这样一个客观世界,它不仅不依赖于任何观测者而存在,而且这个观测者无需干扰它就能去研究它。当然,每次测量都是对被测现象的一次干扰;但是经典物理假设,用巧妙的实验装置能把这种干扰减小到可以忽略不计的程度。正是这个假设,近代物理已证明是错误的。与此有关的一个哲学问题是由下一困难引起的:要是客观世界的状态依赖于观测者的行为,我们就很难谈到客观的世界状态了。这就要严格检查一下"客观世界"这个用语的含意究竟是什么。

观测的陈述依赖了观测者的观点这个事实,在科学上是早已知道的了。地球围绕太阳的轨道是椭圆,这仅仅是对于正好站在地球和太阳的质心上的观测者而言。相对论给出了第一个例子说明观测者对事实描述的妨碍并不如此简单,并且导致一个新概念以保留客观世界的观念。爱因斯坦承认他关于这个问题的研究曾深深受到马赫观念的影响。马赫是维也纳的一位物理学家,不断发展成为一个哲学家。从他的著作里产生出一种新的哲学体系,叫作逻辑实证主义,今天是颇为流行的。我们在海森堡关于量子论的那些基本文献里也可以看到这种哲学的痕迹;但是它也遭到一些人的强烈反对,例如普朗克。无论如何,实证主义在科学中是一股生气勃勃的力量。它也是唯一的现代哲学体系,由于其本身的法则,它不得不和科学的进展齐步前进。我们应当明确对它的态度。

这个哲学体系的特征是,它明显地区分开了真正的问题和表面的问题,并且相应地,明显区分开了有实在意义的概念和没有实在意义的概念。显而易见,并非每个在文法上正确的问题都是合理的;例如拿一个大家知道的难题来说:给定一只轮船的长度、横梁和马力,试问船长的年龄多少?——或者如一个听了通俗天文学演讲的人所说的:"我觉得我什么都领会了,譬如怎样测量星球之间的距离等,但是他们怎样知道这个星体的名字就叫作天狼星的呢?"原始人以为如果知道一个东西的"正确"名字,那就是真正的知识,并且给了它一种神秘的力量,在我们现今的世界里还有许多这种文字拜物教的遗风的例子。但是让我们现在举一个物理学的例子,在这例子中事情就不如此明显了。人人都相信自己是了解"同时事件"这个用语的含意的,以为"同时事件"的意义当然对任何其他人都一样。这样的理解对于这个小行星上的邻近可以说是完全没有问题。甚至当科学进一步想象出有一个具有类似脑力的人处在另一星球上的时候,这一理解似乎也没有什么问题。问题仅仅发生在我们把这个想象远推到这样程度的时候:就是要问一个地球上的观测者怎样能够和另一个譬如说是火星上的观测者去比较他们对同时事件的观测。这时我们就要考虑到不得不用信号来作比较的事实了。我们可以选用的最快信号莫过于闪光。在使用光的时候,或者甚至在仅仅考虑它的时候,我们就不能再依靠我们的脑力和直觉,而必须考虑实验所揭示的事实。我们不仅知道光速有限的事实,而且还知道一个最重要的由迈克尔逊的著名实验揭示出来的事实:光在这个地球上沿各个方向传播的速度都相同,与地球围绕太阳的运动无关。人们通常用下一说法来表述这点:这些实验否定了以太风的存在,而根据和运动卡车上感到有风的情况相类比,原是预期有这种以太风的。

爱因斯坦对这些事实作了令人钦佩的逻辑分析,得出这样的结论:关于两个不同地点上发生的事件的同时性问题,差不多是和上面问船长年龄的问题同样的荒谬。后一问题只有再增加一些资料,譬如说有关船长人寿保险的资料,才会成为有意义的;同样,同时性的问题则要加上有关观测者运动的资料才会是合理的问题。

这样,时间的概念就失去了它的绝对性。这个革命也牵连到空间的概念。因为我们说"这一时刻的空间"已经是没有意义的了;如果假设有两个作相对运动的观测者,他们刚刚相互经过,每个观测者就有他自己的"这一时刻的空间",这个空间里所发生的事件对两个观测者是不同的。

这样一来,与观测者无关的世界观念又变成怎样了呢?如果有人坚持认为,这意思是指某一时刻的事物的静态集合,那么,客观世界的观念就没有了。但是对它还能加以挽救,即认为世界是这样的事件集合,其中,每个事件不仅有给定的空间位置,而且还有给定的发生时间。明可夫斯基曾指出,如果用一种准欧几里得几何,把所有的事件都看作一种四维连续统里的点,我们就有可能描述这些事件中的与观测者无关的关系,或者如数学家所说的,描述它们的不变量。但是,这种四维世界如何分割为空间和时间,是依赖于观测者的。

我在1920年写作一本关于相对论的通俗读物时,曾深为这个令人惊叹的建树所感,所以把这种客观化的方法说成是科学中的主要成就。当时我并未想到不久的将来要面临新的经验情况,会迫使我们重新对客观世界的概念进行更深入得多的仔细检查。

这里,我效仿N.玻尔用了"新的经验情况"这一用语。N.玻尔是近代原子论的奠基者,也是物理学中一位最深刻的思想家。他创造这个用语是为了说明物理学中新奇观念的产生并不是自由推测乃至轻浮推测的结果,而是对收集到的大量的复杂经验进行精密分析的结果。物理学家与其说是革命家,倒不如说是保守者,只有在强有力的证据面前,他们才会倾向于屈服而放弃既有的观念。在相对论里,这种证据确是强有力的,但大部分是否定的陈述,诸如上面提到的以太风之不存在。爱因斯坦 1915 年关于广义相对论的想法,即把时空世界的几何学与引力结合起来的想法,其根据直到今天仍然是建立在颇为薄弱的经验基础上的。

然而,物理学的第二次革命,即被称为量子论的,则是以大量实验的积累为基础,而且这个积累仍在日益增长着。要谈这些实验是很困难的,因为它们带有很大的技术性。问题就是物质和辐射的结构,它只有在实验室里用精密的仪器才能进行充分的研究。实验室里提供的资料是照片以及表示测量结果的表格和曲线。全世界收集到的这些资料有千千万万,但是只有专家才了解它们。我不能假设你们也熟悉这些实验。尽管有这个困难,我还是想大概说说这个问题,以及它那称为量子力学的解答。

让我们从光的结构这个老问题谈起。在科学的纪元之初,就提出了两个对立的理论:牛顿的微粒说和惠更斯的波动论。以后大约过了一百年的时间,才由于干涉现象的发现而找到了一些实验,作出了有利于其中一种理论即波动论的决定。当两个波列重叠起来,并且一个波的波峰位置处在另一个波的波谷位置上的时候,它们就彼此相消;这个效应可以产生一种熟知的图案,你们随便在哪个池塘里看到一群戏水的鸭子或水鸟激起水波时,都能看到这种图案。当两束光相交时,我们能够看到的也就是这种图案,所不同的只是需要用放大镜才能看到;由此可以推知,一束光是一列波长很短的波。这个结论已经得到无数实验的证实。

但是大约在一百年以后,在我当学生的期间,另外一系列观测同样有力地表明光是由微粒组成的。这类证据可以用地雷和枪这两种战争武器作个比方加以很好地说明。当地雷爆炸时,如果你在它的附近,传送到你身上的压缩空气波的能量会使你伤亡。但是,如果你离地雷几百码远,那就绝对安全了;因为爆炸波连续地散布到一个很大的区域后,已经没有致命的力量。现在让我们设想用同样数量的火药作为机关枪的发射火药,机关枪对着周围各个方向快速射击着。这时你要是靠近机关枪,那几乎可以肯定,你要被射中,除非你及早跑得远远的。当你已经走到离机关枪几百码远的时候,你就会感到安全得多了,但肯定还不是绝对安全。你被击中的几率大大减小了,不过你要是被击中的话,其效果也仍然是致命的。

这里你们看到了,能量从一个中心以连续波动的形式以及以不连续的粒子雨的形式传播出去这两者之间的区别。普朗克在1900 年研究受热物体辐射出的热所遵从的规律时,首先看出了光的这种不连续性的征兆。爱因斯坦 1905 年在上面提到的他那篇著名论文里指出,关于光的能量效应(即所谓光电效应)的实验可用上述方式加以解释,从而无疑地表明了光具有微粒结构。这些微粒称为光量子或光子。

发光现象的这种二重性已为许多不同类型的观测所肯定。玻尔走了最重要的一步,他指出实验收集到的有关光谱的大量观测事实也能借助光量子的概念来解释。为此目的,他还不得不把不连续行为的观念应用到物质粒子的运动上去,即应用到作为光源的原子的运动上去。

我在这里不能从头到尾地追述量子观念的历史发展,这个观念逐步引导我们认识到,这里面牵涉到一个更普遍得多的概念。

光并不是我们所知道的唯一的“辐射”;我还可以向你们指出电流通过抽空了的玻璃泡时所发生的阴极射线,或者镭和其他放射性物质所发射的射线。这些射线肯定不是光。它们是快速运动的电子(即电荷的原子)束,或者是像氦这样普通的物质原子束。后一情况已为卢瑟福所直接证明,他用抽空了的玻璃瓶来捕集粒子束(所谓镭的α射线),并且证明了瓶子里最后充满氦气。今天,我们实际上已能拍下这些放射性物质的微粒通过其他物质时的径迹的照片。

在这种场合,微粒性的证据是主要的。但在1924年,德布洛意根据理论上的推理提出了这样一个观念:在适当条件下,这些辐射应当显示干涉效应,其行为应当像波那样。这个观念不久以后就为许多实验所肯定。不仅是电子,而且像氢或氦这类普通物质的实在的原子,当它们作快速运动而采取射线形式的时候,也都具有波的全部特性。

这是一个最激动人心的结果,引起了我们所有关于物质和运动的观念上的革命。但是当人们了解到这点时,理论物理已经有了用适当数学方法处理它的准备,那就是所谓量子力学,它首先是由海森堡提出的,并且在与约当和我的合作之下完成的。狄拉克也完全独立地完成了这个理论;这个理论的另一形式是波动力学,它是由薛定谔密切结合着德布洛意提出的观念建立起来的。对复杂事物的描述来说,数学形式是一件了不起的创造。但是它对真实情况的了解并无多大帮助。人们花了好几年的时间才得到了这种实际的了解,那还是有限程度的了解。但是这种了解马上为哲学所困扰,这正是我要谈的问题。

如果我们考虑一下,把同一个过程有时描述为粒子雨,有时又描述为波,这里面有着怎样的根本矛盾,那困难就来了。我们一定要问,它实在是什么?你们看,这就出现了关于实在的问题。出现这个问题的原因是,我们在谈到粒子或波这些公认为已知的事物;但是哪个用语更合适的问题,则要看观测的方法如何。这样,我们就遇到一种类似于相对论里的情况,但要比那里复杂得多。因为在这里,同一现象的两种表现方式不仅是不同的,而且是矛盾的。我想每个人都会感到波和粒子是两种类型的运动,是不可能轻易调和起来的。而如果考虑到普朗克早已发现的那个联系能量和频率的简单的定量规律,情况就变得十分严重了。显然,一束给定的射线在它表现为粒子雨时的性质,一定和它表现为一列波时的那些性质有联系。情况的确是这样,当射线束中的全部粒子具有相同速度时,这一联系的规律是极为简单的。这时实验表明,相应的波列具有最简单的可能形式,它叫作谐波,其特征是具有一明确确定的频率和波长。普朗克定律说,粒子的动能正好和波的振动频率成正比;比例系数称为普朗克常数,记为字母 h,它具有确定的数值,可由实验相当准确地测得。

这里你们看到一个逻辑上的困难:具有给定速度的粒子作为粒子来说是一点,在任何时刻都存在着,并不在空间扩展。而按定义,一列波仅当它布满整个空间并且永远持续下去时才是谐波!〔后一点也许不太明显;但是一百多年前傅立叶从数学分析上清楚地证明了,每个在空间和时间中有限的波列都应当看作许多不同频率和波长的无限的谐波的叠加,在叠加的时候,使得外面部分由于干涉而相互抵消;而且还能够证明,任一有限的波都能分解为它的谐波分量。〕玻尔着重指出这点说，普朗克原理把一种不合理的特色引入到自然界的描述中来了。

的确，除非我们准备放弃这个或那个过去公认为科学基础的原理，否则困难是不能解决的。现在，要放弃的是因果原则，自从这个原则能得到严格的表述起，人们一直都是理解它的。我只能很简短地谈谈这点。伽利略和牛顿发展起来的力学定律允许我们预言粒子的未来运动，只要知道它在给定瞬间的位置和速度。更一般地说，一个系统的未来行为可以根据适当初始条件的知识预言出来。从力学的观点看，世界就是个自动机，它没有任何自由，一切从一开始就决定了。我从来就不喜欢这种极端的决定论，所以我很高兴地看到近代物理放弃它。但是别人并不同意这个看法。

为了了解量子观念和因果性是怎样联系起来的，我们必须解释一下把粒子和波联系起来的第二个基本定律。通过上面那个地雷爆炸和机关枪的比喻，这个定律是很容易理解的。如果机关枪不单是在水平方向发射，而是在所有方向都作同样的发射，那么，子弹的数目(因而被击中的几率)将随着距离的增加而减少，其减少速率和子弹均匀分布在其上的那些同心球面的面积的增大速率正好相同。但是，这正好相当于地雷爆炸时扩张波的能量随着距离而减少。如果现在考虑从一个小光源发出的光，马上就可以看出，从微粒方面说，光子数目随距离的增加而减少的方式正好和波动方面波的能量的情况相同。我曾经把这个观念推广到电子和所有其他种类的粒子上去，认为和我们有关的是"几率波"，它按照如下方式引导着粒子：这个波在某一点的强度总是和发现粒子处在该点的几率成正比。这个提法已经为大量直接的和间接的实验所证实。如果粒子不是独立地运动,而是互相有作用,上述说法就要加以修正;然而对我们的目的来说,这简单的情况就够了。

现在我们能够来分析一下量子定律和因果性之间的关系了。

决定粒子的位置就意味着在物理上把它限制在一个小空间区域内。按照上述第二个量子定律,这时相应的几率波也必须限制在这个小空间区域内。但是我们说过,根据傅立叶分析,这样的波是大量简谐波的叠加,它们的波长和频率分布在一个宽广区域内。利用关于能量和频率成正比的第一量子定律可以看出,这个在几何上明确确定的状态的能量一定占据一个宽广的范围。反过来说也同样成立。这就定性地导出了海森堡的著名的测不准定律:位置和速度的准确决定是彼此不相容的;如果其中一个被精确地决定,另一个就成为不确定的。

海森堡所发现的定量定律说:在空间的每个方向上,空间的测不准幅度和动量(等于质量乘速度)的测不准幅度的乘积总是等于同一个量,它由普朗克的量子常数 h 决定。

这里,我们看到了这个常数的真实意义:它是同时测量位置和速度的一个绝对限制。对更复杂的系统来说,还有其他一对对或一组组不能同时测量的物理量。

我们还记得,关于给定时刻的位置和速度的知识乃是经典力学的假设,是为了决定未来运动的。量子定律推翻了这个假设,这就意味着推翻了因果性和决定论。我们可以说,这些命题并不就是错的,而是无意义的,因为前提永远不能满足。

量子定律的发现宣告了严格决定论的结束,而这种决定论在经典时期是不可避免的。这个结果本身有着巨大的哲学意义。在相对论改变了空间和时间的观念以后,现在又必须修改康德的另一个范畴——因果性。这些范畴的先验性不能再保持了。但是,这些原则原来所占据的地位当然没有成为空白点;它们被新的规律表述所代替。在空间和时间的情况下,这些新的规律表述就是明可夫斯基的四维几何规律。在因果性的场合,同样也有一个更普遍的概念,那就是几率的概念。必然性是几率的特殊情况;它是百分之百的几率。物理学正在变成一门原则上是统计的科学。以严谨的形式表示这些观念的数学理论称为量子力学,它是一个令人惊叹的理论结构,不仅可以和经典力学相媲美,而且比经典力学更优越。这个数学理论的存在,就表明整个结构在逻辑上是连贯的。但是,这点的证明比较间接些,而且仅仅对那些懂得数学形式的人方有说服力。因此,一个迫切的任务就是要对许多重要的情况直接说明,为什么使用粒子和波这样两种不同的图像却能永不发生矛盾。这个任务可以利用海森堡的测不准关系通过对一些特殊实验安排的讨论来完成。这在复杂的情况下有时会导致颇为费解的、似乎矛盾的结果,它们已被海森堡、玻尔和我这个职位的前任达尔文仔细解释了。

我只打算谈一个情况。通过显微镜,你能看到一个细菌,并且能跟踪它的运动。为什么简单地使用更高倍的显微镜就不可能对原子和电子做到这点呢?答案是,“通过显微镜来看”意味着要通过显微镜发送一束光或一束光子。这些光子和被观测的粒子相碰撞。如果被观测的粒子很重,像一个细菌乃至原子,那么它们实际上将不受光子的影响,所以用透镜聚集起偏转了的光子便可给出目的物的像。但如果这粒子是个电子,它很轻,所以在和光子碰撞的时候就要有反冲,康普顿首先直接观测到了这种效应。电子速度的改变在某种程度上是不确定的,并且依赖于物理条件,使得在此情况下也要严格满足海森堡的测不准关系。

玻尔曾引入“并协性”这个词来表示粒子和波的两面性。正像我们看到的各种颜色能组成一对对混合以后即成白色的互补色一样,所有的物理量也能划分为两类,一类是属于粒子面的,另一类属于波动面,它们永不导致矛盾,为了表示自然界的完整面貌,两者都是必需的。

这个简洁的词在解决复杂而困难的情况时是很有用的,例如用来解决这样一个天真的问题:那么,一束光或者一块物质“实在”是什么,是一系列粒子还是波呢?任何懂得并协性意义的人都会拒绝回答这个问题,因为它太简单化了,没有抓住关键。但是拒绝回答并未解决新理论是否和独立于观测者而存在的客观世界这个观念相一致的问题。困难并不在粒子和波的两面性,而在于这样的事实:原子领域里任何一个现象的描述都不可能不和观测者有关,这不仅像相对论里所说的那样和他的速度有关,而且和他进行观测时的全部活动,诸如安装仪器等有关。观测者本身改变了事件的秩序。这样说来,我们又怎能谈及客观世界呢?

有一些理论物理学家,其中包括狄拉克,对这个问题作了一个简短的回答。他们说,数学上一致的理论就是我们要得到的一切。它就是我们关于经验世界所能说的一切了;我们可以利用它来预言未观测到的现象,而这也就是我们所希望的一切。至于你所说的客观世界的意思是什么,那我不知道,也不去关心它。

对于这种观点是没有什么可反对的——只有一点,那就是它只限于专家们的小圈子。我不能同意这种 l'art pour l'art(为艺术而艺术)的观点。我认为科学结果应该用每个有思想的人都可以理解的语言来解释。自然哲学的任务正是要做到这点。

今天,哲学家都把兴趣集中在其他的问题上,对人类生活来说,这些问题比原子过程的精密研究中所出现的那些难题更为重要。只有那些要求有一种纯科学的哲学的实证主义者,才回答了我们的问题。他们的观点(约当,1936 年)甚至比上述狄拉克的观点更为极端。狄拉克不过宣称他满足于公式,对客观世界的问题不感兴趣,而实证主义则宣称这个问题是毫无意义的。

实证主义认为任何不能用实验来作决定的问题都是没有意义的。正如我前面所说,由于劝诱物理学家对传统假设采取批判态度,这种观点已被证明是有成果的,它促成了相对论和量子论的建立。但是我不同意实证主义者所做的那样,把它应用到关于实在这个一般性的问题上。假使我们在一门科学里所用的观念都是根源于这门科学,那实证主义者就是对的。但是这样一来科学就不会存在了。虽然我们也许有可能使科学内部的活动不涉及其他思想领域里的一切东西,但这对它的哲学解释来说肯定是不成立的。客观世界的问题就属于这类问题。

实证主义假设只有一目了然的原始陈述才是描述直接感官印象的陈述。所有其他的陈述都是间接的,都是一些用简洁词句来描述原始经验的联系和关系的理论结构。只有原始的陈述才具有实在的特性。派生的陈述不和任何实在的东西相对应,而且和存在着的外间世界没有关系;它们都是为了"经济地"整理和简化大量官能感觉而人为地想出来的成规。

这种观点在科学本身之内并没有根据;因为任何人都不能用科学方法证明它是正确的。我要是不怕伤害实证主义者的感情的话,我就会说这种观点的根源是形而上学,虽然他们自称有一种完全非形而上学的哲学。但是我确实有把握说,这种观点是以心理学为根据,只不过不是一种可靠的心理学。让我们来看看把它应用到日常生活例子上的情形。当我看到这张桌子或这把椅子时,我得到的是无数感官印象——片片段段的外观,而当我移动一下我的头部时,这些印象就改变了。我可以去接触这些客体,得到大量各种各样的新的感官印象,诸如不同的软硬程度,粗糙程度,暖和程度等。但我们要是诚实的话,我们所观察到的就不是这些没有调和起来的印象,而是"桌子"或"椅子"这整个客体。这是一种下意识的复合过程,我们真正看到的是一个完全体,而不是单个印象的总和,不是这总和本身,而是某种新的东西。如果我讲个声学的例子,我的意思也许就更清楚了。一个谐和的曲子肯定不是组成它的那些乐音的总和;而是另一种全新的东西。

现代心理学是完全知道这件事的。我指的是爱伦菲尔斯、柯勒和威塞姆的完形心理学。Gestalt(完形)这个字在英语里似乎没有适当的译法,它的意思不只是指形状,而且是指一种真正察觉到的完全体。我不能再举出比谐和的曲子更好的例子来说明它了。这些完形是下意识地形成的;当我们用有意识的心灵来考虑它们的时候,它们就变成为概念,并且用文字装备起来。朴素的心灵都相信,完形并不是心灵的随意产物,而是外间世界给心灵的印象。我看不出有什么论据要使我们在科学领域里放弃这个信念。科学无非就是在不常见的条件下去应用常识。实证主义者说,外间世界的假设是走向形而上学的一步,是没有意义的,因为我们除非通过感官的知觉,否则决不能知道有关它的什么东西。这点是显然的。康德曾用经验事物和它背后的"物自体"(Ding an sich)之间的区分来表示这点。如果实证主义者进一步说,我们关于外间世界的判断都只是记号的,它们的意义都是约定的,那我就要提出抗议了。因为这样一来,任何一个简单句子,甚至像仅仅说"我现在坐在这把椅子上",都会是记号的,约定的。"椅子"并不是原始的感官印象,而是和完形相联系的观念,是由印象下意识地复合而成的新的统一体,和印象的改变无关。因为当我移动我的身体,我的手和眼睛时,感官印象可以以最复杂的方式发生变化,而"椅子"却还是椅子。对我的变化以及其他事物或其他人的变化来说,椅子是不变的,它是作为一种完形而被觉察到的。这种不变性,完全是一个强迫我们接受的事实,它也就是我们说这里"实在"有一把椅子这句话的含意。它可以付诸检验,但不是用物理实验的方法,而是用下意识心灵的一些难以思议的方法,我们只要稍微移动一下头部,就能分辨出哪是"实在的"椅子,哪是画的椅子。因此,实在性的问题不是没有意义的,它的使用不只是记号的和约定的。

"不变性"这一用语,我在谈到相对论的时候已经用过,这里它是在更普遍的意义下出现的,它是把这些心理学考虑和精确科学联系起来的一根纽带。这是一个数学用语,最先是在解析几何中用来定量地处理空间完形,这些完形也就是物体的简单外形或它们的位形。我可以用足够多的点子的坐标来描述任何的几何形状;譬如说,用这些点子在三个正交坐标面上的垂直投影来描述。

但是,这样的描述大大过了头,因为它不仅描述出形状,而且描述出物体相对于三个任意平面的位置,而这是完全无关紧要的。因此,我们要通过一些熟知的数学方法,把这部分多余的无关紧要的坐标描述全部消除掉;结果就得到所谓不变量,它描述着我们所考虑的固有形状。

如果我们不仅要讨论大小和形状,而且还要讨论颜色、热和其他物理性质,那情况也完全一样。数学物理方法也和几何方法一样,是从广义坐标出发,把偶然的东西消除掉。这时,这些偶然的东西不仅是空间位置,而且包括运动、温度或带电状态等。保留下来的就是描述事物的不变量。

这种方法和不受科学影响的下意识的心灵形成完形的过程完全相当。但是科学由于使用了精密的研究方法,因而超出了简单的人类能力范围。科学可以发现未知的形状,对这些形状,下意识的过程是不起作用的。我们只是不知道我们看到的是什么。我们不得不思索它,不得不去改变条件,去推测、测量和计算。结果就得到一个说明新事实的数学理论。这个理论中的不变量,应当看作是实在世界中客体的表象。它们和日常生活中客体的唯一差别仅在于后者是下意识心灵的构成物,而科学的客体则是有意识的思维构成物。凡是在弗洛伊德关于下意识领域中的观念得到公认的时代里生活着的人,似乎毫不困难地可以把普通客体和科学客体之间的这种差别看作是次要的。这点的正确性也可从下一事实来证实:这两者之间的界限并不鲜明,而是连续变化的。过去一度是纯科学的概念,今天已经成了实在的东西。对原始人来说,星星是在天空上的一些发光的点。科学发现了它们的几何关系和轨道。这曾经遭到猛烈的反对;伽利略本人就是真理的牺牲者。如今,这些数学抽象已是小学生都掌握的普通知识,已经成为欧洲人下意识心灵的一部分。关于电磁场的概念也有同样的情况。

不变性是常识和科学之间联系的纽带,这个观念在我想来是十分自然的。当我在普林斯顿著名的数学家威尔所著 *Philosophy of Mathematics*(《数学的哲学》)一书(1926 年)里发现也有同样的观念时,我感到很高兴。我认为这个观念也符合玻尔的观念(1933 年)。玻尔坚持这样一点:物理学中困难的产生都是由于我们事实上不得不使用日常生活里的语言和概念,即便在谈到精密观测时也不得不如此。在描述运动时,要么用粒子,要么用波,此外别无它法。当观测表明它们并不完全合适,或者表明我们实在要牵涉到一般的现象时,在这些场合,我们还是不得不应用它们。我们可以在数学上建立一些用来描述新观测事实的不变量,逐步学会用直觉去把握它们。这个过程是很缓慢的,它仅仅与我们关于现象的知识圈子的扩大过程按比例地进展着。这样,新概念就可以降到下意识的心灵中,可以找到适当的名字,并且归入人类一般的知识里面去。

在量子理论中,我们只是处在这个过程的开始。所以我不能用几句普通的话告诉你们量子力学所谈的实在是什么。我只能说明一下这个理论的一些不变特征,我尽量用普通的语言来描述这些特征,每当一个概念开始要诉诸直觉时,我就创造些新的用语。这就是物理学教导的含意。受过良好教育的青年人会把那些在我们看来十分困难的事情当作当然的事情,后代的人也一定会毫不费力地谈论原子和量子，正像我们谈论这张桌子和这把椅子，谈论天上的星星一样。然而，我不想小看近代物理和经典物理之间的间隙。我们可能借助两种完全不同而又相互排斥的图像来想象同一个现象，而不致有任何逻辑矛盾的危险，这个想法肯定是科学上的一个新想法。玻尔曾经指出，它也许可以帮助解决生物学和心理学上的基本困难。一个生命体、植物或是动物，肯定是一个物理化学系统。但是它还不止于此。这里面显然也有两面性。唯物主义的时代已经过去了；我们深信，物理化学这一面绝不足以说明生命事实，更不用说心理事实了。但是，这两个领域之间有着最密切的联系；它们交错着，并且以最复杂的方式交织在一起。为了描述生命过程和心理过程，除了和它们有关的物理化学过程以外，还需要一些其他的概念。为什么这些不同的语言和概念从来没有发生矛盾呢？玻尔曾经提出一个想法，说这是并协性的另一个例子，正像物理学中粒子和波之间的情况一样。如果你要用物理化学方法去研究一个特定的生物学或心理学过程，你就不得不应用各种物理仪器，而它们是要干扰这个过程的。你对这过程中的原子和分子的情况了解得越多，你就越没有把握说，这过程就是你想要研究的过程。当你知道有关原子的所有情况时，这个生物就死掉了。这就是玻尔提出的关于物理和生命、生理和心理之间的一种新的更深刻的并协关系之简述。

过去想只用一种哲学语言来描述整个世界，这个愿望是不能达到的了。很多人都意识到了这点，而近代物理的功绩也就在于，它把两种表观上不相容的思想趋势结合成为一个更高的统一体，从而指出了它们之间的严密的逻辑关系。

然而,物理学并没有停留在这个结果上。那是过去的成就,从那时起又出现了新的困难。有关原子核那些原子最内部的观测,已经揭示出一个新的世界,其范围最小,却有许多奇怪的规律。已经证明,各种原子都有一个具有确定结构的核,由两种粒子极其紧密地结集在一起而构成,它们称为质子和中子。质子是最轻的原子即氢原子的核,带有正电荷。中子与质子的重量差不多一样,但是不带电。在原子里,原子核被电子云包围着,而电子是我们已经多次提到的了。它们是比质子或中子大约轻两千倍的粒子;它们带有和质子等量而反号的负电荷。但是最近又发现了正的电子,或称“正电子”;事实上,狄拉克根据理论上的考虑早已预言过这种粒子的存在。因此我们已经有四种粒子,两种是“重”粒子,即质子和中子,两种是“轻”粒子,即负电子和正电子,它们都能以小于光速的任何速度运动。但另外还有光子,它们只能以光速运动,很可能还有一种叫作中微子的粒子,也只能限于以光速运动。

近代物理所提出的问题是:为什么恰恰有这些粒子呢?当然,这样提出问题是比较笼统的,但它有确定的意义。例如,质子和电子的质量之比有一定的数值,其准确值已求得为1845。另外还有一个无量纲的数,是137,它把基本电荷、普朗克常数和光速这三者联系了起来。一个迫切的问题是要从理论上推出这些数值,可是,这种理论并没有。那势必要去研究四种终极粒子之间的关系。这方面已经有了一个基本发现,就是正电子和负电子能够结合起来而消失,在这过程中,释放出来的能量以光子的形式发出;逆过程也存在,即光能够生出这样一对电子。这类终极粒子转变的过程，包括诞生和灭亡的转变在内，似乎乃是深入一步理解物质的关键。我们在实验室里只能很小规模地产生这些激烈过程，而自然界却以所谓宇宙射线的形式向我们提供了大量的材料。在观测宇宙射线的时候，我们亲眼看到了这些事变，看到两个粒子的碰撞产生出一大群新粒子，人们给了它一个有启发性的名字，叫做“簇射”。这里似乎到达了一个极限，即物质是由各种粒子组成的概念已经失去了它的价值，我们得到的印象是，必须放弃某些其他公认的哲学原则，否则是不能建立起一个满意的理论的。

去分析一下目前知识给出的一些征兆，那会是引人入胜的，不过我的时间已过了。

我这次讲演的目的，是要向你们说明，物理学除了作为一门技术发展的基础科学而在实际生活中具有其重要性以外，它还牵涉到抽象的哲学问题。今天在技术进步方面还有许多怀疑主义。它远远超过了它在生活中应有的应用范围。由于应用了科学成果，社会已经失去了它的均衡状态。但是西方人并不像惯于沉思默想的东方人那样，他们喜爱冒险的生活，科学就是他们从事冒险的活动之一。

我们不能去阻止它，但是我们能够尽量用真正的哲学精神，即为了真理而研究真理的精神去充实它。

参考文献

Bohr，N.（1933）‘Licht und Leban，’*Naturwissenschaften*，**21**，245。

Jordan，P.（1936）在其 *Anschauliche Quantentheoric*，（J. Springer，Berlin）一书中对实证主义观点作了杰出的介绍。

Weyl, H. (1926) ‘Philosophie der Mathematik und Naturwissenschaft,’ *Handbuch der philosophie*, Abt. II, A, II. 修改的英译本为:*Philosophy of Mathematics and Natural Science*, Princetown: University Press, 1949。

自然规律中的因果、目的和经济

〔物理学中的最小值原理〕

〔1939 年 2 月 10 日，在英国皇家协会星期晚会上的演讲。首次发表于 *Proc. Roy. Inst*，30 卷，第 3 集，1939 年。〕

我并不自认为是经典学者，但是我想，在文献中和我今晚想谈的问题关系最早的，乃是罗马诗人维吉尔所著的《安尼亚特》，第一卷 368 行里的这么几个字[①]："taurino quantum possent circumdare tergo"（用一张牡牛皮所能围起来的那么大的地）。

按照稍后一位希腊作家佐赛斯[②]更详细的讲法，这个故事是这样：在腓尼基的杜尔城（Tyre），国王毕格玛利翁有一个妹妹名叫戴多，她是个谋杀亲夫的暴君，迫不得已带着几个随从逃走了，后来在卡托古（Carthago）城堡那个地方登了陆。她和那里的居民进行谈判，要买一块地。居民们说，她拿的钱只能得到用一张牡牛皮

---

① 《安尼亚特》（Eneid）是味吉尔模仿希腊诗人荷马著的《伊里亚特》的一部作品。——译注

② 佐赛斯（Zosias）我们认为是佐西模斯（Zosimos）之误。佐西模斯是希腊历史家（Ζώσιμος 491—518 A. D.），著有《新历史》（*New History*）六卷，专写罗马帝国至罗马陷落（410 A. D.）为止。——译注

所能围起来的那么大的地。但是这个狡猾的妇人把牡牛皮割成了许多窄条条，把它们逐头连起来，然后用这根长长的带子围起了相当大的一块地，作为她的王国基地。为此她显然要解决一个数学问题，这就是著名的戴多问题：要找到一条具有给定周长的封闭曲线，并具有最大的面积。

可是我们不知道她是怎样解决这个问题的，是靠试验，靠推理，还是靠直觉。不管怎样，正确的答案都不难猜到，这是一个圆。但这件事只是用了现代的数学方法方才得到证明的。

上面所引述的故事，是这类问题在文献中的第一次出现。当我这么说时，我的意思当然不是指最小和最大的问题以前从来没有在人类生活中出现过。事实上，每当我们为了一个确定的实际目的而应用推理的时候，多少总是企图去解决这种问题的；就是以一定的努力获得最大效果，或者换一种说法，尽最小的努力获得预期的效果。从这同一个问题的两种表述方式可以看出，最大和最小之间并无根本的区别；我们可以简而言之为极值问题，或致极问题。商人用“经济”这个字表示他力图以给定的投资取得最大的利润，或者说，力图用最小的投资取得给定的利润。军事指挥官要设法获得某种战略地位，使自己一方损失最小，而敌方损失最大——这就是专家们用“关于生活的经济”这句含混的话所描写的行为。这些例子说明致极的问题是怎样地和那些来自人们的欲望、爱好、贪婪和憎恶的观念有关；要达到的目的往往完全不合理，但是当它们一旦被认为是目的之后，便导致一个严格合理的问题，须用逻辑推理的方法或数学来回答。我们的整个生活正就是这种理性和胡闹的混合物，正就是用合理的方法去达到那些性质暧昧不明的目的。拿我们的公路系统来说:它是否符合这样一个简单要求,就是使居民点之间的联系最短呢? 肯定不。公路是几何条件、历史条件和经济条件或多或少合理地合成起来的结果,但这些条件却往往并不合理。

但我们这里所要谈的不是人类的活动,而是自然规律。这些规律之存在以及它们能用合理的方式表达出来的观念,乃是人类智慧的晚期成果。古代民族仅仅发展了几门科学,主要是几何学和天文学,都是为了实际目的而发展起来的。几何学的产生是由于土地测量和建筑,天文学则是由于历法和航海的需要。

现代科学是从伽利略和牛顿所奠定的力学基础开始的。这些伟大思想家的特殊才能就在于他们能使自己摆脱当时的形而上学传统,能用新的数学语言表示观测结果和实验结果,而不受任何哲学成见的约束。尽管牛顿是一位大神学家,但是他的动力学定律并不能使我们想到,个别行星的运动会成为一个确定而可以觉察到的目的的证据。但在他活着的时期,即在17世纪末叶,数学家已经开始对几何上和分析上的致极问题感兴趣,而在1727年牛顿去世以后不久,自然界的目的或经济这个形而上学观念就和他们连在一起了。

在我继续谈论历史的发展以前,让我们再来看看我们一开始提出的戴多买地那个例子里所涉及的几何问题。

山的顶峰,山谷的底部,这些都是最大和最小的典型;图1表示一段山脉的垂直剖面,这是最简单的带有极点的数学图形,我们看到,这些极点的切线是水平线。如图所示,还有别的点也具有水平切线,但这种切线称为**拐点切线**。这些点的共同性质是,其高度对其邻域而言是稳定的；它不会像斜坡上的一点那样，高度可以有显著的变化。

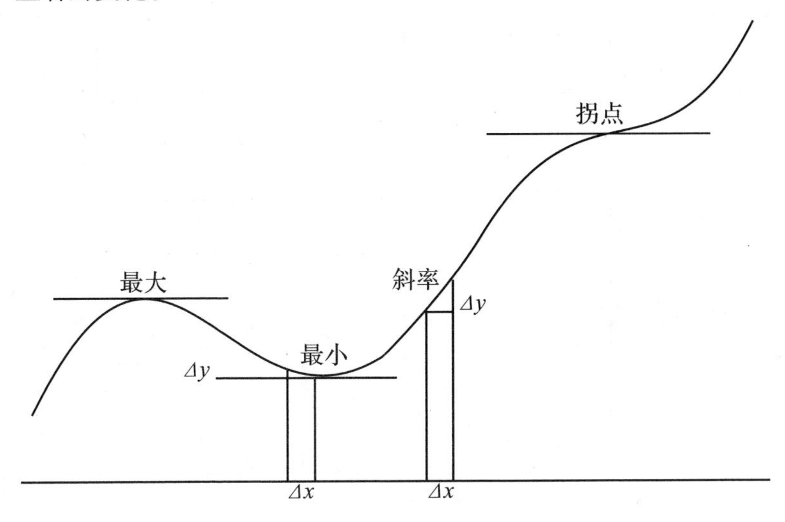

图1　最大，最小，拐点

你们一定熟悉作图方法，把任何一个量的变化规律用一条曲线在坐标纸上表示出来。例如，每日里的温度变化可以用一张如图2所示的图形表示。这张图表明，午后不久有一最大值，而清晨几小时内有一最小值。

让我们假设戴多想在她的基地上建造一座面积尽可能大的矩形建筑物；这意味着她的问题有了修改，事实上大大简化了，因为她无需在具有给定长度的一切可能的封闭曲线当中选出最大面积的曲线，而只需在具有给定周长的一切矩形当中选择出最大面积的矩形。图3表示一组这样的矩形，它们的面积显然都比方形的小。

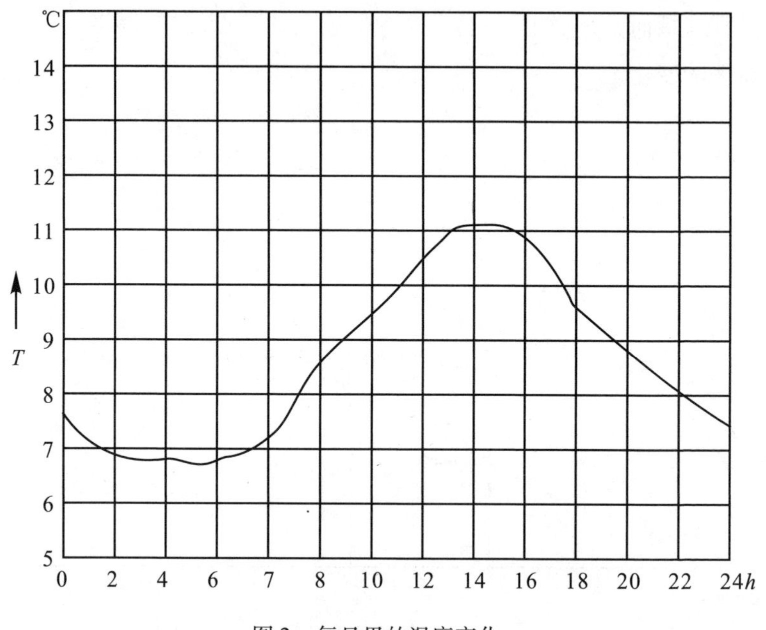

图2 每日里的温度变化。

这是形式最简单的真正的等周长问题(isoperimetric problem,这个字来自希腊文:iso = 相等的,perimeter = 周长),戴多问题是它的一般情形。但是数学家今天用这个名称来表示所有必须在约束条件下决定极值的问题(例如给定周长的最大面积问题)。这时,一般说我们可以交换所讨论的两个量,从而把一个量的最大值变为另一个量的最小值;例如,正方形显然也是包围给定面积的具有最小周长的矩形(图4),圆和所有其他封闭曲线比较起来,也有同样的情形。

另一类问题和短程线的观念有关。最简单的例子就是要在直线 L 上选定一点 Q,使它到直线外给定一点 P 的距离尽可能的短

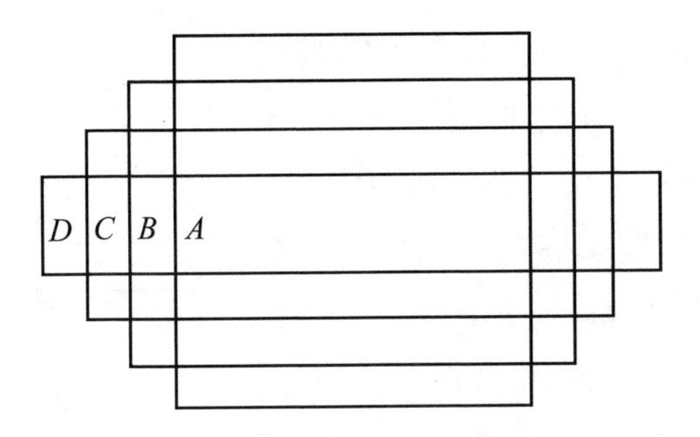

图3　周长相等面积不同的几个矩形

	宽×长	周长	面积
(A)	4×4	2×(4+4)=16	16
(B)	3×5	2×(3+5)=16	15
(C)	2×6	2×(2+6)=16	12
(D)	1×7	2×(1+7)=16	7

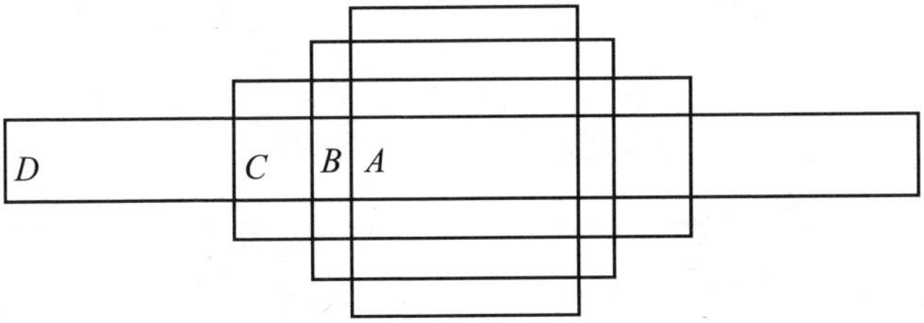

图4　面积相同周长不同的几个矩形

	宽×长	面积	周长
(A)	4×4	16	2×(4+4)=16
(B)	3×5.34	16	2×(3+5.34)=16.7
(C)	2×8	16	2×(2+8)=20
(D)	1×16	16	2×(1+16)=34

(图5)。很明显,Q 就是 P 到直线 L 的垂足。稍微复杂些的问题

是:怎样在直线 L 上找到一点 Q,使它到两个外点 P_1 和 P_2 的距离之和 P_1Q+QP_2 尽可能的小。如果 P_1,P_2 是在直线 L 的两侧,解答这个问题就很容易,即:Q 是 L 与直线 P_1P_2 的交点(图 6a)。但如果 P_1 和 P_2 是在 L 的同侧,那也不难找到解答,只要我们注意:对

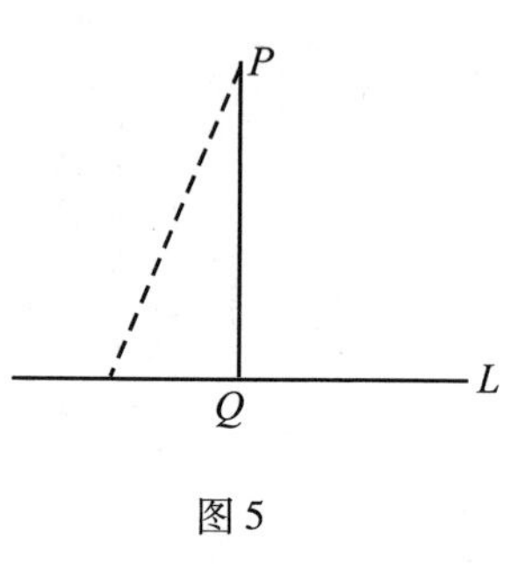

图 5

每一点 P_2,在 L 的另一侧都有一个"镜像"点 P'_2,而 Q 便是 $P_1P'_2$

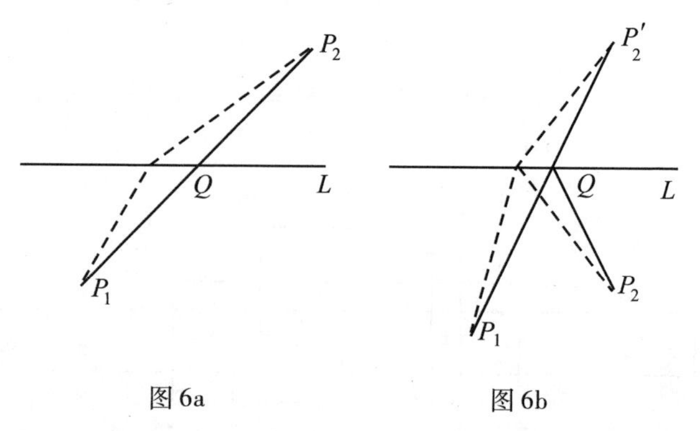

图 6a　　图 6b

与 L 的交点(图 6b)。这种镜像的观念提供了这类几何学问题物理解释的第一个例子。因为很明显,假如 L 是一平面镜,有一束光从 P_1 射向镜子并且反射到 P_2,这就同我们所解答的情形完全一样。这个解答就是光学中的反射定律,它已表为如下的最小值原理:光束恰恰选择使总路径 P_1Q+QP_2 尽可能短的反射点 Q。我这里有一个力学模型可以说明这点:用一个能在一根木棒上活动的小木钉代表 Q 点,用一根弦代表光束,其一端固定在 P_1,而另一端握在我手里。当我拉动弦时,你可以看到 Q 点的位置总是自行

调整到使 P_1Q,P_2Q 与直线所成的夹角相等,正和镜像作图法一致。光的行为表现得好像每条光束都有收缩的趋势一样,法国哲学家费尔玛曾经指出,全部几何光学定律都能归结为同样的原理。光运动起来就像是一个必须到达确定目的地的疲倦的报童,仔细地选择着最短的可能路径。我们是否要把这个解释认为是偶然的呢,要不,是否可以从中看出更深刻的形而上学内容呢?在我们作出判断之前,必须知道更多的事实,考虑一些别的情形。

让我们回到几何学的例子。我们一直都是假设,不同点之间的连线只容许是直线,或是由直线组成的线(例如在最后一个例子中)。但这个限制不是必要的,如果取消它,这就到了真正的戴多问题所属的范围了,就是说,我们要在某个量取极值的条件下决定一整条曲线。

最简单的这类问题是:两个给定点 A 和 B 之间的最短连线为什么是直线(图 7)。这里涉及到一门叫作变分法的高级得多的数学,属于无限多个可能性的领域。因为我们必须去比较通过 A 和 B 的一切可能曲线的长度,这里有无限多个对象,它们不是点子,而是图形。为了完成此项似乎非人力所及的工作,已经发展出了各种方法,这是人类思想的伟大胜利之一。

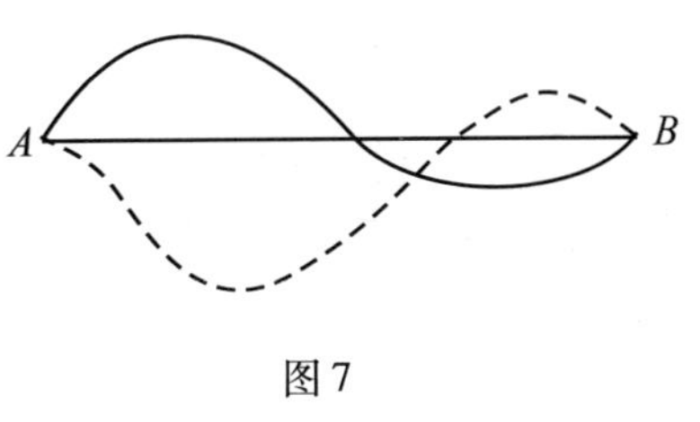

图 7

当我们旅行在这个地球上时,我们不可能准确地沿着直线走,因为地球的表面不是平面。我们所能做到的,最多是沿着最大的圆周走,这条曲线就是地球与一个通过其中心的平面的交线。诚然,我们能证明,任意两点 A 和 B 如果不是同一直径的两端(“绝对相反”的两极),它们之间的最短路径便是通过 A 和 B 的最大圆周上的一个弧,或者更确切地说,是两个弧中的较短者。海洋上的船只应当航行在最大圆周上。

大家知道,地球并不正好是球形,而是在两极略微有些扁平,在赤道附近稍微突出。那么,这种面上的短程线是怎样的呢?

刚刚差不多在一百年前,哥庭根的伟大数学家高斯就研究了这个问题,当时他正在他的家乡汉诺匀(Hanover)选区从事测地工作。他不仅是一位测量家,而且还是一位划时代的伟大思想家,他用最普遍的观点去看问题,研究了任意面上的短程线。但是为了纪念他的出发点,他把这些线称为测地线。我想稍微谈谈这些线和它们的性质,因为从许多方面来说,它们对物理学都有着根本的重要性。

高斯的研究使他导致非欧几何的发现。一般人都把这一发现归功于俄国人洛巴柴夫斯基和匈牙利人波利亚伊,这完全是对的,因为这些科学家独立地发表了(在 1830 年左右)最早的非欧几何体系。但是,高斯死后多年方才发现的(1899 年)他的日记,以及收集发表的他的书信集,都充分证明了,十九世纪[①]初期别人所完成的大量重要的数学发现,在他早已是知道的了,其中便包括关于非欧空间的完整理论。他在给一位朋友的信中写道,他没有发表

① 原文为十八世纪,我们认为系十九世纪之误。——译注

它,是因为害怕引起“波埃提亚人[①]的喧哗”。证明能够建立一些不同于欧几里得几何的几何学,而不致遭遇到矛盾——这件事乃是向现代科学的发展跨进了根本的一步。它导致几何学的经验解释,即几何学乃是研究刚体外形和位置的一般性质的物理学部门。通过黎曼和爱因斯坦的工作,几何学和物理学逐渐合而为一。但除了这些重要的发展之外,测地学的研究还告诉了我们一些其他事情,帮助我们说明了各种不同物理定律的本质,以及我们关于自然界中的因果、目的和经济这个题目。

让我们考虑面上的一点 P(图8),以及一切通过 P 点并在 P 点具有相同方向的曲线。显然,这些线当中有一条“最直的曲线”,即曲率最小的线。我有一个曲面模型可以帮助我来向你们说明这种最直的曲线。在这面上固定两个小环,我可以把一根钢琴弦穿过它们。由于弹性,弦有反抗弯曲的能力,所以它的形状是面上可能有的最直的形状。现在我拿一根弦把它拉过这两个环。这根弦的形状当然就是面上两个可能点之间最短连线的形状。你们看到,最直的线和最短的线是完全一致的。

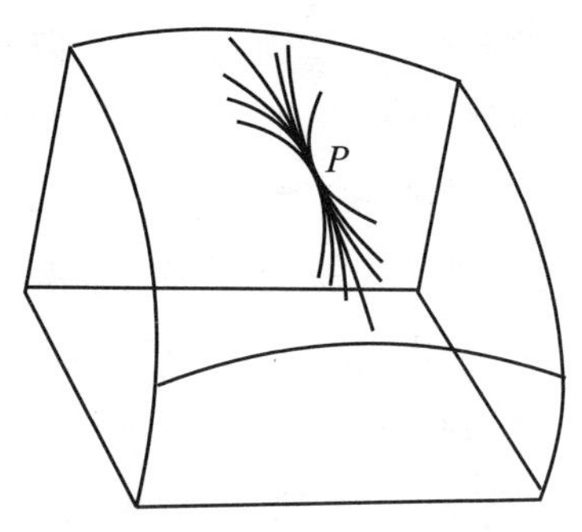

图8　一个面上具有最小曲率的线

因此,测地线的特征可以用两种略有不同的最小性质来表示:

① 波埃提亚(Boetia)是古希腊地名,此处波埃提亚人的转义是愚蠢人。——译注

一种可称之为局部性质或微分性质，即在给定方向的给定点上，曲率要尽可能小；另一种可称之为总体性质或积分性质，即在面上的两点之间，路径要最短。

“局部”规律和“总体”规律之间的这种二元论，不仅出现在这里的这个简单的几何学问题中，而且在物理学中有着广泛得多的应用。它是过去产生如下争论的根源：力是直接超距作用的（像牛顿引力理论以及过去形式的电学理论和磁学理论中所假设的那样），抑或只是逐点作用的（像法拉第和麦克斯韦的电磁理论以及一切现代场论中所假设的那样）。如果把测地学定律本身解释为物理学规律，特别是解释为动力学规律，我们就能说明这点。牛顿动力学第一定律即惯性原理说，任何不受外力作用的小质点的运动轨道都是直线；弹子球是沿直线运动，如果球台严格水平因而重力不起作用的话。设想有一结冰的湖，大到在湖面的长度上可以觉察到地球有曲率——在湖上没有直线，只有最直的线，即地球的最大圆周。显然，这些最直的线就是自由粒子的轨道。因此，我们可以把牛顿第一定律推广到光滑面上的运动，而说，一个不受外力作用的物体要尽可能直地运动。这是局部性的物理规律。但是，我们知道测地线还有另一种最小性质，所以我们也能说，物体总是沿着尽可能短的路径从一个位置运动到另一位置——这是积分型的规律。

关于局部型的极值定律似乎没有什么可提出异议的，但积分型的定律却使我们现代的头脑感到不自然。虽然粒子在给定时刻选择最直的路径进行这一点可以理解，但我们却不能了解它怎能迅速地比较到达某个位置的一切可能运动，并选出最短的轨道——这个问题使人觉得过于是形而上学的了。

但是在我们遵循这条思想路线谈下去之前,首先必须使自己相信一切物理学部门中都出现有最小性,并且要相信,这些性质不仅是对物理定律的正确的表述,而且也是很有用的和有启发性的表述。

最小值原理在其中有着无可置疑的用途的一个领域是静力学,这是研究各种系统在任何力系作用下的平衡状态的理论。一个在光滑面上受重力作用的运动物体,稳定平衡时将静止在最低的位置上,如同这个摆所表明的那样。如果系统是由不同物体构成的某种机械,则其重心便有尽可能下降的趋势;要找到稳定平衡的位置,只需求出重心高度的最小值。这个高度乘以重力称为势能。

一条链子挂起它的两端(图 9a),将具有确定的形状,这形状由重心高度取最小值的条件决定。如果链子是由许多链条连接起来的,我们便可得到一条叫作悬链线的曲线。这是一个真正的等周类型的变分问题,因为在给定的端点之间,悬链线在无限多种长度相同的曲线当中是一条重心最低的曲线。我这里有一条链子,仅由四根链条组成(图 9b)。这里用了一组杠杆(用很轻的物质制成,因而它们对链子的重量没有什么贡献),来显示出重心的位置。如果我随便扰乱一下链子的平衡,你可以看到重心总是上升的。

现在我想用一个例子来向你们说明重力与另一种力竞争的情形,这种力就是弹力(图 10)。我所以选择这个特殊问题,并非因为它是我三十多年前的博士论文题目,而是因为它能说明静力学中真正的最小值原理和动力学中形式上的变分原理这两者之间的

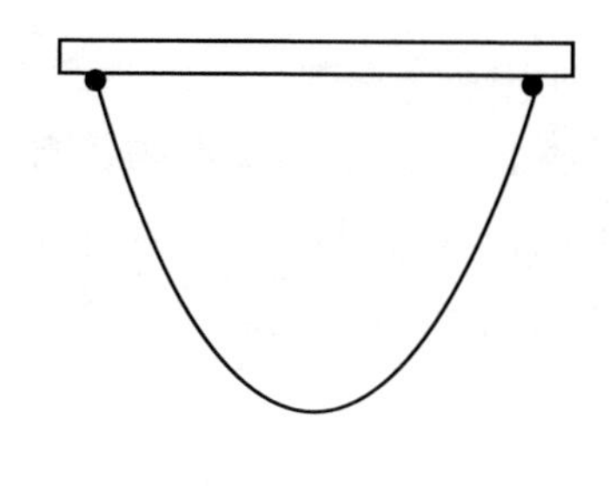

图 9a　垂曲线

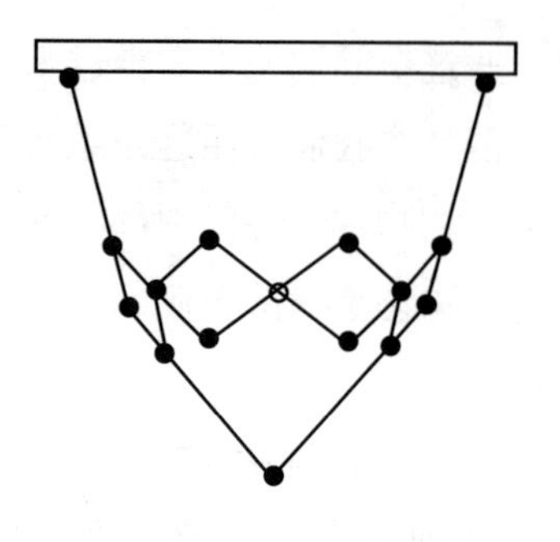

图 9b　由四根链条组成的链子，附有一个显示重心的结构

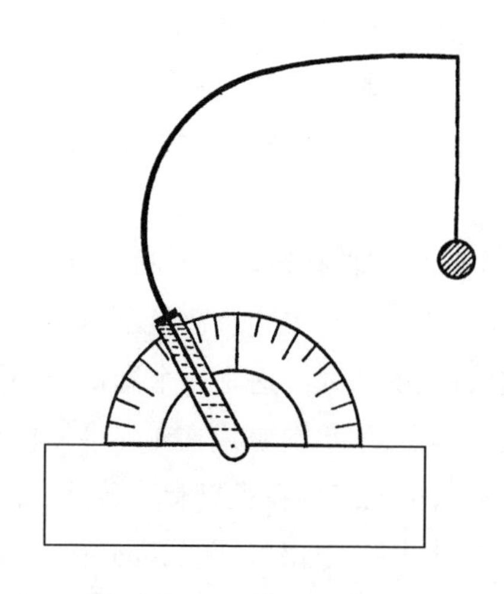

图 10　挂有一重量的钢制卷尺（弹性曲线）

区别，我们在下面即可看到这个区别。设有一个钢制卷尺，一端被夹住，它端挂有一重量。这重量将被重力拉向下，但由于弹性，卷尺将力图反抗弯曲。这弹力也有一势能；因为卷尺弯成给定的形状需要作一定数量的功。这势能显然以某种方式依赖于卷尺的曲率——此曲率是逐点变化的。你们现在看到平衡状态有一确定位置，就是总能量（即重力势能加上弹性势能）尽可能小的位置。如果把重量向下拉，则重力势能减小，但弹性弯曲能量将有更多的增加，结果便产生一恢复力；如果举起重量，重力能量的增加就多于弯曲能量的减少，因而力的方向仍是指向平衡。你们看到，对于某些夹头

方向来说,平衡位置有两个,一个在左边,一个在右边。

这点对夹头沿垂直方向的情况也正确,此时两种平衡形式是对称的——但仅当卷尺足够长时才是如此。如将卷尺长度缩短到足够程度,则唯一可能的平衡形式是卷尺取直线。在给定重量下有一确定长度使此直线形式成为不稳定的,这长度由以下条件决定:超过这长度势能就不再对直线形式为最小,而变成对曲线形式为最小了。

欧拉曾求出了这个特征长度的公式,它在工程学上起着重要作用,因为它可以决定铅直梁柱的强度。但当夹头的方向倾斜时,也有类似的不稳定性。如将长度固定,而改变夹角,卷尺会从一个位置突然跳变到相反一边的一个位置上。这种不稳定性也取决于能量取最小值的条件。我们可用作图方法把这些有关稳定性极限的事实总结一下,这张图不是弹性线本身的图形(弹性线本身是一些很漂亮的曲线,如图 11 所示,称为弹性曲线),而是以倾斜角对离开自由端的距离所作出的图。这样得到的,是一些波状曲线(图 12),每条曲线都是水平地从表示带有重量的一端的那条直线出发。你们看到,这些曲线有一条包迹,计算表明,这包迹就是稳定性的极限。包迹右端的任何一点至少有两条曲线通过;这相当于如下的事实:该点表示在该夹角下存在两种平衡形式。如果在图中沿竖直方向上移,就是改变夹角(而卷尺长度不变);当我们沿横方向越过包迹时,便到达每一点只有一条曲线通过的区域。在包迹上,有一位置变成不稳定的,要跳变到另一位置上。特别地,当卷尺取直线形时,欧拉的稳定性极限表现为包迹上明锐的一点;该点到原点的距离正好是邻近曲线波长的四分之一,这数值恰恰

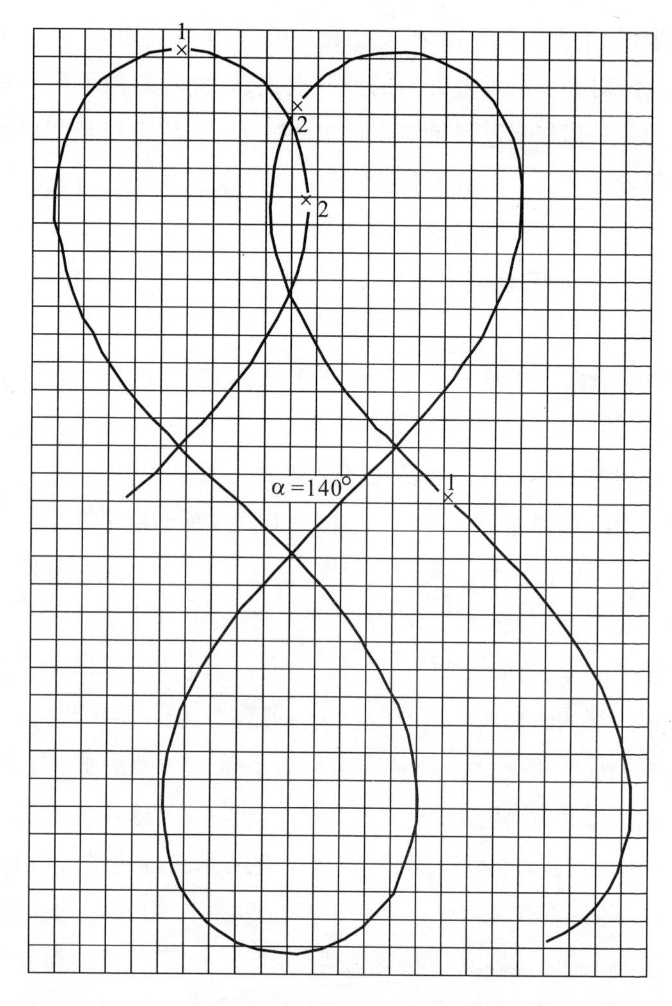

图 11　弹性曲线

给出欧拉公式。我希望你们记住这个例子，因为后面在讨论动力学中的最小值原理时，还要转到这个例子上来。

静力学中另一个能量最小原理的例子，就是肥皂泡的问题。

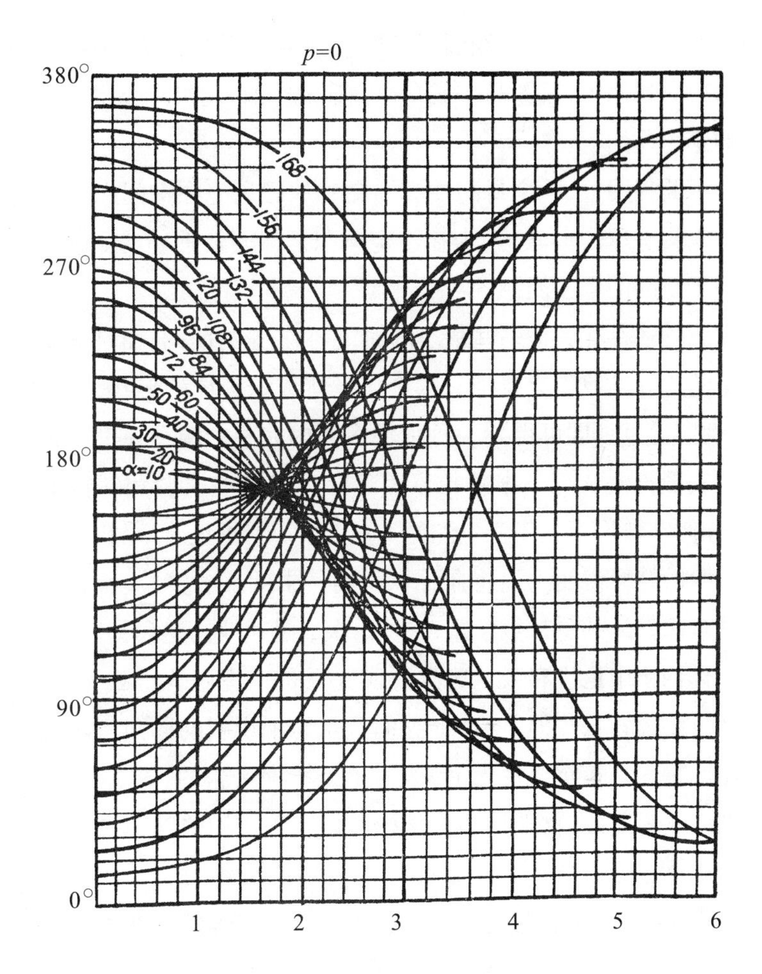

图 12　弹性曲线稳定性极限的图示

肥皂薄膜具有尽可能收缩的性质；势能与表面积成正比。有一个大家熟知的实验可以很清楚地表明这点。假定我用肥皂膜覆盖在一个金属圆环上，在此膜上固定一根细丝线。如果弄破这细线一边的肥皂膜，另一边的膜就收缩，而使丝线被拉紧，成为圆弧形。

现在我用一个闭合的丝线圈;如果弄破线圈内部的薄膜,则在外部膜的应力作用下,线圈马上成为一完整的圆圈,表明薄膜是处在均匀的张力作用下。

因此很明显,一个封闭的充满空气的肥皂泡在空间中自由浮动时应具有球的形状,因为在给定体积下球面是最小的面——这相当于空间的戴多问题。

此外还存在其他一些最小的面,它们不是封闭的,而是规定有给定的边界。我们只要把一根金属丝弯成该边界的形状,并把它浸入肥皂液里,即可得到一种最小表面的完整的物理模型。很久以前法国盲人物理学家普拉泰曾经研究过这些实验和它们的理论,你们在波埃斯关于肥皂泡的一本著名小册子里,可以找到对这些实验的精彩说明。我将向你们说明其中的某些实验,看看自然界是多么熟练的一位数学家,它可以多么迅速地找到解答!

你们当中也许有人认为这些实验只是一些巧妙的游戏,没有什么重要的背景。但是,选择它们只是为了说明问题而已。能量最小原理的真正重要性无论怎样说也不会是夸张的。一切工程建设都以它为基础,物理学和化学中一切有关结构的问题也是以它为基础。

作为例子,我想在这里向你们说明晶体点阵的某些模型。晶体就是一定种类的原子在空间中的有规则排列。布拉格父子曾经利用劳埃、弗雷德雷期和克立平的发现——X 射线被原子点阵所衍射,从实验上定出了原子的排列情况。原子排列的很多方式现在已经成为众所周知的了;例如,这里有两个简单的模型,都是由两种原子所组成,并且每个点阵单位里的原子数目也相等,但结构有所不同。一种模型是氯化钠盐(NaCl)的点阵,另一种是类似的氯化铯盐(CsCl)的点阵。问题是,它们为什么不同?答案只能期望从原子间作用力的知识得到;因为,结构显然取决于势能为最小的条件。反之,研究这个平衡条件一定可以告诉我们原子力的某些特性。我曾经花了相当多的精力在这个领域里从事研究;可以证明,在所有这类晶体盐类中,作用力主要是带电原子间的静电相互作用,但是两种点阵稳定程度不同的根源在于另一种力,这就是在低温下使气体凝结的那种普适的凝聚力。这种力称为范德瓦尔斯吸力,在较大的原子间它比较大;因为铯原子远大于钠原子,所以铯盐和钠盐的势能是在不同位形上达到最小的。

这种多少有些定量的考虑,使我们可以了解有关固体内部结构的大量事实。

这些方法也能应用到分子中原子之间的平衡上,但我不打算加以讨论了,因为原子结构的问题其实并不是静力学问题,而是动力学问题,它涉及到原子中电子的运动。

我们接着考虑动力学中的最小值原理——这里的情况并不像静力学中那样明显而令人满意——以前,首先必须谈谈另一个物理学部门,在某种意义上说,它的地位介乎静力学和动力学之间。这就是关于热的理论,即**热力学和统计力学**。这时我们所考虑的现象属于这种类型:使不同组分和不同温度的物质进行接触,或者混合起来,然后观测合成的系统。因此我们遇到的是一种平衡状态向另一种平衡状态的过渡,但我们主要不是关心过程本身,而是关心最后的结果。我这里有一杯水和一瓶染液。现在我把红色的染液倒入水中,观察合成的溶液。如果要找一种力学过程来和这些过程对比的话,我想,最接近的就是前面考虑过的弹性钢制卷尺带有一块重量的情形了。如果沿竖直方向固定一端,则有两个稳定平衡位置;如果给予系统能量,它就可以从一个平衡位置跳变到另一平衡位置,但是你们看到它要重新跳回来。这过程是可逆的,仅当多余的能量被取走时,它才导致最后的确定的平衡状态。而在上述两种液体混合的情况下,最后的平衡状态可以自动达到,这过程是不可逆的。它不仅不能自发地回到混合前的状态,而且即便想人工地把染料从水里分离出来,也不是用什么简单办法所能做到的。

不可逆过程遵从一个很重要的极值原理,它是由开耳芬爵士发现的。这个原理说,某个叫作熵的量将随过程而增加,并且在最后的平衡状态达到最大值。这个神秘的熵,很难用可以直接观测的量,例如体积、压强、温度、浓度、热量等来描述。但是从原子论的观点看,熵的意义就很直接明了。如果红色的溶液在纯水中散开,那要发生什么情况呢?起初,红色染液的分子集中在一个有限体积内,后来向外散开到更大的体积里去。一个有序度较高的状态,被一个有序度较低的状态所取代了。为了解释这句话,我这里有一个模型。这是一个平坦的盒子,就像一张小小的弹子球台一样。我在里面放进了一些弹子(是在小杂货铺里花了六便士买来的)。如果我小心地把它们放到盒子的右半边,这就得到一个部分有序的状态;如果摇动这个盒子,它们就要散开到整个盒子里去,而成为有序度较低的样子。如果我一个接一个地向盒子里投进二十个弹子,以致它们的位置纯属偶然的,那么,它们全都落在右半边是极不可能的。我们很容易算出它们在整个盒子内均匀分布的几率，并且拿来和绝大多数弹子落在右半边的几率相比较，这时我们看到，均匀分布的可能性占绝对优势。现在，热的统计就是借助原子分布的几率来解释系统的熵，这可以帮助理解我们为什么熵总是增加，并且趋向最大。

为了向你们说明几率的作用，我这里有一部伽尔顿发明的机械（图13），名叫格子机。试把小球从上部中央小孔中投下，将碰到大量小三角形的障碍物。每次碰到障碍物时，落到右边和左边的几率是相等的。显然，小球总是向一个方向偏的机会很小；因此底部收集小球的格子里，两端的格子比较空，而中间的比较满。正中间的格子里的小球，相当于它们偏右和偏左的次数同样多，即相当于偏转的均匀分布。你们看到，这里有一个明显的最大值。这说明了弹子的均匀分布或红色染液分子的均匀分布。

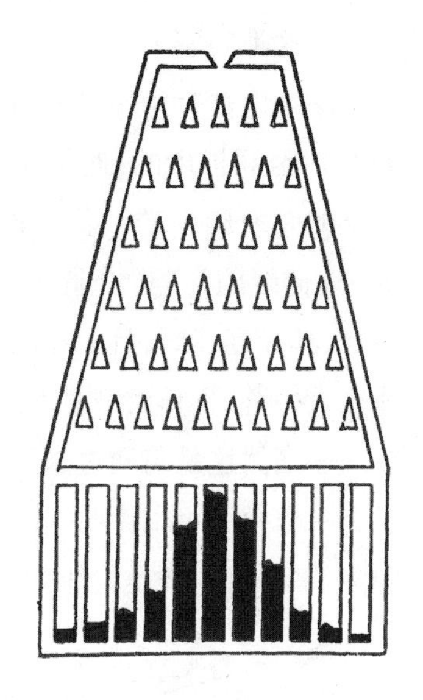

图13 伽尔顿的格子机。
（电气工程师学会特许转用）

所以，热力学的最大熵原理其实是一个统计律，和动力学简直没有什么关系。如果系统原来处在部分有序的状态，即处在非最可几的状态（这相当于格子机中间一格），则经过一定时间以后，它就很可能到达几率最大的状态，或熵最大的状态。这确是很可能的——但也不是绝对肯定。现代的微观观测技术已经揭示出一些情况，可以觉察到和最可几状态的歧离。所以，统计力学的极值原理在性质上多少和纯力学的极值定律有些不同。但是我不能更深入地去谈机遇和几率在科学中的作用这些困难问题了。

现在让我们回到动力学中的最小值原理。

在这类问题中，第一个——无论按历史次序或是按简单程度的次序来说都是第一个——问题是十七世纪末由拜斯耳（Basle）的J. 白努利提出的，他是一个出了许多名学者特别是出了许多数学家的大家族中的一员。这是一个求最快降落曲线或 *brachistochrone* 曲线的问题（希腊文：brachys = 短，chronos = 时间）：设给定两点，其高度不同，且不在同一铅直线上，试决定一条连线，使一物体在重力作用下无摩擦地从较高点滑至较低点所需的时间最短——当然这是与通过这两点的一切可能曲线相比较而言。我这里有一个模型可以说明这问题，不过这里只有三条曲线，而不是无限多条曲线：一条是直线，一条是圆弧，还有一条曲线介乎两者之间（图14）。我用钢珠在两条轨道上的滚动，来代替物体无摩擦地滑动。这样做的优点不仅是使摩擦力减小，而且也可以使整个运动减缓；不这样预防运动就会太快。由于轨道之间的距离只是珠子直径的一个分数，所以当珠子转了一圈时，它前进的距离只是它在光滑面上滚动时所应前进距离的分数。这一设计的效果只是增加惯性，而不改变重力；运动规律未变，只是时间尺度减小了。

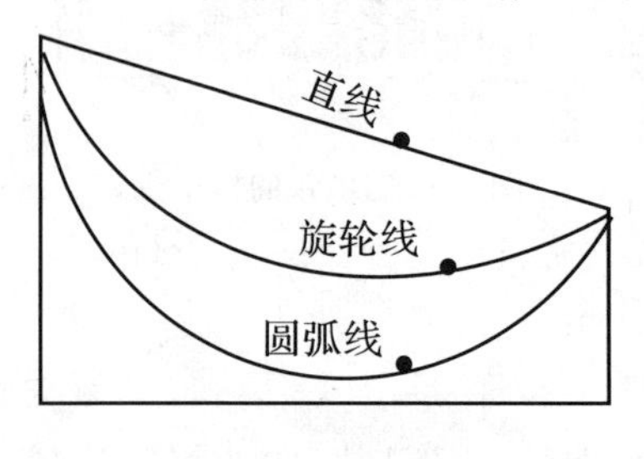

图14　最快降落曲线

现在,在我使这三个珠子开始竞走之前,如果大家愿意的话,我想请你们和我打个赌:哪个球会得胜。我准备做个赌场老板。当然,珠子跑得最快并非由于它本身有何优点,而是由于它在上面滚的那条曲线形状的缘故。

你们看到,获得优胜的既非直线,也非陡降的圆弧,而恰好是中间的一条曲线。假如你用其他曲线进行试验,也总会得到同样的结果;因为这条曲线是按照理论计算构成的。它就是所谓的旋轮线,你们每天在路上都可以成百次地看到这种线。一个沿着直线滚动的轮子,其边缘上一点描出来的就是这种曲线;我这里有一个圆盘,上面连着一支粉笔,如果使它沿着黑板滚动,你就可以看到粉笔画出这条线了。

定出旋轮线具有这种最快降落的特性,这是很令人满意的一段数学;它是一个真正的最小值问题,其解决乃是一件伟大成就。它受到了广泛的注意,这个时期的哲学家,没有一个不曾去解决一下类似的极值问题,以此来测验一下自己的分析能力的。白努利家族的另一员 D. 白努利,在十八世纪初期发展了静力学中的最小值原理,这我们已经谈过了,他还把它应用到悬链线和弹性线上。在这些成就的鼓舞下,D. 白努利提出了这样一个问题:能否利用真实运动和所有其他想象的运动或虚假运动比较起来具有的某种最小性,来表征一个受给定力作用的物体(例如行星)的轨道,或甚至它在轨道上的运动呢?他把这个问题提给了当时第一流的数学家欧拉,欧拉非常感兴趣,花了几年的时间来研究它。1743 年秋,欧拉找到了解答,并且在 1744 年出版的一本关于等周问题的书的附录里,用各种例子说明了这个解答。它是物理学中直到现在都起着突出作用的最小作用量原理的基础。但在这个原理的历史上，却充满了令人诧异的一团争论，充满了关于优先权的吵闹以及其他许多不愉快的事情。莫培督在同一年，即在1744年，曾向巴黎科学院提出了一篇论文，里面把前头已经讨论过的光学中的费尔玛最短光程原理换成了一个颇为随便的假设，后来在1746年，他还把它推广到一切类型的运动上去。他仿照莱布尼茨，把作用量定义为质量乘以速度和运动的距离，而提出一个普遍原理说，这个量对真实的运动取最小值。他从来没有令人满意地证明过这个原理（这并不奇怪，因为它是错的），只是用一些基于自然界中的经济而提出的形而上学论据来袒护它。他遭到了巴黎的达阿西和贝恩（Bern）的考涅格以及其他等人的猛烈攻击；这些人证明了，假如莫培督原理是对的话，那么，节约的大自然在某些情况下就会被迫消费掉最大的作用量，而非最小的作用量。欧拉的原理是正确的，但是他的做法却很奇怪，他没有要求自己的权利，甚至对莫培督的原理表示赞赏，声称它是更普遍的。我们很难追寻这种态度的理由。理由之一似乎因为考涅格发表了一封他认为是真实的莱布尼茨的残缺不全的信，里面证明了这个原理。这封信的真实性永远不能证明了，看来可能是件赝品，想用来削弱莫培督的地位的。这也许就使得欧拉倒向莫培督一边，因为当时莫培督正是柏林科学院院长，而且是后来称为大帝的国王腓特烈二世特别宠爱的人。当时，争论转入了无忧宫（Court of Sanssouci）的范围里进行，甚至转入了政界。腓特烈的朋友伏尔泰，从心底里就嫌恶这位高傲的科学院院长，所以站到了“失败者”考涅格的一边，写了一本刻薄的小册子名为《亚卡吉亚博士》（*Dr. Akakie*），来讽刺莫培督。国王尽管十分喜欢伏尔泰的机智诙谐，但却不能牺牲他的伟大院长，所以不得不袒护莫培督。这种情况最后导致他们之间友谊的破裂，迫使伏尔泰从柏林出走，许多关于腓特烈和伏尔泰的传记都记述了这件事。

混乱的祸根长期以来都在于最小作用量原理。拉格朗日的工作虽然是牛顿力学的发展顶峰，但对这个原理的表述也是不能令人满意的。亚可俾把它限制了一下，使最小值条件只能正确地决定轨道；而轨道上的运动则需利用能量方程求出。这是重要的一步。但是，伟大的爱尔兰学者哈密顿终于拨开了迷雾，他的原理在数学上是绝对正确的，而且既简单又普遍。同时，它结束了关于自然界经济原理的解释。让我们很简单地来看一下真正的情况。

我们考虑过一个称为一组力系的势能的量，这是使力学系具有给定位形所需完成的功，所以它是系统做功能力的量度。这势能仅与位形有关，并且在平衡位置具有最小值。如果系统是在运动，一部分势能即变为运动的能量或动能，就是粒子的质量之半乘以速度平方之和。能量守恒定律说，这两种形式的能量之和永远是恒量。但哈密顿原理所考虑的不是这两种能量之和，而是它们之差。这个原理说，运动规律是这样的：和一切在给定时刻从给定位形出发并在下一给定时刻到达另一给定位形的虚假运动比较起来，真实运动的某个常称为作用量的量（即每一时间间隔对动能与势能之差的贡献总和）是稳定的。

我特地说稳定而不说取最小值，因为一般说来，它的确不是取最小值。

我们可以用单摆很清楚地来说明真实的情况。由于一种幸运的数学巧合，有一个满足真正的势能最小原理的静力学问题，在形式上和单摆满足最小作用量原理一样。这就是我们的老朋友钢制卷尺。事实上，挂有重量的弯曲能量之和的数学表式，正好就是摆的总作用量(即全部时间元对动能势能之差的贡献总和)；所以，表示弹性线倾角作为到自由端距离之函数的曲线，正好就是表示单摆偏转角作为时间函数的曲线。你们看到，这些曲线具有波动的特征，虽然我们只画出了曲线的一小部分。

现在我们已经看到，图中只有那些被线所覆盖的区域才相当于真正的最小值，即相当于弹性线的稳定位形。此外还有处在包迹之外的区域，在那里，给定一点可以有两条以上的线通过。其中只有一条线相当于真正的最小值。但两者都代表摆的可能运动。虽然弹性卷尺两端的条件并不准确地对应于哈密顿原理中时间间隔端点的条件，但这件事却是一样的。如果卷尺的长度或是摆的情况下哈密顿原理中相应的时间间隔超过了某一限度，便不止有一个可能的解，然而不是每个解都能相当于真正的最小值，虽然它们都相当于可能的运动。这样，我们便得到结论：真实的运动并非在每种情况下都是以作用量的真正极值性作为特征，而是以作用量取稳定值为特征，至于稳定的意思，我已在演讲的开头解释过了。

因此，用经济这个字来解释是行不通的。如果自然界有一个目的，可以用最小作用量原理来表达的话，那也决不是什么和商人的目的可比拟的东西。我以为可以把寻找自然规律的目的和经济这个想法，看作一种荒谬的拟人论，看作形而上学统治科学时的遗物。即便我们赞同这种观点，认为自然界很节约它的作用量库存，想把它尽可能地留下来(如前所述,她仅在运动的开头一小部分时间内可以成功地做到这点),我们也不禁要诧异,为什么它恰恰把这个奇怪的量看得特别宝贵。

哈密顿原理的重要性完全是在另一方面。

经济的不是自然界,而是科学。我们所有的知识都是从收集事实出发,但接着便是用简单的定律去总结大量事实,然后再用更普遍的定律去总结它们。这个过程在物理学中是非常明显的。例如我们来看麦克斯韦的光的电磁理论,由于这个理论;光学成了一般电动力学的分支。对于这种进行统一的目的说来,最小值原理是一个很有力的手段。我们考虑最短路径这个最简单的例子,就很容易理解这点了。如果军事指挥官有一张好地图,他就可以把军队从一定地点调动到另一地点,并且只宣布目的地,简直不大注意具体路程的问题,因为他认为分队长官总会采取最短的路程进军的。这个最小值原理连同地图在一起,便制约了一切可能的运动。同样,物理学中的最小值原理可以代替无数专门的定律和法则——永远假定地图是给定的,在此情况下即是假定动能和势能是给定的。

理想情况似乎是一切定律都凝为一个单一的定律,凝为一个普适公式;早在百余年前,伟大的法国天文学家拉普拉斯就假定这种公式的存在了。

如果我们按照维也纳的哲学家马赫,那就需要把思维经济当作科学的唯一根据。我不同意这个看法;我认为科学还有许多其他的方面和根据,但我不否认思维经济和结果的浓缩也是很重要的,我把拉普拉斯的普适公式看作一个合法的理想。毫无疑问,哈密顿原理乃是这个倾向的适当表述。只要知道所有力的势能的正确表式，它就会是一个普适的公式。十九世纪的思想家多少有些不隐讳地表示自己相信这个方案，而且它确实也得到了惊人的成功。

适当地选择势能的表式，就几乎能够描述一切现象，不仅包括刚体和弹性体力学，而且也包括流体和气体的力学，电学和磁学，以及电子论和光学。爱因斯坦的相对论是这一发展的顶峰，在这个理论里，抽象的最小作用量原理重新获得了简单的几何解释，至少它依赖于动能的那一部分可以如此。为此目的，我们须将时间看成第四个坐标，如图 15 所示（其中省略掉一维空间）；于是运动即可用此四维世界中的一条线来代表，在这四维世界中，适用黎曼所创立的那种形式的非欧几何。这条线在两点之间的长度，正好就是哈密顿原理中作用量的动能部分，而代表运动（在重力作用下的）的线则是四维空间中的测地线。以牛顿定律作为极限情形的爱因斯坦的引力定律，也可以从一种极值原理导出，其中取极值的量可以解释为时空世界的总曲率。但这些都是抽象的考虑，我不能在此详述了。

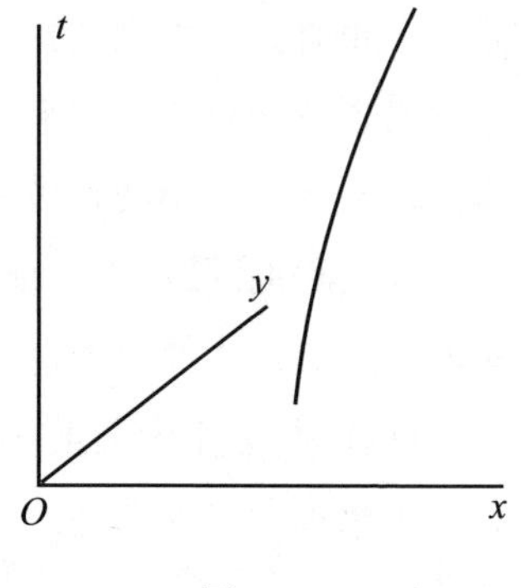

图 15

我们把这段到相对论为止的物理学时期叫作经典时期，以便和最近一段以量子论为中心的时期区别开来。

关于原子的研究，它们之分解为原子核和电子，以及原子核本身的蜕变等，已经使人们确信经典物理的定律在这些微小范围内并不适用。人们发展出了一种新的力学,十分令人满意地解释了观测事实,但是它和经典概念、经典方法相去甚远。它抛弃了严格决定论,而代之以统计观点。作为例子,让我们来看看镭原子的自发蜕变;我们不能预言它将在何时分裂,但我们关于分裂的几率可以建立一些准确定律,从而能够预言大量镭原子的平均效应。新力学假定一切物理定律都具有这种统计的特性。基本的量是波函数,它遵从类似于声波或光波所遵从的定律;但它不是一个可观测的量,只能间接地决定可观测过程的几率。这里,使我们感到兴趣的是这样一个事实:甚至量子力学中的这个抽象的波函数,也满足哈密顿类型的极值原理。

我们还远未知道拉普拉斯的普适公式是什么,但我们不妨相信,它会取极值原理的形式,这不是因为自然界有意志或者有目的和经济,而是因为我们的思维机构再也没有其他方法把许多规律的复杂结构凝结成简短的表式了。

附　　录

因为我们反对最小作用量原理经济解释的论据,是基于单摆的动力学问题和负重弹性卷尺这个静力学问题的比较,所以懂点数学的读者也许欢迎用一些公式来证明这两个问题的变分原理是完全相同的。

如 l 为弦长,θ 为偏转角(图 16a),则$\frac{d\theta}{dt}$即为角速度,$l\frac{d\theta}{dt}$为线速度;因此动能 $T=\frac{1}{2}ml^2\left(\frac{d\theta}{dt}\right)^2$,其中 m 为球的质量。当球向上运

动时，如图所示，它离最低位置的高度是 $l - l\cos\theta$。将此高度乘以重量 mg（g 为重力加速度），即可得到势能；但因常数无关紧要，故可略去 mgl，而将势能写为 $U = -mgl\cos\theta$。动能与势能之差是 $T - U = \frac{1}{2}ml^2\left(\frac{d\theta}{dt}\right)^2 + mgl\cos\theta$，故在 $t=0$ 到 $t=\tau$ 这段时间内，作用量是 $\int_0^\tau \left\{\frac{1}{2}A\left(\frac{d\theta}{dt}\right)^2 + W\cos\theta\right\}dt$，其中用了简写记号 $A = ml^2$，$W = mgl$。

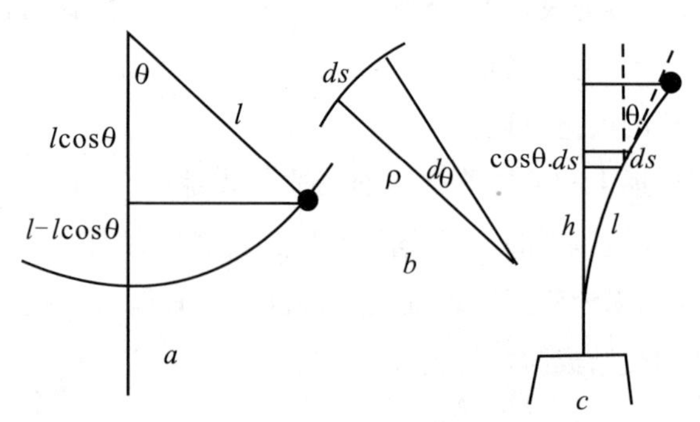

图 16

现在我们考虑弹性卷尺。当卷尺弯成曲率半径为 ρ 的曲线时，线元 ds 中存储的能量是$\frac{1}{2}A\frac{1}{\rho^2}ds$，其中 A 为挠曲模量。图 16b 表明 $ds=\rho d\theta$，因而 ds 的弯曲能量是$\frac{1}{2}A\left(\frac{d\theta}{ds}\right)^2 ds$，总的弯曲能量是 $\int_0^l \frac{1}{2}A\left(\frac{d\theta}{ds}\right)^2 ds$，其中 l 为卷尺长度。

挂在一端的重量 W 的势能是 Wh，这里 h 是此重量距夹紧一端水平面的高度。图 16b 表明，h 等于卷尺上各单个线元的贡献

$\cos\theta ds$ 之和；因此重量的势能是 $\int_0^l W\cos\theta ds$。把这两种势能加起来，就得到

$$\int_0^l \left(\frac{1}{2}A\left(\frac{d\theta}{ds}\right)^2 + W\cos\theta\right)ds,$$

如果把卷尺的线元 ds 和总长度 l 在摆的情况下改为时间元 dt 和总时间 τ，这个式子就和摆的作用量完全相同了。

爱因斯坦的统计理论

〔首次发表于"The Library of Living Philosophers", VII, *Albert Einstein*: *Philosopher-Scientist*, 1949 年。〕

我认为在整个科学文献中,最值得注意的一卷就是 Annalen der Physik,第十七卷(第四辑),1905 年。这一卷载有爱因斯坦的三篇论文,分别处理了不同的问题,而且每一篇在今天都被认为是杰作,是新的物理学分枝的源泉。这三个问题按书页的次序是:光子理论、布朗运动的理论和相对论。

相对论是最后一篇,这说明爱因斯坦当时的思想并不是完全集中在他的时空观、同时性和电动力学的观念上。按照我的看法,爱因斯坦应该是一位划时代的伟大的理论物理学家,即便他没有写过一行相对论——这简直是一个荒唐的假设,为此我要向他道歉。因为我们不能把爱因斯坦关于物理世界的概念割裂成互不相关的几个部分,也不可能设想他会忽视当前任何一个基本问题。

这里我想谈谈爱因斯坦对物理学中统计方法的贡献。他关于这个问题的著作可以分为两部分,早期的一批论文研究的是经典统计力学,而另一批与量子论有关。这两批论文都和爱因斯坦的科学哲学观有着密切关系。他比他以前的任何人都更清楚地看到了物理学规律的统计背景，并且他在征服量子现象这一荒芜地区的斗争中，是一位先锋。可是后来，当他自己的工作中显现出统计原理和量子原理的综合，而且这看来差不多可为全体物理学家所接受的时候，他本人却对此敬而远之，并且表示怀疑了。我们中间有许多人认为这对他来说是个悲剧，因为他在孤独地摸索他的道路，而这对我们来说也是一个悲剧，因为我们失去了一位导师和旗手。我不打算对这件不调和的事提出解决办法。我们必须承认这样的事实：即便在物理学中，也像在所有其他人类活动中一样，基本的信念比推理还更重要。我的任务是要说明爱因斯坦的工作，并且用我自己的哲学观点去讨论它。

爱因斯坦 1902 年的第一篇论文，题为《热平衡和热力学第二定律的动力理论》[①]。这篇论文是说明下一事实的一个突出例子：当时机成熟的时候，一些重要的观念就几乎同时为各处不同的人所提出。爱因斯坦在他的引言中写道，至今还没有人根据几率的考虑成功地导出热平衡条件和热力学第二定律的条件，虽然麦克斯韦和玻尔兹曼已经差不多得到了这个结果。吉布斯没有被提到。事实上，爱因斯坦的论文乃是统计力学全部主要特征的重新发现，因为整个问题已经在一年以前（1901）被吉布斯彻底解决了，爱因斯坦的论文显然是在完全不知道这件事的情况下写出的。其间的类似之处十分令人惊奇。和吉布斯一样，爱因斯坦研究的也是虚假系综的统计行为，这种系综是由很一般性的相同的力学

① A. Einstein, "Kinetische Theorie des Wärmegleichgewichtes und des zweiten Hauptsatzes der Thermodynamik", *Annalen der Physik*(1902)(4),9,p. 477。

系所组成。单个系统的状态是用一组广义坐标和广义速度来描述,它们可以表为 $2n$ 维"相空间"中的一点;而能量则给定为这些变数的函数。应用力学定律的唯一结果,是导出了刘维定理,按照这个定理,在全部坐标和动量所构成的 $2n$ 维相空间中,任一区域的体积对时间保持不变。这个定理使我们有可能定义一些具有相等权重的区域,并且使用几率定律。事实上,爱因斯坦的方法本质上是和吉布斯的正则系综理论相同的。爱因斯坦在第二年发表的题为《关于热力学基础的一个理论》的第二篇论文中①,把他的理论建立在另一个吉布斯所没有用过的基础上,即考虑单个系统在时间历程中的行为(后来称为"Zeit-Gesamtheit",即时间系综),他还证明了,这种系综相当于由许多系统所构成的某种虚假系综,即相当于吉布斯的微正则系综。最后,他证明了正则分布和微正则分布导致相同的物理结果。

我认为爱因斯坦解决问题的方法没有吉布斯的那么抽象。这也可以用下一事实来证明:吉布斯没有明显地使用他的新方法,而爱因斯坦却立即把他的定理应用到一个极端重要的场合上,即应用到其大小适合于证明分子的真实性和物质分子运动论的正确性的那些系统上。

这就是布朗运动的理论。爱因斯坦关于这个问题的一些论文现在很容易在付尔斯所编的并且加了注解的一本小册子里看到,

---

① A. Einstein,"Eine Theorie der Grundlagen der Thermodynamik",*Annalen der Physik*(1903)(4),11,p. 170。

这本书已由顾伯译成了英文[1]。他在第一篇论文中(1905)就着手证明,“按照热的分子运动论,悬浮在液体中的、其大小可以用显微镜看到的物体,由于分子的热运动,其运动幅度必能使我们很容易在显微镜下观测出来”,他还进一步说,这些运动可能与“布朗运动”相同,虽然他关于布朗运动报道得过于含糊,以致不能作出确定的判断。

爱因斯坦所采取的根本性步骤,在于他想把物质分子运动论的地位,从一种可能的、合理而有用的假设,提高成为一件观测的事实,其办法就是指出分子运动和它的统计特征在哪些场合下可以成为看得见的。热涨落现象是第一个例子,他所用的方法是处理所有这类问题的典范。他把悬浮粒子的运动看作粒子处在渗透压和其他力的作用下的扩散过程,在这些力中,由液体的黏滞性引起的摩擦力是最重要的一个。理解这个现象的逻辑线索在于指明这样一点:悬浮粒子受到液体分子碰撞后,它所产生的实际速度是观测不到的;在一定时间间隔 τ 内可以观测到的效应乃是许多不规则的位移,而位移几率满足一个形如扩散方程的微分方程。扩散系数只是位移的平方平均除以 2τ。这样,爱因斯坦就得到了他的著名定律,即用可观测的量(温度、粒子的半径和液体的黏滞系数)和一克分子的分子数(亚佛加德罗常数 N)表出了悬浮粒子在时间 τ 内的均方位移。由于简单明晰性,这篇论文成了我们科学界的一篇经典著作。

---

① A. Einstein, *Investigations on the Theory of the Brownian Movement*. London: Methuen & Co. (1926)。

爱因斯坦在第二篇论文中(1906)引证了席登托普夫〔耶那(Jena)〕和高艾(里昂)的工作,他们根据观测事实深信,布朗运动实际上是由液体分子的热骚动引起的,从此以后,爱因斯坦就把他所提出的"悬浮粒子的不规则运动"与布朗运动是等同的这点视为当然的了。这篇论文和以后的几篇论文都是集中在细节的研究上(例如转动的布朗运动),以及把理论表为其他形式的工作上;但是其中再没有包括什么实质上新的东西。

我认为爱因斯坦所完成的这些研究,比任何其他人的工作都更能使物理学家相信原子和分子的实在性,相信热的分子运动论,相信几率在自然规律中所起的基本作用。人们读了这些文章以后都会倾信,物理学的统计面貌当时已在爱因斯坦的思想中占据优势;可是他同时却在研究相对论,而那是严格因果律的统治范围。他似乎总是相信,今天还是相信,自然界的终极定律是因果的和决定论的定律;要是我们不得不研究大量的粒子,我们就用几率来掩盖我们的无知,他相信只是因为这种无知达到了非常的程度,这才把统计学推到日程上来。

大多数的物理学家今天都不同意这个看法,理由在于量子论的发展。爱因斯坦对这个发展的贡献是伟大的。上面提到的他在1905年的第一篇论文,常被大家援引来用光量子(光粒子,光子)解释光电效应以及类似的现象(发光现象的斯托克斯定律,光电离)。事实上,爱因斯坦的主要论据又是统计性的,而上述现象终于是证实了它。这种统计推理方法对爱因斯坦非常具有代表性,而且使人们产生这样的印象:对他来说,几率定律是主要的,远比任何其他定律重要。他的出发点是,理想气体和充满辐射的空腔之间有着根本的区别：气体是由有限多个粒子组成的，而辐射要用一系列空间函数来描述，因而要用无限多个变数来描述。这是解释黑体辐射定律时遭遇到困难的根源；单色辐射密度表明和绝对温度成正比（后来称为瑞利—琴斯定律），其比例系数与频率无关，因此总密度成为无限大。为了避免这个困难，普朗克（1900）引入了辐射由有限大小的量子组成的假说。然而，爱因斯坦没有采用普朗克的辐射定律，而采用了比较简单的维恩定律，这定律是低辐射密度下的极限情况，他正确地预期到，在这情况下辐射的微粒性将更为显著。他指出了我们如何能从给定的辐射定律（单色密度作为频率的函数）求出黑体辐射的熵 S，然后再应用熵 S 和热力学几率 W 之间的玻尔兹曼基本关系式

$$S = k\log W$$

来确定 W 值，这里 k 是每个分子的气体常数。玻尔兹曼的意思肯定是想通过这个公式用并合量 W 去表示物理量 S，W 是通过计数统计系综基元的一切可能位形的数目求得的。爱因斯坦把这个过程倒了过来：为了得到几率的表达式，以便作为解释统计因素的基础，他从函数 S 作为已知出发。（他后来在有关涨落现象的工作中采用了同样的方法①；虽然这个工作也有相当大的实际重要性，但我只是提一下它，因为除了"倒演"的概念之外，这件工作并没有引入什么新的基本概念。）

爱因斯坦把从维恩定律导出的熵代入玻尔兹曼公式，便得到总能量 E 由于涨落而集中在总体积 V 的一部分 aV 内的几率为

① A. Einstein, *Annalen der Physik*(1906)(4), 19, p. 373。

$$W = \alpha^{\frac{E}{h\nu}};$$

这意味着,辐射的行为表现出它好像是由 $n = \frac{E}{h\nu}$ 个大小为 $h\nu$ 的独立能量子组成的。我们从论文的正文里可以明显地看到,这个结果极其有力地坚定了爱因斯坦的信心,并且引导他去寻找更直接的证据。他在上面提到的那些物理现象中(例如光电效应中)找到了这种证据,这些现象的共同特点是电子和光子之间有能量的交换。这些发现对实验物理学家的影响是非常巨大的。因为,虽然许多人都知道这些事实,但却不知道它们的相互关系。当时爱因斯坦分析这些关系的天才几乎是不可思议的。这种天才的基础,在于对实验事实有着充分的了解,并且深刻地了解到理论的现状,使他能够马上看出在哪里发生了奇怪的现象。他在那个时期的工作,主要用的是经验方法,虽然他的方向是要建立一个一致的理论——这和他后来的工作正相反,他后来越来越多地受到了哲学观念和数学观念的支配。

爱因斯坦应用这种方法的第二个例子,是他关于比热的工作[①]。出发点还是那个在爱因斯坦的思想中提供了最有力证据的理论考虑,即统计的考虑。他说,要了解普朗克的辐射公式只需不把相空间中的统计权重看作连续分布的(这本是力学中刘维定理的推论);相反,应认为,对那种在辐射理论中用来作为吸收体和发射体的振动体系来说,大多数状态的统计权重都等于零,而只有某些挑选出来的状态(其能量为量子的倍数),才具有有限大的

① A. Einstein, *Annalen der Physik*(1907)(4), **22**, p. 180。

权重。

要是这样的话,量子就不是辐射的特征,而是一般物理统计的特征了,所以它也应当出现在其他涉及振子的现象中。这一论据在爱因斯坦的思想上显然是一个推动力,并且由于他对事实的了解以及他在这些事实和问题的关系上具有的那种正确判断力,而变得充实起来。我不知道他是否晓得有些固体元素,其克分子比热低于杜隆—柏蒂定律给出的正常数值 5.94 卡,我也不知道他是否是先有了理论,而后才仔细查表寻找实例的。杜隆—柏蒂定律是经典统计力学中能量均分定律的直接推论,能量均分定律说,每个坐标或动量,如果对能量函数的贡献是一个二次项,则它应有相同的平均能量,即每克分子应为$\frac{1}{2}RT$,R 是气体常数;因为 R 略小于每度 2 卡,一个振子有三个坐标和三个动量,所以一克分子固体元素每有一度的温度能量应为 $6\times\frac{1}{2}R$,或 5.94 卡。要是某些物质的比热实验值显著地低于它,例如碳(金刚石)、硼、硅实际上就是这样的物质,那么,事实和经典理论之间就有矛盾。某些多原子分子物质还提供了另一个这类性质的矛盾。德鲁得用光学实验证明了这些分子中的原子彼此之间有振动;因此,每个分子振动单位的数目应高于 6,所以比热应高于杜隆—柏蒂的值——可是情况并不总是如此。而且,爱因斯坦不能不怀疑,为什么电子对比热没有贡献。当时,为了解释紫外吸收,人们都假设原子中的电子是振动着的;这些振动着的电子对比热显然没有贡献,这就和能量均分定律有了矛盾。

所有这些困难马上都由于爱因斯坦的建议而扫除了，他认为原子的振动并不遵从能量均分定律，而是遵从导致普朗克辐射公式的那个定律。这样，平均能量就不会和绝对温度成正比，而是比较快地随着温度的下降而减小，但仍然依赖于振子的频率。像电子那样的高频振子，在常温下是不会对比热有什么贡献的，只有那些不太轻而且束缚力不太强的原子才会对比热有贡献。爱因斯坦证实了，这些条件在德鲁得曾经估出其频率的那些多原子分子的情况下是满足的，他还指出，金刚石比热的测量和他的计算结果符合得很好。

但是，这里不是详细讨论爱因斯坦发现的物理细节的地方。爱因斯坦的发现在科学知识原理上的后果是极其深远的。现在已经证明，量子效应并不是辐射所特有的性质，而是物理体系的共同特征。过去的"自然界是不飞跃的"(natura non facit saltus)这个法则已被推翻了：基本的不连续性，即能量子，不仅出现于辐射中，而且出现在通常的物质中。

在爱因斯坦的分子模型或固体模型中，这些量子仍然和单个振动粒子的运动密切关联着。但是不久就了解到，有必要把它大大推广。分子中和晶体中的原子不是独立的，而是以很强的力相互作用着。因此，个别粒子的运动并非单个谐振子的运动，而是许多谐振动的叠加。简谐运动的载体根本不是什么实际的东西；它是一种抽象的"简正振动方式"，是普通力学中熟知的运动方式。特别对晶体而言，每一简正振动方式就是一个驻波。这个概念的引入开辟了建立分子和晶体的热力学定量理论的道路，表明这个工作中所开始涌现出的新量子物理学具有抽象的特征。当时已经很清楚,微观物理的规律和大块物质的规律有着根本性的不同。关于阐明这一点的工作,没有一个人做得比爱因斯坦更多。我不能谈他的全部贡献,只限于谈两个突出的研究结果,这两个研究结果为新的微观力学铺平了道路,今天,大多数物理学家都承认了这个力学——但爱因斯坦本人却敬而远之,批评它,对它表示怀疑,并且希望:物理学可以不听这段插话,而回到经典原则上去。

在这两个研究结果中,第一个还是与辐射定律和统计学有关的①。解决统计平衡问题的方法有两种。一种是直接方法,可以把它叫作组合法:确定基元事件的权重以后,便可算出对应于一个可观测状态的这些基元事件的组合数;这个数目就是统计几率 W,用它能够算得全部的物理性质(例如用玻尔兹曼公式算得熵)。第二种方法是去确定所有导致该平衡状态的相竞争的基本过程之速率。这当然困难得多;因为这不仅要算出同等可几的事件数,而且要求实际了解其中的机制。但是另一方面,这方法也带来了更多的结果,它不仅可以给出平衡条件,而且还可以给出从非平衡态出发的那些过程的速率。第二种方法的一个经典例子,就是玻尔兹曼和麦克斯韦的气体分子运动论公式;此时基元机制就是分子的两两碰撞,其速率和分子配对的数密度成正比。从"碰撞方程"出发,不仅可以确定统计平衡情况下的分子分布函数,而且也可以确定有宏观运动(热流动、扩散等等)情况下的分子分布函数。另一个例子是化学中的质量作用定律,它是由顾德堡和瓦格建立起来的;此时基元机制还是分子群的多次碰撞,各原子在这些碰撞中

① A. Einstein, *Phys. Z.* (1917), **18**, p. 121。

进行结合、分解或置换，进行速率与配对的数密度成正比。这些基元过程的一个特例是单原子反应，在单原子反应中，一种类型的分子自发地分解，分解速率与其数密度成正比。这种情况在核物理中非常重要：它就是放射性衰变定律。虽然在普通化学里观测到的单原子反应的少数例子中，可以假设甚至能观测到反应速度依赖于物理条件（例如温度），但在放射性情况下并不是如此：衰变常数似乎是原子核的一个不变性质，它在任何外界影响下都不改变。各个个别核分裂的时刻是不可预测的；可是如果去观测大量的核，则蜕变的平均速率便与现存核的总数成正比。看起来，因果律好像对这些过程不起作用似的。

而爱因斯坦所做的工作就是，他证明了普朗克的辐射定律也恰恰可以归结到一类形式相似的过程，它们多少也具有非因果的特色。让我们来考虑原子的两个定态，譬如说一个是最低态 1，一个是激发态 2。爱因斯坦认为，要是发现原子处在态 2，则它有一定的几率回到基态 1，同时发出一个光子，其频率按量子定律对应于两态的能量差；这就是说，在一个由这些原子所组成的大系综中，单位时间内原来处在态 2 而回到基态 1 的原子数，与它们起始时候的数目成正比——正如放射性衰变的情况一样。另一方面，辐射也使逆过程 1→2 有一定的几率实现，这过程表示吸收一频率为 v_{12} 的光子，其几率与该频率的辐射密度成正比。

但仅仅根据这两种过程彼此之间的平衡是导不出普朗克公式的；爱因斯坦不得不引入第三种过程，即“感生发射”过程，是辐射对发射过程 2→1 的影响所致，其几率也和频率 v_{12} 的辐射密度成正比。

这个极端简单的论据加上最基本的玻尔兹曼统计原理,马上就可以导致普朗克公式,而无须对跃迁几率的大小再作任何详细的说明。爱因斯坦把这个论据与原子和辐射之间动量迁移的考虑联系起来,从而指出,他所提出的机制是和球面波的经典观念不协调的,只能和量子的类粒子行为相协调。我们在这里所要谈的不是爱因斯坦的工作的这一方面,而只是谈这件工作同他对物理学中因果律和统计律这个基本问题的态度的关系。从这个观点来看,这篇论文是特别重要的。因为它意味着向非因果、非决定论的推理方法走了决定性的一步。当然,我确信爱因斯坦本人过去是——现在仍然是——坚信,受激原子在结构方面有许多性质决定着发射的准确时刻,只是因为我们对原子的史前知识不完全,才把几率引进来的。可是事实终归是,他开始把非决定论的统计推理方法从它原来的发源地,即从放射性现象传播到其他物理学领域里去了。

我们必须指出爱因斯坦的工作还有另一个特点,它对量子力学中非决定论物理的公式表述也很有帮助。那就是这样一件事实:从普朗克辐射定律的正确性可以推知,吸收(1→2)的几率和感生发射(2→1)的几率相等。这首先启示我们,原子系统的相互作用总是以对称方式涉及两个态。在经典力学中,像辐射这样的外界扰动,都是作用在一个确定的态上的,作用结果可以从该态和外界扰动的性质算出。在量子力学中,每个过程都是两个态之间的跃迁,在和外界扰动相互作用的规律中,这两个态以对称的方式出现。这种对称性是导致矩阵力学规律表述的决定性关键之一,而矩阵力学乃是现代量子力学最早的形式。这种对称性的最早启示是由爱因斯坦发现上下迁移的几率相等而提供的。

我在这篇报道里想谈的最后一个爱因斯坦的研究结果,是他关于单原子理想气体量子论的工作[①]。在这个问题上,原来的观念不是他的,而是印度物理学家玻色提出的;爱因斯坦把他的论文翻译了过来[②],并且加上一个评注说,他认为这件工作是一个重要进展。玻色方法的要点是,他把光子当作气体粒子而用统计力学的方法处理它们,不同之处仅在于这些粒子是不可分辨的。他不是把各单个粒子分配在一组态上,而是去计算包含给定粒子数的状态数目。这个组合过程加上物理条件(给定状态数和总能量),便立即可以导出普朗克辐射定律。爱因斯坦给这个观念加上了这样一个意见:这一过程也应当可以应用到物质原子上,从而得到单原子气体的量子论。从这个理论导出的定律和普通气体定律的偏差,叫作"气体简并"。爱因斯坦的论文刚刚是在发现量子力学的前一年发表的;而且,其中有一篇援用了德布洛意的著名假说(第二篇论文的第9页),并且说,气体可以和一个标量波场联系起来。德布洛意和爱因斯坦的这些论文曾促进薛定谔去发展他的波动力学,薛定谔自己在他著名的论文[③]末尾也承认这一点。爱因斯坦的上述看法在一两年以后成了德布洛意理论和实验上发现的电子衍射之间联系的关键;因为,当戴维荪把他在电子被晶体反射的实验中发现的奇怪最大值的结果告诉我时,我记起了爱因斯坦的上

① A. Einstein, *Berl. Ber*, (1924), p. 261; (1925) p. 318。

② S. N. Bose (1924) *Zeitschrift fur Physik*, **26**, 178。

③ E. Schrödinger, *Annalen der Physik* (1926) (4), **70**, p. 361; s. p. 373。

述提示,并且指导爱尔沙色去研究,那些最大值是否可以解释为德布洛意波的干涉条纹。因此,爱因斯坦显然是和波动力学的基础分不开的,任何辩解也不能推翻这一点。

我看不出怎样可以不用量子力学概念就能证明玻色—爱因斯坦计算同等可几事件数的方法是正确的。在量子力学里,相同粒子的状态不是用各个个别粒子的位置和动量值来描述,而是用一个以坐标为变量的对称波函数来描述;这显然表示只有一种态,而且必须只计数一次。一群相同的粒子,即便它们是完全相同的,也仍然可以按许多不同的方式分布在两个盒子里面——你也许不能个别地区别它们,但是这并不影响它们的个体性。虽然这种论证方法是靠形而上学,而不是靠物理学,但我认为用对称波函数表示状态乃是可取的。何况,这种思想方法也曾导致费米和狄拉克发现到其他情况的简并(在此情况下波函数是反对称的),导致大量已为实验证实了的物理结果。

据我所知,玻色—爱因斯坦统计乃是爱因斯坦对物理统计方法最后一个具有决定意义的积极贡献。他后来在这方面的工作虽然也很重要,刺激了人们的思考和讨论,但本质上都是批判性的工作。量子力学声言已把辐射的粒子面貌和波动面貌调和在一起,但他拒不承认。这个声言的根据是物理学原理的方向有了质的改变:因果律改为了统计律,决定论改为了非决定论。上面我曾力图说明,爱因斯坦自己曾为这一态度铺平了道路。可是在他的哲学中,某个原则使他不能把这种态度坚持到底。这个原则是什么呢?

爱因斯坦的哲学并不像你们在一本书里所能看到的那样系统;你要花些精力从他的物理学论文以及一些比较通俗的文章和

小册子中把它抽取出来。我没有看到他关于“几率是什么?”的问题有过什么明确的叙述;他也没有参加过关于冯米赛斯的定义以及其他这类尝试的讨论。我想,他会把它们当作形而上学的思考问题打发掉的,甚至取笑讨论它们。爱因斯坦从一开始就把几率当作研究自然界的一个工具来使用,正像任何科学工具一样。他对这些工具的价值,肯定有着非常深的信心。他对哲学和认识论的态度可以很好地用他悼念马赫的一篇文章来说明[①],他写道:

“凡是献身于科学,而不是为了某些肤浅理由,例如个人志趣、金钱的获得或是猎取知识消遣的人,都不能忽视下面这些问题:科学的目的是什么,它的普遍结果中有多少真理,哪些是本质的,而哪些是基于发展中的偶然性的?”

接着他在同一篇文章中,用如下一段话来表述了他的经验信条:

“在整理事物中已证明为有效的那些概念,很容易取得一种统治我们的威信,使我们忘却了它们都是来自人的思想,而认为它们是不变的。这样,它们就成了‘思想的必需品’,成了‘给定的先验东西’,等等。科学进展的道路也就长期地为这些错误所阻拦。因此,我们坚持去分析流行的观

① A. Einstein, *Phys. Z.* (1916), **17**, p. 101。

念,指出它们的正确性和有效性依赖于哪些条件,特别地说,它们是怎样从实验数据中总结出来的,这并不是无用的游戏。这样,它们那种言过其实的权威就被打破了。要是它们不能适当地表明自己是合理的,我们就抛弃它们;要是它们和给定事物的关系建立得过于草率,我们就修正它们;要是能够提出有充足理由认为是更好的新的体系,我们就用其他的概念来代替它们。"

这是三十年前年轻的爱因斯坦的思想核心。我相信当时对他来说,几率的原理和他用来描述自然界的所有其他概念都是属于同一类型的,就如上面几行所生动表述出来的那样。今天的爱因斯坦改变了。我这里把他的一封来信译出一段来,那是我大约在四年前收到的(1944 年 11 月 7 日),他写道:"我们对科学的展望是极端相反的。你相信玩骰子的上帝,而我相信作为客观实在存在的物质世界完全是有规律的,这些规律也就是我企图用恣肆的推想所要把握的东西。"这些推想的确把他目前的工作和他早期的著作划分开来。但是,如果什么人有权利去推想的话,那一定是他的基本结果坚如磐石的人。爱因斯坦的志向是在普遍场论,这种理论要保留经典物理的严格因果性,认为几率仅仅是掩盖我们对初始条件的无知,或者你愿意的话,就说我们对所考虑系统的全部细节或史前情况的无知。这里不是讨论这种理论有无可能完成的地方。可是我想用爱因斯坦本人一句生动的话提一个意见,他说:要是上帝是把世界造成为一部完整机器的话,他至少也向我们不完整的智慧作了不少让步,以致为了预言其中的一些微小部分,我们无须去解难以计数的微分方程,只要用骰子就能得到很好的结果。这就是我和我这一辈的许多人从爱因斯坦那里所学到的东西。我认为,量子力学的引进并没有使这种情况改变多少;为了我们预测未知的小小目的,我们这些凡人还是要掷掷骰子——上帝在经典布朗运动里的作用,就像在放射性现象里、量子辐射里或一切生命里的作用一样的神秘。

爱因斯坦对近代物理的憎厌不仅通过一般的言论表现出来(它们可以用同样一般而笼统的言论来回答),而且也通过一些很重要的论文表现出来,他在这些论文里表述了他对波动力学某些说法的反对意见。在这类论文中有一篇最著名的文章,就是他和包道尔斯基、罗生合写的那一篇[①]。从这篇文章所引起的反应可以看出,该文深入到了量子力学的逻辑基础问题。N. 玻尔曾经详细作了回答;薛定谔发表了他自己关于量子力学解释的怀疑看法;赖欣巴哈在他的《量子力学的哲学基础》这本佳著的最后一章讨论了这个问题,并且指出,要完全解决爱因斯坦、包道尔斯基和罗生所提出的困难,必须从逻辑的本身去检查。他提出一种三值逻辑,在这种逻辑中,除了"真"和"假"这两个真值以外,还有一个介乎其间的真值,叫作"不确定",换句话说,他否定了旧的"排中律",大家知道,这个原理是很久以前由布劳欧和其他数学家根据纯粹的数学推理提出来的。我不是逻辑家,我在这样的争论中总是相信最近和我交谈的一位专家。我对量子力学统计方法的态度根本没有受到形式逻辑的影响,我敢说爱因斯坦也是这样。他在

① A. Einstein, B. Podolsky and N. Rosen (1935) *Phys. Rev.*, **47**, 777。

这个问题上的意见和我不同,这是遗憾的事,但我们之间争论的东西不是逻辑。这是因为我们在工作和生活上有着不同的经验。然而尽管这样,他仍然是我所敬爱的导师。

物理学和形而上学

〔纪念焦耳的演讲,1950年。首次发表于*Memoirs and Proceedings of the Manchester Literary and Philosophical Society*,91卷,1949—1950年。〕

我选择了一个根本和焦耳本人的工作没有关系的题目,来纪念这位热力学第一定律的伟大发现者。事实上,我很没有资格来谈实验,而且,关于焦耳的发现连同当时买厄和亥姆霍兹的工作历史,我的知识是第二手的。我想谈一个很一般的问题。它介乎两个研究领域之间,这似乎是说我熟悉这两个领域。然而,尽管我在谈物理学的时候觉得相当有把握,但在那些以形而上学为题的哲学著作和哲学文献所经常谈论的东西方面,我总不能自称为专家。我对此所知道的,无非是一些学生时代的回忆,只是被一些零星阅读刷新了一下。多年的荒疏并没有抹去我在年轻时候从那些人们老早就进行的尝试中得到的深刻印象,这些尝试是为了回答人类思想中一些最迫切的问题的:关于存在的终极意义问题,关于大宇宙和我们在其中的这一部分宇宙的问题,关于生和死、正确和错误、善和恶、上帝和永恒的问题。而和这些问题的重要性给我留下的这种印象同样深刻的,是记住了人们的徒劳无功。在这些问题上,似乎不像我们在专门科学领域里所看到的那样有着稳健的进展,所以我和许多其他人一样,放弃了哲学,而在一个能够真正解决问题的专门领域里得到了满足。可是逐渐到了晚年的时候,又是和许多其他创造力在衰退的人一样,我感到有一种总结科学研究成果的愿望(我个人在这几十年期间的科学研究里只有小小的贡献),这就不可避免地要回到这些称之为形而上学的永恒问题上去。

让我来引述现代哲学家所下的两个关于形而上学的定义。威廉·吉姆斯说:"形而上学是一种为了清晰地思维而进行的非常顽强的努力。"罗素说:"形而上学,即借助思维把世界看作整体的试图。"

这些定义强调了两个重要方面;一个是方法:顽强地清晰思维;另一个是对象:作为整体的世界。但是,每种顽强地清晰思维的场合都是形而上学吗?每个科学家,每个历史学家和语言学家,甚至神学家,都会有清晰思维的要求。另一方面,作为整体的世界不仅是一个广阔无边的主题,而且它肯定不是封闭的,任何时候都有新发现的余地,所以它是没有被穷尽的,而是也许是不可穷尽的;简言之,我们所知道的世界决不是整体。我在末尾将回到这点上来。

我是想以比较朴实的方式来使用形而上学这个字,既注意到方法,也注意到主题,这就是说,我把它看成是研究世界结构一般特征的,同时也是研究处理这个结构的方法的。我特别想谈谈物理学的进步曾否对这个问题有过什么重要贡献。大家知道,最近几年物理学的进步相当惊人,在我这半个世纪的科学生活里,物理界的面貌有了彻底变化。可是,物理学家的方法基本上是一直保持不变:进行实验,观测有规则的东西,表述数学规律,借助这些规律预言新现象,把不同的经验规律组织成连贯的理论以满足我们的和谐感和逻辑美感,以及再通过预言来验证这些理论。这些成功的预言就是理论物理的灯塔,我们今天在德布洛意波、狄拉克的正电子、汤川秀树的介子这些情形里以及其他许多诸如此类的情形里,都亲眼看到了这点。

物理学的主要要求是有预言能力。其基础是承认因果原则,这个原则按其最普遍的形式来说,是意味着假设自然界中存在着不变的规律。可是你们大家都会听到,现代物理学使我们要怀疑这个原则。它就是我想加以评述的第一个形而上学概念。

与此密切有关的,是关于实在的概念。对因果性采取怀疑态度是由原子物理中的情况引起的,原子物理中的客体不能直接而只能间接地接近我们的感官,或多或少要借助复杂的仪器。这些终极的物理客体就是粒子、力、场等等;我们能赋予它们以怎样一种性质的实在呢?这就导致一个更一般的问题,就是主客体之间的关系问题,客观的物理世界不依赖于观测主体而存在的问题,因而也就回到罗素的问题,即:作为整体的世界概念实际上是否可能有。

日常生活里是用两种不大相同的方法来使用因果关系的,这可以用下面两句话作为例子来说明:

“资本主义体系是经济危机的原因”,“1930 年经济危机的原因是纽约交易所发生的恐慌”。前一句说出一个与时间无关的普遍法则或规律;后一句说明一个确定事件必然跟着另一确定事件。

两种情况都包含有必然性的观念,这个观念颇有一些不可思议的特色,我认为对它是完全不能进一步分析的,所以我情愿把它作为一个形而上学的观念接受下来。经典物理普遍采取第二种因果形式,把因果关系看作一种时间的必然顺序。这个看法是通过伽利略和牛顿发现的力学基本定律建立起来的,这些定律容许我们从先前的事件预言未来事件——或者反过来。换句话说,这些定律是决定论的:一个仅仅由它们所支配的世界会是一部巨大机器;从给定时刻的状态的完全知识,可以决定任一其他时刻的状态。上个世纪的物理学家都把这种决定论看成因果性的唯一合理解释,并且由于用了它而夸口说,他们已经在物理学中消除了最后的形而上学思想方法的遗迹了。

但是在我看来,这种把决定性和因果性等同起来的看法是完全武断的,引起混乱的。有些决定论的关系并不是因果关系;例如任何一种时间表或节目单。

拿一个明显得可笑的例子来说。你可以根据一出哑剧的节目单预言各场的次序,但你绝不会说,第五场的杂技演员是第六场爱情故事的原因。转到科学上来说,托勒密的宇宙体系是决定论的解释,而不是因果解释,关于哥白尼的圆和刻卜勒的椭圆同样可以这样说。用平常的科学术语讲,它们都是运动学的描述,而不是因果解释。因为除了造物主的意志这个终极原因之外,它们没有说出现象的任何原因。后来有了伽利略和牛顿的动力学理论。如果我们抱定一个方案,认为理论的唯一目的就是作决定论的预言,那么,把动力学引入天文学中所造成的进步,就只能在许多规律的大大缩减和简化里面才看得出来。五十年前当我在德国还是一个学生的时候,这个曾经为基尔霍夫巧妙地表述过的观点就占据了统治地位,而且至今仍有广泛的影响。

我认为力学的发现是一件更基本得多的事。伽利略证明了某个与物体运动相联系的量(即其加速度)与物体及其运动无关,而仅与物体相对于地球的位置有关;而牛顿则对行星证明了同样的事,即行星的加速度仅与它到太阳的距离有关。这在我看来并不仅仅是对事实的一种简洁而有效的描述。它是意味着,通过力的概念引入了最普遍形式的因果关系的定量表示。它引入了一个对过去的运动学理论来说是陌生的概念,即:一组数据(这里是指位置)是另一组数据(指加速度)的"原因"。"原因"这个字只意味着"在数量上决定",而力的规律则可详尽地表明结果如何依赖于原因。

力学定律的这个解释,把它们带到科学家日常实践的行列里来了。安排一个实验,即是创造一定的观测条件;然后去观测结果,有时要等一段时间,但更经常的是在条件成立的时候。科学的真正对象即在于观测和观测条件(仪器)之间无时间性的关系。我认为这就是因果原则的真实意义,是和决定性不同的,决定性只是力学规律的一种特殊的、几乎是偶然的性质(它的产生是由于这样的事实:在力学规律所涉及的量中有一个是加速度,它是时间导数)。

如果从这个观点来考察前几个世纪的物理学史〔我在温弗里特(Waynflete)所作的演讲里曾尝试这样做过,这些演讲最近已经以"关于因果和机遇的自然哲学"为题出版了〕,我们可以得到如下的印象:

物理学在它的日常实践里正是使用了这种无时间性的因果关系,而在理论解释上却使用了另一个概念。在理论解释上,把因果性看成了决定性的同义语,而因为力学定律的决定论形式是一件经验事实,所以大家就欢呼这个解释,认为它是消除暧昧的形而上学概念的伟大成就。然而,这些概念是以奇怪的方式表现出来的。因果性在日常生活里有两个属性,我把它们简称为接近原则和居先原则。第一个原则说,事物只能作用在邻近的事物上,或者通过一系列相接触的事物作用;第二个原则说,如果原因和结果是对不同时刻的情况而言,则原因应当先于结果。

这两个原则都是牛顿力学所违反的,因为万有引力可以超越虚空空间中的任何距离而作用,而且,运动定律按照完全对称和可逆的方式把两个不同时刻的位形联系了起来。我们可以认为,经典物理的整个发展都是为了重新建立因果概念的这两个基本特征而进行斗争的。科希和其他人把力学推广到连续介质上,从而在数学上提出了保留接近性的方法;在法拉第关于电学和磁学的研究中,接近的观念起了主导作用,并且导致麦克斯韦的自身以有限速度而传播的力场概念,这个概念不久就由于赫兹发现了电磁波而被证实。最后,通过爱因斯坦的相对论性的引力场论,把牛顿理论也带到接近性的行列里来了。不能设想任何一种现代的相互作用理论可以违反这个原则。

居先性的历史曲折得多,而且没有得到愉快的结局。人们尽了很大努力才发现,物理学中过去和未来之间的区分是和热现象的不可逆性——在这方面,我们回忆起焦耳是主要人物之一——分不开的,并且尽了很大努力才通过原子论和统计方法的发展使这个结果和力学的可逆性一致起来。我认为,麦克斯韦、玻尔兹曼、吉布斯和爱因斯坦所开端的这件工作乃是最伟大的科学成就之一。因果性的决定论解释可以在原子世界里保留下来,仍可以把居先性的表观有效性理解为大数统计律的结果。然而,这个解释带来了它的支柱之一自身毁坏的萌芽:它打开了研究原子世界的道路,结果发现,在这个微观世界里预先假定牛顿力学有效乃是错误的。新量子力学不容许作决定论的解释,而因为经典物理是把因果性与决定性等同看待,所以,自然界的因果解释似乎已经到了末日。

我非常反对这种看法。如果这是那些确切地知道自己在谈论什么的科学家之间的讨论,那倒没有什么关系;但是,如果向非科学界人士用这个看法来描述最近的科学成果,那就是有害的了。走极端总是有害的。机械决定论的观点产生了一种哲学,它对最明显的经验事实都熟视无睹;但是在我看来,一种既反对决定性又否认因果性的哲学同样是荒谬的。我认为,因果关系是有它合理的定义的,我曾经提到过这个定义,那就是:因果关系是某一情况按照可以用定量规律加以描述的方式依赖于另一情况(而不管时间方面如何)。

下面我将说明,尽管量子力学有着非决定性的特色,这个定义还是正确的,而且我将说明,这个表面上的损失如何可以得到另一个基本原理的补偿,这个原理称为并协原理,它在哲学上和实践上都有着很大的重要性。

并协这个新概念应当归功于伟大的丹麦物理学家 N. 玻尔,他对量子力学的发展,不仅在物理学本身方面,而且在哲学含意方面说，都是首要的人物之一。我曾经很幸运地听到他上个秋季在爱丁堡所作的基福特（Gifford）演讲，我希望这些演讲能在不久的将来付印出版。我不能在留给我的短短时间里向你们说明他的观念，而只求概括地指出一些主要之点，并且力求符合我的稍有不同的表述方式。

大家知道，普朗克量子论的基本定律就是用一个简单公式 $E = h\boldsymbol{v}$ 把能量 E 和频率 $\boldsymbol{v}$ 联系起来，这里 h 是常数。后来爱因斯坦和德布洛意把它加以推广，从单位时间的振动数 $\boldsymbol{v}$ 推广到单位长度的波数 k，k 和机械动量 p 是通过一个相应的公式 $p = hk$ 来联系，其中 h 是同一个常数。

无数直接的实验，以及从观测得出的较间接的推论，都证实了这个定律是对的。凡是一个过程能够分解为周期性成分，它们在时间和空间中各有确定的周期，即有确定的 $\boldsymbol{v}$ 和 k，那么，这过程对粒子运动的影响就在于能量和动量要按照这个定律来传递。在探讨这个经验事实的含义之前，我们必须承认它是一个无可争辩的事实。

这件事实是如此的极端奇怪，以致好多年后物理学家才开始认真考虑它，N. 玻尔曾经用“不合理的”这几个字来描写普朗克所发现的这个物理世界的新特点。为什么不合理呢。因为按定义来说，粒子的能量和动量是与空间极微小的区域有关，实际上是与一点有关；而同样按照定义，频率和波数是与时空中一个很大的（理论上是无限大的）幅度有关。后面一点也许不像前面一点那么明显；你可以说，我在听到一根钢琴弦的乐音时，即便它弹得极为短促，声音也是明确确定的。在实用上这是对的，因为我们的耳朵不是一部很灵敏的仪器,不能觉察到极细小的畸变。但电讯工程师都熟悉一个事实:这声音里面有畸变。一个仅仅持续了可以和周期相比的短时间的声音,不再是一个纯音,而是伴随有其他的音,这些音的频率分布在原音频率附近一个小间隔 Δv 内;持续的时间越短,这间隔就越大,直至听到的不是乐音而是噪声,爆裂声。因为现代电气通信的基础是调制原理,就是使高频电流按照信号变化的节奏中断,或是按照说话或音乐的较慢振动去改变高频电流的强度,所以很明显,信号传递的完整性是有限制的:如果 Δt 是一个频率为 v 的声音的持续时间,那么,可识别性的相对限度在数量级上可由 $\Delta t \cdot \Delta v \sim 1$ 给出。本国[①]的加博尔博士曾经对这些问题作了很好的说明,在美国,维纳曾经发表了一本名为《控制论》的书——控制论就是依靠发送信号和命令进行控制的科学,书里虽然尽是些比较抽象的数学,但却十分使人感到兴趣。事实上,这些关系的数学分析是比较简单的,这个数学分析的根源是傅立叶关于热传导的研究,那大约是一个半世纪以前的事了。主要之点是,完全理想的或单纯的谐振动才能有单一明确的频率,在时间—振幅图中,它描出的是一无限长的正弦波列。任何其他曲线,例如限制在有限时间间隔内的波,都是谐波的叠加,这些谐波的频率值构成整个的“频谱”。这对空间中传播的真实波也是对的,此时除了时间周期以外,还有空间周期,它以波数 k 量度;波列长度 Δl 和波谱宽度 Δk 之间具有如下的关系:

$$\Delta l \cdot \Delta k \sim 1.$$

---

① 指英国。——译注

在我们处理周期性过程或波时,除了这种傅立叶分析的方法之外别无其他逻辑方法,实际应用充分证实了这个理论。

让我们转到量子力学。现在,"不合理性"可以更确切地表述出来了;为了明确地确定 $\boldsymbol{v}$ 和 k,$\Delta\boldsymbol{v}$ 和 Δk 必须很小,因此持续时间 $\Delta t \sim \frac{1}{\Delta \boldsymbol{v}}$ 和空间幅度 $\Delta l \sim \frac{1}{\Delta k}$ 必须很长。到此都和电气通信里的情况没有什么不同,也没有什么矛盾。但是如果利用关系式 $E = hv$,$p = hk$,而把这些限制关系重新写成如下的形式

$$\Delta t \cdot \Delta E \sim h, \Delta l \cdot \Delta p \sim h,$$

这就表现出一种矛盾情况:一个具有明确的能量和动量(即 ΔE 和 Δp 很小)的细小粒子,联系着很长的时间间隔 Δt 和空间间隔 Δl。Δt 和 Δl 的意义能是什么呢?

唯一可能的回答是:它们表示对决定粒子时空位置的限制。其实,它们无非就是讨论得很多的海森堡的测不准关系。

这样我们就看到:一方面,在指定时空位置时,另一方面,在决定能量—动量时,最早的量子定律就必然导致关于可获得准确度方面的彼此限制。玻尔一再强调指出,这里我们面对着一种逻辑上二中择一的局面:要么否认那些证实了量子定律 $E = hv$ 和 $p = hk$ 的大量经验的可靠性,要么在决定时间—能量、坐标—动量这类一对对的量时(用力学的术语来说,它们称为共轭的量),承认这些限制的存在。最值得注意的事是,虽然这是一个全新的而且具有革命性的基本局面,但我们仍有可能建立一种量子力学,使它是经典力学的直接推广,并且在数学形式上和经典力学极为相似,而在结构上则更为完整得多。的确,我们必须放弃把变量当作时间的

函数这样简单的做法,必须引入一种更抽象的方法,在这个方法里,物理量都是用不可对易的符号(就是说,这些符号可以求和或求积;但后者的数值依赖于因子次序)来表示。

我决不会忘记,当我成功地把海森堡关于量子条件的观念凝缩成一个不可思议的方程 $pq - qp = \frac{h}{2\pi i}$ 时,我所感到的震动,这方程是新力学的中心,而且后来发现,它暗含着测不准关系。

如果引入一个叫作波函数的量,就能从符号过渡到实际可测量的量,如果说状态是能加以描述的话,那么波函数是按如下方式来描述系统所处的状态的:它的平方是在给定小区域内发现给定数据(例如粒子的坐标)的几率密度,和普通统计学里的分布函数类似。然而两者有一个基本区别。

假定有两束来自同一个发射源的粒子,对其分别计数的结果是 ψ_1^2 和 ψ_2^2;用适当的仪器能使它们重叠起来,并且能一起计数,结果是 $(\psi_1 + \psi_2)^2$,它是和 $\psi_1^2 + \psi_2^2$ 不同的(相差 $2\psi_1\psi_2$)。这是几率的"干涉",大家在光量子或光子的情形里都熟知这个现象了,光粒子的多少是用电磁波强度的平方来度量的。但我不能进一步具体介绍这个从德布洛意所奠定的基础中并且通过薛定谔、狄拉克以及其他人的创造而发展起来的波动力学。我指出一点就够了:波函数 ψ 可以看成是具有不同的 ν 和 k 的谐波所组成的波包;而像坐标 q、动量 p、能量 E 这些物理量,都是使函数 ψ 发生畸变的算符,它们决定着波包中各谐波成分的强度;取此成分的平方,就可得到出现给定 $E = h\nu$ 和给定 $p = hk$ 的粒子的几率。

因此,新力学本质上是统计的力学,关于粒子的分布,它完全是非决定论的。可是够奇怪的是,它和经典力学仍有一定的类似之处,因为函数 ψ 的传播规律(即所谓薛定谔方程)形式上和弹性力学或电磁学里的波动方程相同。所以这是一个颇为矛盾的情况:对微小的粒子这些物理客体来说,是没有决定性的,而对它们出现的几率来说则是决定性的。但是,为了决定函数 ψ,所需要的条件要比我们在经典力学里习惯了的条件(粒子的初始位置和速度)多得多。事实上,在有关的空间和时间内,我们需要知道的,或者至少需要假设知道的,是 ψ 在给定时刻空间各点上的值,以及它在所有时刻的边界值;换句话说,即便单单预言几率,也只有考虑到整个情况、考虑到所用的仪器才能做到。我们必须事前确定我们所要研究的特点是什么,并且必须相应地去构造仪器。这样才能用粒子的语言来预言结果,即预言粒子在给定实验条件下(例如具有给定动量)出现在某个与时间无关的有限区域内的几率,或是出现在稍后某时刻的几率。这和我所提出的因果性的意义完全一致。这个术语的应用不只是一个装饰;因为重要的是要弄清楚,在这里,在两组事件的关系之中假定了一个不可约化的形而上学概念,那就是必然性的概念,它是对待世界的科学态度的标志。

总之,我们可以说,经典物理是假设自然现象的进行与观测的发生范围无关,而且无须考虑到观测便能给以描述;量子物理则宣称,只有相对于一种明确确定的观测方式或仪器装置,才可以描述和预言一个现象。但是,我们当然可以使用不同的仪器去观测同一类现象;例如,我们在照片和盖革计数器的帮助之下可以用棱镜或光栅去研究光的传播。从量子力学的观点看,如果每种装置要分别加以考虑,那么,它们共同的特点又是什么呢?譬如说,如果我们用一种装置能决定电子的空间分布,用其他装置能决定它们的能量分布,那么,我们怎能知道有没有用完这所有的可能,或者什么时候用完了所有可能呢?

N. 玻尔曾以"并协性"为题详尽地讨论了这个问题。诚然,玻尔在陈述他的观念时,方式上略有不同:他专心致力于用一些简单例子来说明怎样能够只用最简单形式的测不准原理就可以直观理解一个实验情况的完整性,以及两个完整实验情况的相互排斥性和并协性。我想,他耗费许多精神劳力从事这个工作的动机,是因为他所抱的和我这里所表述的哲学态度(也是全世界原子物理学家公众所抱的哲学态度),不曾得到两个恰恰对量子论的发展最有贡献的人所赞同,他们就是普朗克和爱因斯坦。这是一个悲剧性的情况。普朗克对他本人的发现的革命性推论,始终保持一种谨慎的态度,而爱因斯坦更为过分,他不断用一些简单例子力图说明,放弃决定论是错误的,测不准关系也是错误的。玻尔所研究的正是这些例子,和玻尔合作的是罗森费尔德教授,他现在正在曼彻斯特这里;在每个例子里,爱因斯坦的反对意见都可以通过对实验情况的精细研究来驳倒。主要之点是,一部仪器,就其本身的定义说来,乃是这样的一种物理体系:它的结构能用普通的语言来描述,而它的作用则可用经典力学来描述。的确,这是我们彼此能够就仪器交流信息的唯一途径。例如,指定任何一个空间位置需要有一个刚性架,时间的任何一次测量需要有一个机械钟;而另一方面,动量和能量的决定则需要打破刚性和机械联系,需要仪器有一个可以自由活动的部分,使守恒定律能够应用上去。玻尔指出,这两种类型的仪器是相互排斥的,又是并协的,这和理论的结果完全一致。如果你用一个带有狭缝的光阑固定通过这狭缝的粒子的位置,光阑就必须固定在仪器架上;如果你要知道粒子是否真的通过了狭缝,光阑就必须可以活动,以便能够有反冲。你不能对它同时采用两种方法。考虑到这种并协性以后,我们就能无矛盾地描述实验了。有时这也不是很容易的。我忍不住要谈一个爱因斯坦在1930年索耳维讨论会上提出的例子,这个例子的目的是要说明,有可能同时决定原子事件的准确时间和能量的变化,方法是利用相对论里导出的关系 $E=mc^2$。我们只要称一称重量就可以决定质量 m,从而求出能量 E。假设辐射封闭在一个匣子内,匣上有一个闸门,它由匣内的一个时钟装置来控制;我们可使给定数量的能量(譬如说一个或几个光子)在一个可用任意准确度确定的时刻从闸门逸出。此外,你可以在这个事件前后称一称整个匣子的重量,因此就能以任意高的准确度测得放出的能量,这就和量子力学所假设的时间和能量的不确定性彼此成反比有了矛盾。这似乎是一次严重的挑战。玻尔的回答是:能量的发射是相当于重量的改变,因而相当于天平上有一位移,这位移必须得到补偿。但是,地球重力场中的这个位移要引起时钟速率的改变。我们只能在彼此有关的准确限度内决定这些效应,因此结果是,爱因斯坦的方法并无用处。

现在我比较详细地来说明这点。因为时间测量的测不准度 ΔT 与待测的时间成正比,所以我们不能有耽搁,必须把匣子直接挂到天平上。如果打开闸门,天秤便将运动,这时我们可以以 Δq 的准确度重新调整好天秤。因为这件事是在重力场 g 中发生的,所以在时钟所在的位置上,重力势 $\phi=gq$ 有一改变,此改变可在

$\Delta\phi = g\Delta q$ 的范围内确定下来。按广义相对论,在为此所需的时间间隔 T 内,时钟的读数应有一相对的测不准度

$$\frac{\Delta T}{T} = \frac{\Delta\phi}{c^2} = \frac{g}{c^2}\Delta q。$$

如果在此时间 T 内,匣子重量是以准确度 Δm 决定的,则由牛顿运动定律,测量匣子动量的准确度便是 $\Delta p = g\Delta mT$。把这些关系式中 Δq 和 Δp 的值代入 $\Delta p \cdot \Delta q \sim h$,再根据质能之间的相对论性关系,就得到:

$$h \sim \Delta p \cdot \Delta q = g\Delta mT\frac{c^2}{g}:\frac{\Delta T}{T} = c^2\Delta m\Delta T = \Delta E \cdot \Delta T。$$

因此,任意准确地同时决定能量和发射的时间是不可能的。

你们在玻尔的基福德演讲里可以找到许多例子。当我写到这里的时候,有一本新书到了我手里,书名叫《爱因斯坦,哲学家和科学家》〔*Albert Einstein, Philosopher and Scientist* (The Library of Living Philosophers; Editor, Paul Arthur Schilpp, 1949)〕,这本书收集了许多哲学家和理论物理学家的文章,里面也有 N. 玻尔的一篇和我的一篇,谈到了爱因斯坦的工作的各个方面。其中最使人感到兴趣的一部分就是他的科学自传,以及他回答上述批评的一篇概括性论文。这篇文章读起来最令人入迷了,我固然对这位伟大的物理学家深为钦佩,但却不能同意他反对量子物理学家哲学的论点。全部关键之点都在玻尔的文章里谈到了,玻尔在文章里有趣地介绍了他和爱因斯坦的许多讨论。但是后者坚持他的反对意见,并且宣称,他坚信目前的理论尽管在逻辑上是一致的,但却是对物理系统的不完备的描述。他的主要论点大都不是出自因果性的考

虑,而是出自他对物理实在的含义的新看法。让我援引他的几句话(672页):“宇宙规律的充分表述要使用一个完备描述所必需的全部概念要素,在我看来,……这样期望更自然些”,就是说,这比量子物理学家的想法更自然些,他坚持认为,譬如说,具有确定能量的放射性原子一定是在某一可由理论预言的确定时刻发射出α粒子的——否则他就说是概念上不完备的描述。可是他自己曾经在相对论里教导我们,这个论点是错的。相对论里可以有无数等价的惯性系,其中,每个惯性系都可以同样正确地假设是处于静止的。但我们无法用实验判断哪个惯性系是真正静止或绝对静止的。爱因斯坦的反对者可以说道,一个否认绝对静止系统之存在的世界描述,纵然是没有实验方法发现它,也不能认为是在概念上完备的。这个反相对论的论点恰恰和爱因斯坦反量子论的论点同样有力,凡是要求想象光波无须物质以太作为振动载体的人,都是体会到这点的。

爱因斯坦、玻尔和我所属的这一代得到的教导是,存在一个客观的物理世界,它本身是按照不依赖于我们的不变规律而展露在我们面前的;我们就像剧场里的观众观看一场表演那样地在观看着这个过程。爱因斯坦还是以为,这里的关系应当是科学的观测者和他的主题之间的关系。然而,量子力学是用不同方法去解释原子物理中得到的经验的。我们可以不把物理现象的观测者比作戏剧表演的观众,而把他比作一场足球赛的观众,在足球赛里,喝彩声或嘘声这些看球的举动会显著地影响球员的速度和专注力,因而也就显著地影响所看到的场面。事实上,生活本身是更好的比喻,在生活里,观众和演员都是一样的人。决定观测中主要特征的,正是那设计仪器的实验者的活动。因此,像经典物理中所假定存在的那种客观存在的情况是没有的。不仅是爱因斯坦,而且还有其他反对我们对量子力学解释的人都说,这样一来,就没有一个客观存在的外间世界了,就没有主客体之间的明显区分了。这里面当然也有一定的真理,但是我并不认为这个说法很好。因为当我们说到一个客观存在的世界时,意思是什么呢?它肯定是一个前科学的观念,是普通人从未怀疑过的。如果他看到一条狗,无论这条狗在他旁边坐着,在周围跳着,或是远远跑开而成为一个小点子看不见,他所看到的都是一条狗。所有这些数不清的极为不同的感官印象,由一个下意识的过程在他心里统一成狗的概念,使它在上述所有姿态之下,都保持为同一条狗。我建议用下面的说法来表明这点:人心靠一种下意识的过程构成知觉中的不变东西,而这些不变东西就是平常人所说的实在的东西。我认为科学正是这样做的,只是在不同的知觉水准上这样做罢了,这就是说,它使用了作为观察和测量之基础的所有放大仪器。

无数可能的观测又靠某些永久性的特征,即某些不变的东西重新联系起来,这些不变东西和普通知觉里的不变东西有所不同,但无论如何也同样是事物的、客体的、粒子的指示者。因为在描述我们所观测到的东西时,即便是用最优良的仪器来观测,我们也非用普通的语言描述不可。因此,原子客体固然不具有普通客体的全部性质,但是它们有着足够多的确定性质,使我们要像给予一条狗那样地给予它们以同样性质的物理实在性。我认为,对电子进行不同的观测总是给出相同的电荷、静止质量和自旋,这件事就完全证明,把它们说成实在粒子是正确的。

这里还有一点使我不同意爱因斯坦的哲学。他赞成约定说,这个学说在我年轻时候曾为伟大的法国数学家彭加勒大力提倡过。按照这个学说的观点,所有人类的概念都是心灵的自由创造和不同心灵之间的约定,其正确性只有靠它们在日常经验中的有效性来证明。这在较局限的意义上也许是对的,即对理论的抽象部分而言也许是对的,但对理论和观测的关系以及和实在事物的关系而言,它就不对了。它忽视了一个心理学事实:语言的建立并不是有意识的过程。甚至在科学的抽象部分里,概念的使用也常常要由事实来决定,而不是由约定来决定的。

这里有一个富于启发性的例子。薛定谔曾经想牺牲粒子概念,而把他的电子波解释为散开的电荷云。这个尝试不久就被放弃了,因为电子能数得出。电子的微粒性肯定不是约定的。

如果要像这样赋予粒子以确定的实在性,那关于波又怎样呢?它们是否也是实在的,是怎样意义上的实在呢?曾经有人说,电子有时候表现为波,有时候表现为粒子,也许就像一位大实验家显然是在对理论家的翻筋斗发脾气的时候嘲笑说的,每逢星期天和星期三就交换过来。我不能同意这个看法。为了描述一个物理情况,我们既需使用波来描述"状态",即描述整个实验情况,又需使用粒子这些原子研究领域里的特有客体。尽管波函数所代表的(用它的平方)是几率,但是它们具有实在性。不能否认几率具有某种实在性。否则,我们根据几率计算所作的预言又怎能对实在世界有什么应用呢?我对于使这点成为更可理解的许多尝试没有很大兴趣。在我看来,正像经典物理中因果关系的必然性一样,几率也是物理学之外的一个形而上学观念。这对量子力学波函数来说同样正确。我们可以把物理学中粒子和波的使用叫作描述的二象性,应当把它和并协性严格区别开来。

现在让我们最后来问,物理学的这些新发展是否和其他问题有什么关系,主要是和形而上学中的大问题有无关系。它们首先关系到哲学中唯心论和实在论之间的无休止的争论。我不认为物理学的新方法可以为一方或另一方提供什么有力的论据。如果有人认为唯一重要的实在就是观念领域、精神领域的话,他就不应当从事科学。科学家必须是实在论者,他必须承认,他的感官印象乃是来自实在外间世界的消息,而不是幻觉。在清理这些消息时,他所用的是一类很抽象的观念,例如多维甚至无限多维空间的群论以及诸如此类的东西,但是归根到底,他获得的观测中的不变东西代表着实在的东西,他懂得运用这些实在的东西,正如一个匠人懂得运用他的木头和金属一样。现代理论已经使得观念的作用更为广泛而精巧,但这整个情况并没有改变。

但是,我们思维的真正丰富在于有了并协的观念。在物理学这样一门精确科学里,发现有一些相互排斥而又并协的情况不能用同一的概念来描述,而需要用两种表达方式——这件事一定对其他方面的人类活动和思想有影响,而且我认为是一个应当欢迎的影响。这里还是由玻尔指出了道路。在生物学里,生命概念本身就导致一种并协的二中择一情况:生命机体的生化分析是和它的自由活动不相容的,极端地应用这个分析就要导致死亡。在哲学中,关于自由意志这个中心问题也有类似的二中择一情况。任何一次判断,一方面可以看成自觉的心理过程,另一方面又可看成是过去或现在从外界注入的动因的产物。如果我们把这也看成是并协性的例子,那么,自由和必然性之间的无休止争论似乎就是以一个认识论上的错误为根据的了。但是我不能进一步讨论这些问题,我们还只是刚刚开始用这种方法去看问题。在结束的时候,让我谈谈我开始时讲到的那个罗素的形而上学定义。这个定义说,形而上学是一种想借助思维把世界看成整体的试图。我们从物理学上学到的认识论课题和这个问题有没有点关系呢?我认为是有的,因为它指出,即便在有限的范围内,也不可能用一种图像来描述整个系统;有一些并协的影像,它们不能同时应用,但是尽管如此,它们并不矛盾,而且只有合在一起才能使整个描述详尽无遗。我认为这是很健全的学说,适当地应用它也许不仅可以解决许多哲学上的,而且也许可以解决生活各个方面的剧烈争论。例如政治上的。苏联科学院院长瓦维洛夫教授在苏联对外文化协会会刊上曾经发表了一篇有趣的文章,其中解释了辩证唯物论的观念,并且用光学的发展作为例子。"光是由粒子组成的"这个正命题,和"光是由波组成的"这个反命题,彼此一直相对立,最后统一成了量子力学综合体,对电子和其他物质组分来说也有同样的情况。这个看法是很正确的,是无可争辩的。只是,何不把它应用到自由主义(或资本主义)这个正命题和共产主义这个反命题上去呢?为什么不期望有一个综合体,而非要反命题得到完全和永恒的胜利呢?这里面似乎有些不一致。但是并协的观念就更深入些。事实上,这个正命题和反命题代表着两种心理动机,对应着两种经济力量,两者本身都是合理的,但就其极端而言,则是相互排斥的。个人在经济行为上的完全自由,是和一个有秩序国家的存在不相容的,而集体行动的国家是和个人的发展不相容的。这里面,在自

由的幅度 Δf 和受限的幅度 Δr 之间，一定有一个形如 $\Delta f \cdot \Delta r \sim p$ 的关系，它容许有合理的妥协。但什么是“政治常数”p？我要把这个问题留给将来关于人类事务的量子论去解决。这个善于从物理学学得大规模破坏手段的世界，如果采纳并协哲学中所包含的调和内容，那就会比较好些了。

近五十年的物理学[①]

〔首次发表于 *Nature*,168 卷,625 页,1951 年。〕

下面的评论都是根据个人的一些回忆,不能要求在历史上准确和完全。我将告诉你们,自从 1901 年我在我家乡的布雷斯劳(Breslau)大学听第一次演讲以来,给我印象最深的是什么。我们过去所学的是今天称之为经典物理的东西,那时候都相信它是对无机世界的令人满意和几乎完全的描述了。但是在 1900 年前后,甚至连麦克斯韦的电磁场理论也没有包括在德国省立大学的常规课程大纲中;当时有一位年轻而上进的讲师谢菲〔现在仍在哥隆(Cologne)工作〕曾经就这个题目给我们作了第一次的演讲,我还完全记得我们从这次演讲中得到的惊奇、赞赏和希望的印象。

具有革命性的第一个伟大事件发生在 1905 年,这一年出现了爱因斯坦的相对论。那时候我正在哥庭根,而且完全熟悉运动物体电磁现象和光学现象研究中遭遇到的那些困难和难题,我们曾经在希尔伯和明可夫斯基所主持的讨论班里充分讨论过它们。我

① 本文是 8 月 13 日在爱丁堡英国学术协会甲组(数学和物理组)宣读的一篇论文的大要。

们研究了洛伦兹和彭加勒当时的论文，讨论了洛伦兹和斐兹杰惹提出的缩短假设，也知道现在以洛伦兹的名字命名的那些变换。当时，明可夫斯基已经在研究他的四维时空表象法，这个工作发表在1907年，后来成为基础物理的标准方法。可是，爱因斯坦用以揭露问题的认识论根源的那种简单考虑（由于光信号的有限速度，不可能确定相隔一定距离的两个事例的绝对同时性），造成了很大的影响，我认为把爱因斯坦的名字和相对性原理联系起来是正确的，尽管洛伦兹和彭加勒的名字也不应该遗忘。

虽然相对论可以恰当地看成是十九世纪物理学的顶峰，但它也是近代物理的大动脉，因为它抛弃了传统的形而上学公理，即抛弃了牛顿关于时空本性的假设，并且肯定了科学家按照实验情况建立他的概念，包括哲学概念在内的权利。因此，正像文艺复兴时代打破了柏拉图和亚里士多德的权威一样，物理学也由于相仿的解放行动而开始了一个新纪元。

后来被证明为最重要的一个相对论结果，就是公式 $E=mc^2$ 所表示的质量和能量的等价性，那时候认为它只有巨大的理论意义，而没有什么实际意义。

在1913年，大家都知道了爱因斯坦对广义相对论的初次尝试；两年以后这个工作又被改进以臻完善。它不仅是从牛顿的形而上学圈子里跨出的第一步，而且也是从牛顿的物理学里跨出的第一步。它所依据的，是一个初等的迄今尚未得到解释的事实：一切物体都以相同的加速度下落。直到今天，我还认为这个经验基础就是庞大数学结构借以建立的基石。在我看来，从这个事实导出引力场方程的逻辑方法，较之这个理论在天文学上的预言的证实,如水星近日点的进动,光在太阳附近的偏转和引力场中谱线的移动等,甚至更能使人信服。

爱因斯坦的理论导致宇宙论和宇宙进化论空前规模上的复兴。我没有资格判断促使天文学家去建立更大更有效的仪器的,是否就是这个理论,我也不能判断,用这些仪器所得到的结果,例如虎布尔发现的宇宙膨胀,是否激起过理论家们对宇宙的更高深的思考。然而,结果无疑是使我们今天的(即1951年的)天文学眼界大大开阔了,使我们关于创世的想法比开始的时候宏伟得多了。我们可以估计世界的实际年龄(几十万万年),它现在的大小(由后退的星云来确定,后退速度达到光速),以及星云、星体和原子的总数;我们有充分理由假定,物理定律在这广阔的范围里都是相同的。在这里,必须提到夫里德曼、赖迈特里、爱丁顿和罗伯荪的名字。

然而,在这番夸耀之后,请让我用朴实的口气来结束这一段。把引力和其他物理力联系起来以便解释引力常数这个奇怪数值的基本问题,虽然经过爱丁顿顽强而巧妙的尝试,但却仍未得到解决。我认为,最有希望的概念乃是狄拉克所创立而由约当发展起来的,那就是引力常数并非完全是常数,而是一个标量场的量。像度规张量的其他十个分量一样,这个量也是它的一个分量;它历经着缓慢的变化,并且在宇宙产生后所经过的时间里达到现在的数值。

在谈论近代物理最有代表性的特色,即原子论和量子概念以前,我必须花点时间详细谈谈经典物理,因为它并未突然停止存在,而是不断繁盛到这样的程度,以致我敢说,物理学家绝大部分的时间和精力仍然是花在这类问题上的，即便那些常在美国遇到的物理学家，认为从事核物理研究才算是配得上物理学这个名称的职业的人，也是这样。

事实上，1900 年以来，在普通力学、弹性力学、声学、液体动力学和空气动力学、热力学、电动力学和光学等方面的进展和成就，是十分惊人的。你们只要回想一下，在 1900 年，内燃机还处在它的幼年时代，汽车还常常要用马来拉，而飞机还是一个幻想。要对所有这些以及其他由于物理学而引起的技术发展作一个哪怕是最粗浅的概述，也是不可能的。请让我只谈几个特征之点。

第一点是，人类采取了比较实际的态度。在十九世纪，固体力学和流体力学都是很优美的数学理论，很适于供作考试题目。而在今天，它们抓住了日常生活和工艺学方面的实际问题，例如流体动力学、边界层、热传导、作用于运动刚体（例如飞机机翼）上的力、这些刚体的稳定性、甚至在超声速情况下的稳定性等等问题。在这些问题的先驱者当中，我个人知道的有泰勒、普兰特、卡曼。弹性力学也有类似的发展；可以得到分析解的几个狭窄方面的问题，已经由于应用数值方法（绍斯威尔的张弛法）而大为扩充，并且用透明模型的光弹性观测检验了结果。

机械计算机和电子计算机的发明，有力地助长了这个趋势。以电子管为基础建造出来的现代仪器，其迅速和效力刺激了人们对世界的想象力，并且引出了一门新的科学，叫作控制论，这门科学的提倡者从那些人工大脑期望发生一次人类文化的革命——这却是我所不赞同的一个信念。

声学这个研究波传播的弹性力学分支，由于留声机、电话和广播的发明而碰到了大量问题。在这里,电子管又是一种有力的工具。超声振动已经用来研究晶体的弹性性质,用来作为信号和计时。用压电石英晶体振荡来控制的时钟,似乎比普通的摆钟更为准确而可靠。

安德拉德教授曾经就热力学的起源和发展作了一个说明,有着两个基本定理(能量守恒和熵增原理)的热力学在 1900 年是被看成为完全的。但是,这里也和许多其他场合里一样,这种心满意足的自信是错误的。

1907 年,能斯脱加了一条关于物质在零度时的行为的第三定理。它在物理学和物理化学方面有许多应用,其中,我只能提到在化学平衡和化学反应上的预言,哈伯尔固定空气中的氮的方法便是一例(1914)。接近绝对零度的实验方法已经大有进步。开色姆在 1931 年借助液态氦达到了 0.7°K。1933 年,基奥给和麦克道各耳利用顺磁盐的去磁发明了一种新的冷却方法。克尔基和西蒙(1938)等人把绝对温标扩展到 1°K 以下。在这个温度区域发现了一些奇怪现象,那就是昂尼斯在 1911 年发现的金属的超导电性,开色姆和握尔夫克在 1927 年以及阿楞和买斯纳、卡普萨等人发现的液态氦的超流性。

甚至在较高温度下,也发现了一些新现象,例如在高度浓缩的电解溶液里发生的现象,这里必须提到别鲁姆、路易斯、德拜和许克耳等人的名字。

布里奇曼(1905 年以后)从另一角度出发创造了接近极端条件的方法,他系统地研究了物质在高压下(压强直到 100,000 大气压以上)的性质。他最近的成就是,观测到碱金属原子的电子壳层在高压下被破坏。

我认为,昂萨格在1930年开始的,并且为卡斯密尔、普雷哥金、德波耳和德格鲁特所继续从事的新近的研究,有着极大的重要性,他们把热力学加以推广,应用到不可逆的过程上去,办法是把经典的流动规律和统计力学中的一个结果结合了起来,就是和所谓微观的可逆性原理结合起来。结果似乎与了解有机体中进行的过程有些关系。

电动力学在技术应用方面的进展是任何人都清楚的:功率的产生及其远距离传输方面的改进;电气通信方法,例如电报、电话和无线电通信。在1900年,电磁波还是实验室里的实验。自从1895年马可尼的成就以后,广播已经成为人类事务中强有力的因素了。

电磁波包括了整个光学,但要说明光学研究和光学实践在各个方面的进展,那是很不可能的。各种光学仪器的改善和精密化,衍射、折射、吸收和散射的实验和理论研究的改善和精密化,是极多的。让我只提出几个光谱学方面的突出成就,因为它们与原子物理有关系,这些成就是:塞曼效应和斯塔克效应的发现;里德伯、帕邢、润奇、里兹等人对光谱系的分析;喇曼效应,光谱向紫外区和红外区的扩张;最后,在最长光波或热波和最短辐射波之间,填补了这个在1900年还存在着的空隙。战争迫使人们发展了一种叫作雷达的方法。在实验室中,它提供了磁共振效应,可以用来研究原子、分子、晶体(克利顿和威廉姆斯,1934;格里菲斯,1948),甚至可以用来测定核自旋和核四极矩(喇比,1938)。它在电离层(阿普顿和巴莱特,布雷爱特和铁夫,1925)和天体上的应用,还丰富了我们大宇宙方面的知识。人们已经获得从月球(美国信号团,1948)和流星上(海艾和斯特瓦尔德,1946)发出的反射,而且观测到了来自银河的波(冉斯基,1931)。这个新的辐射天文学,必将对宇宙论有着深远的影响。

现在我们来谈原子论。虽然在十九世纪就已经确立了原子的概念,但在1900年还有些著名的物理学家不相信原子。今天,该把这种人看作"怪人"了,因为物质的原子结构是证据确凿的。

原子论所要回答的,是两个不同而又紧密联系着的问题:(1)原子的本性是什么?(2)大块物质的行为怎样能用原子的集体作用来说明?

让我们先谈后一个问题,因为早在十九世纪,这个问题对一类特殊的物质就已经有了答案:我的意思是指气体分子运动论及其对统计平衡情况下的较一般系统的推广,这一推广是通过吉布斯的统计力学完成的。这个理论在1900年还是一个合理的假设。但是爱因斯坦1904年对布朗运动的解释和斯莫留柯夫斯基1906年所继续的工作,从物理上直接证明了分子运动论的正确性,从而使得皮兰在1909年得到了每克分子原子数的可靠数值。

范德瓦尔斯在1873年所开端的压缩气体和凝结的理论,已为乌谢尔(1927),买厄(1937)等人大大地加以改进和现代化了。

郎之万在1905年完成了顺磁性的统计处理,外斯在1907年把它推广到铁磁性问题上去。这是处理所谓有序—无序现象的一类统计问题的第一个例子,例如合金的性质就属于这种现象。今天,这个方法有着巨大的实际意义。

泡尔和恩发斯特曾经仔细研究了统计力学的逻辑基础

(1911),而达尔文和否勒则大大地发展了统计力学的数学方法(1922)。

在液体分子运动论方面,甚至到今天,尽管尽了很大努力,仍然没有一个令人满意的理论,但是我们对固体的知识却已经大为增长。这个工作是和X射线的研究紧密联系着的。直到1912年,关于X射线的本性仍有争论。巴克来在1909年发现的选择吸收和偏振现象表明其为波动结构。一年以后,W. H. 布拉格却找到了微粒结构的证据。1912年,玻尔和瓦尔特获得了X射线的狭缝衍射,索末菲从狭缝衍射估计了波长。最后,当劳埃和他的合作者在1912年发现了X射线通过晶体的衍射时,这个争论方有利于波动结构而平息,并证实了固体的原子性,即晶体具有点阵结构,而这正是很久以来人们所设想的。

在布拉格父子手中,这个方法开辟了一门新的科学,叫作原子晶体学,这门科学有很多巧妙的实验和数学上的考虑,例如群论的系统应用,这是早在1879年就已为熊开所开始研究,而在1891年为萧恩弗里斯和费道罗所完成的。

在晶体点阵这个经验几何学的基础上,建立了一个动力学理论,这个理论的实际开端,乃是作为量子论的最早应用之一的爱因斯坦在1907年关于低温固体比热的研究,以及德拜、卡曼和我在1910年对此提出的改进,而改进后的理论在经典领域内也有很大用处,它可以预言晶体的弹性、热学性质和光学性质之间的关系。虽然理想点阵暂时还是研究的中心课题,但是今天,我们已经开始去了解为什么实际晶体在许多方面都和这种理想的图案不同。

在这些研究中,有许多是和我们关于原子本身的详细知识无关的,只用到了原子的几何学性质和动力学性质的某些粗糙平均值,例如直径、电荷、偶极矩、极化率等的平均值。

剩下的问题是如何解释这些平均值;这就是说,要研究原子自身的本性。

原子结构的研究与放射性现象密切有关。放射性现象发现在十九世纪。原子结构研究的迅速发展主要归功于一人——卢瑟福。他通过粒子计数证明了 α 辐射和 β 辐射的原子性,计数粒子最先是用克鲁克斯的闪烁法(1903),后来是采用盖革计数器(1908)。在计数方法的新近发展中,起决定因素的是电子管放大,最简单形式的电子管(二极管)是夫累铭于 1904 年发明的,德福尔斯特于 1907 年和郎缪尔于 1915 年改善了它(三极管)。

让我在这里提出其他一些很重要的实验技术,这些技术不仅使我们能数出粒子的数目,而且能实际看到粒子的径迹。它们是威尔逊的云室(1911)以及布拉开特对它的改进,即用计数器控制的云室。后来,布劳和乌姆巴赫在 1937 年发明了径迹照相法,通过乳胶的改善,这种方法已经成为研究原子过程的最有效的工具。

在 1900 年左右,卢瑟福和沙代借助当时的原始实验技术得到了第一批革命性的结果,这就是放射性衰变定律,这些定律粉碎了化学元素不变的想法。这些定律和经典物理中通常的决定论定律有所不同,它们本质上是统计的和非决定论的定律。

在同一时间里,人们在放射性元素中找到了同位素存在的充分证据。后来,在 1913 年,汤姆逊用电磁偏转法在普通元素(氖)中发现了第一个同位素的例样。从此,一方面出现了阿斯通的质谱仪(1919),更新了蒲劳特假设,按照现代的方法重新排列了周期表中的原子,即是按照核电荷(原子序数 Z)而不是按照核质量(质量数 A)来排列;另一方面,为了生产可分裂物质,今天已在工业规模上进行着同位素的大量分离。

Z 和 A 这两个数之间的区分,主要归功于卢瑟福的第二个伟大发现(1911),即原子核的发现,它是通过 α 射线散射的观测获得的。库仑定律直到核大小的范围都有效,这个结果促使卢瑟福提出了原子的行星模型,即原子核处于太阳的位置,而电子处于行星的位置。不久,莫塞莱借助 X 射线谱为这种模型提供了很好的证据(1913)。但是由此产生了巨大的理论困难,因为按照经典力学定律,这样的系统是不稳定的。

事实上,原子的研究到此已经达到这样的地步,要是不对基本概念来一个根本改变,其进展是不可能的。

这个思想革命早已在进行了。它开始在 1900 年,那正好是我评论的这段时期开始的一年,当时,普朗克深信观测到的黑体辐射谱不能用经典力学说明,他提出了一个奇怪的假设:能量 ε 采取有限的量子形式存在,它和频率 v 成正比,即 $\varepsilon = hv$。

物理界带着很大的怀疑接受了这个建议,因为它完全不符合已经确立了的光的波动论。以后几年一直没有发生多大事情。但在 1905 年,爱因斯坦采取了普朗克的观念,并且给了它一个新转变;他指出,如果假设光是由粒子(后来称之为光子)组成的,那么,金属的光电效应以及类似的现象就可以得到定量的解释。密立根(1910)利用爱因斯坦的解释从光电效应的测定中推得了 h 值,和普朗克原来的数值非常符合。

爱因斯坦在 1907 年通过上面已经提到的他的比热理论,又一次提出了量子存在的进一步证据，这个理论不仅消除了分子运动论中某些非常令人不安的矛盾之处，而且可以供作现代分子理论和晶体理论的牢固基础。

量子论的最后胜利是在1913年，玻尔把它应用到了卢瑟福的行星模型上。这一应用解决了原子稳定性之谜，解释了神秘的光谱系和周期系的主要特征。

玻尔从一开始就很明白，量子的出现意味着一种新的自然哲学，而结果确是如此。可是，玻尔同时渴望着和经典理论保持尽可能密切的联系，他借助他的对应原理成功地做到了这一点。

以后大约经过了十二年的时间，在这段时间，玻尔的观念得到了证实和发展。下面是几个突出的事件。

弗兰克和赫兹的实验，他们借助电子碰撞证明了定态的存在(1914)。许多作者在玻尔和索末菲的理论指导下，解决了多重谱线，包括X射线谱的问题。塞曼效应的朗德公式(1921)，最后使乌伦贝克和哥施米特提出了自旋电子的建议(1925)。施特恩和盖拉赫证实了索末菲的“方向量子化”(1921)。玻尔本人改进了周期系理论，并且马上为考斯特尔和海威西发现的缺位元素之一，即铪元素所证实(1922)。接着——最重要的——是泡利的不相容原理(1924)，它给观测中的惊人特征提供了理论基础。最后是康普顿效应(1923)，证明了爱因斯坦的光子概念是一个有用的概念。

这样，人们就不得不面临着一个矛盾局面：光的波动说和微粒说两者都是正确的——事实上，普朗克公式 $\varepsilon = h\nu$ 表现出这些矛盾假设之间的关系。

这个对理性的挑战经由德布洛意 1924 年的著名论文达到了顶峰,这篇论文靠纯理论上的论证把这种波粒二象性推广到了电子上。爱尔沙色借助电子在金属上的散射实验提出了第一个证据(1927),这些实验是由戴维荪和革末所完成的(1927);以后不久,这些作者用金属薄膜产生了衍射图案,G. P. 汤姆逊(他是发现电子是粒子的 J. J. 汤姆逊之子)也独立地得到了这种衍射图案,从而肯定了德布洛意波的存在。

让我在这里插上一句,电子显微镜的想法比这个理论早得多;它是 1922 年首先由布西根据类似于几何光学的考虑提出来的。在德布洛意之后,已能采用光学仪器的波动理论了,因而也就能够确定分辨率。我不能详述这些细节,但我想提醒你们,今天,不仅是细菌和病毒,甚至是大的分子,都可以看得到并且拍下照片来。

波粒二象性否定了物理学中朴实的直观方法——它在于把日常生活中习惯的概念转移到更小的微观领域里去——而迫使我们去使用更抽象的方法。

这种新方法最早的形式主要是基于光谱学的证据,这些证据使克拉莫斯和海森堡深信,要适当描述两定态之间的跃迁,不能单独应用这些态的谐波成分,而需要用一种新的,同时和两个态有关的跃迁量。海森堡 1926 年的量子力学是处理这些跃迁量的法则的最早的公式表达,我马上就看出这些法则和数学中的矩阵计算方法相同。海森堡、约当和我发展了这个理论,同时狄拉克以最普遍、最完整的形式独立发展了它。

此外,薛定谔在 1926 年独立发展了德布洛意的波动力学,他建立了一个不仅对自由电子有效,而且对有外场和有相互作用的情况也有效的波动方程,他还证明了波动力学完全和矩阵力学等价。

至于物理解释,薛定谔认为我们应当完全抛弃电子的粒子概念,而代之以振动着的连续电子云假设。当我提出波函数的平方应当解释为粒子的几率密度,并且用一个关于碰撞的波动理论和其他论证为之创造了证据时,我发现它不仅遭到薛定谔的反对,而且很奇怪的是,海森堡也反对。另一方面,狄拉克以简洁的数学方式阐述了同样的想法,不久就为大家所普遍接受,海森堡也接受了它,并且作了一个最重要的贡献,就是用公式表示了他的测不准关系(1927)。这些结果为深入进行新理论基础的哲学分析铺平了道路,其成就即在于玻尔的并协原理,这个原理在某种程度上可以代替经典的因果概念。

在很短的时间里,新理论取得的成就使它完全确立了起来。我能提到的只是少数几点成就:泡利的自旋矩阵表象和狄拉克的相对论性推广(1928),这一推广导致存在正电子的预言,正电子是由安德荪在1932年实际发现的。接着提出了原子、分子的电子结构的系统理论,以及它们与线光谱和带光谱、磁性和其他现象的关系的系统理论。维格纳在1927年指出了如何借助群论去找出原子结构的一般特征。哈特里、福克、海勒拉斯等人发展了数值近似方法。我提出了原子与电子以及原子与其他原子的碰撞理论,并且为贝特、摩特、马塞等人所发展,从这个理论出发,玻尔最后提出了粒子贯穿物质的一般理论。

此外,海特勒和伦敦在1927年开始了关于化学键本性的研究,这个工作是由洪德、斯莱特、密立根、鲍林等人所完成的。甚至像反应速度,包括触媒作用的加速度这些复杂现象,都已归结为量子力学的问题了。

最后,在电磁辐射的发射、吸收和散射方面,狄拉克提出了一个最重要的理论,从而使费米、约当、海森堡和泡利在表述量子电动力学的工作上进行了最早的系统尝试,并且后来导致量子化场和它们相互作用的一般理论(温侧尔、罗森费尔德,从 1931 年开始)。

在最近这五十年期间,核物理占了统治地位。虽然原子核的研究可能比任何其他一个物理学部门的研究更为重要,但我将谈得少些,因为它是物理学最新的方面,几乎还说不上有什么历史。

卢瑟福在 1919 年用 α 射线轰击氮的方法首先实现了核的破裂。1930 年,科克罗夫特和瓦尔顿首先使用了人工加速粒子的方法。那时都认为原子核是由质子和电子组成的。但是,如果试从各组成粒子的自旋来计算整个核的角动量的话,上述看法便导致困难。1932 年查德维克发现了中子,如果假设核是由质子和中子,即由带电的和不带电的"核子"所组成的,这些困难即可消除。费米在 1932 年指出,用中子来分裂核最为有效,因为它们不受核电荷的排斥作用。伊伦和约里奥 · 居里在 1934 年发现,许多剩余原子核本身是放射性的。

连续 β 射线谱的解释一直有着很大困难,直到泡利在 1931 年提出了中微子的存在,费米又在 1934 年发展了 β 衰变的中微子理论,认为能量和动量守恒定律在 β 衰变中仍然成立,这才得到了解释。线状 β 射线谱已经弄清楚是次级效应,是由于原子核发射出的 γ 射线把电子从电子云中打出所引起的。

宇宙射线的应用首先供给了快速射弹的需要，早在1912年，海斯就发现了宇宙射线，它们的研究到今天已经发展成了一门包罗很广的科学，不仅包括核物理，而且还包括地球物理、天文学和宇宙哲学。

强大加速器的建造，例如范德格拉夫的加速器(1931)，劳伦斯的回旋加速器(1931)，克尔斯特的电子回旋加速器(1940)以及这些加速器的组合(如同步回旋加速器)等的建造，在快速粒子的人工产生方面造成了巨大的进展。

解释核转变的关键是爱因斯坦公式 $E=mc^2$，或者更确切地说，是相对论性的能量和动量守恒定律。我在核化学这门新的叫人害怕的科学方面不是专家，所以不打算描述它。我只能稍微谈谈核物理的理论问题。值得注意的是为什么许多重要的事实都能用极为简单的模型来解释，例如伽莫夫的焊口模型(1928)可以解释 α 衰变和 α 粒子的能量与寿命之间的盖革—努塔耳关系；冯外萨克尔在1925年提出的液滴模型可以解释质量亏损(核能)曲线，后来玻尔用这个模型成功地解释了俘获、二次发射和裂变的机制(1935)。在对轻核(特别是重氢)的结构和性质以及碰撞效应进行精确的量子力学计算方面，已经完成了大量工作，目的在于弄清楚核力。已经得到一些重要的结果，但是情况还完全不能令人满意。

与详细的理论完全无关，核质量(内能)的实验值指出轻核具有熔合的趋势，而重核却有蜕变的趋势；因此，除了周期表中中间部分的元素(铁)以外，一切物质原则上都是不稳定的。但是在地球上的条件下，反应速度极为缓慢，以致什么也没有发生。然而在星球内部就不同了;贝特在 1938 年指出,用催化的链式核反应可以解释太阳和星球中发出的热,这种反应的结果是把四个核子熔合成一个氦核。

哈恩和史脱拉斯曼在 1938 年发现了一种相反的现象,就是重的铀核裂变为几乎相等的两部分,这一发现给我们科学的社会地位,而且很可能也是给人类的历史开辟了一个新纪元。下面罗列了一些事件:

1939 年,许多作者(约里奥·居里、哈邦和考瓦斯基;费米;斯济纳特)确立了自持链式反应的可能性;1942 年,在费米的指导下造成了第一个核反应器,也叫"反应堆";最后,靠美国的工业力量生产了原子弹。

这一发展与政治和经济的牵连过于巨大,以致我不能在此加以讨论;但是我忍不住要说,我个人幸而没有被牵入到这种研究里面去,这种研究已被用来进行历史上最可怕的大规模破坏,甚至在以更大的灾难威胁着人类。我认为核物理的和平利用乃是这些损失的一个微不足道的补偿。

然而,人类的智慧几乎对任何局势都可以适应。因此,让我们暂且撇下实际的结局,而来欣赏一下由反应堆得到的有用结果。在物理学上,周期表中剩下的几个空白点已经填补上了,而且发现了五六个超铀元素(其中有些是可分裂的核,例如镎和钚)。已知元素的大量新的同位素已经生产出来了。其中有些可以用来作为化学和生物学研究上的"示踪者",这是海威西在 1913 年首先提出的;其他的同位素在工业研究中和癌症治疗中可以用来代替价格昂贵的镭。

从自然哲学的观点看来,我认为过去十年最重要的成就似乎是汤川秀树1935年在理论上所预言的介子的发现,这一发现表明,我们对物理学真正的基本定律的了解还差得很远。汤川秀树确信核子之间的力至少和电磁力同样重要,他应用了类似于麦克斯韦理论中的场的概念,预言有一种新的粒子,这种粒子和核场的关系正如光子和电磁场的关系一样,但是具有有限的静止质量,由核力的力程可以估计,这一质量大约为300个电子的质量。不久,安德荪和乃德迈耶尔1936年在宇宙射线实验中证实了介子的存在,后来,1948年在加利福尼亚用同步回旋加速器人工产生了各种粒子。鲍威耳(从1940年起)等人用照相示径法得出了大量的新结果,例如,质量约为300个电子质量的介子可以自发蜕变为较轻的介子(质量约为200个电子质量)和一个中性粒子。已经完全肯定存在着质量约为900个电子质量的介子,而且多半还可能存在其他类型的介子。

显然,为了解释所有这些,需要对量子化场和它们之间相互作用的理论进行更深入的研究,1947年,许温格在美国,朝永振一郎在日本,各自独立地发表了一种改进了的现代式的量子电动力学,由此引出了大量的文章,目的都在于消除发散困难,并且计算过去理论所不能达到的更高次项效应。一个很大的成就就是解释了兰姆和卢瑟福1947年的观测结果,这些观测表明狄拉克著名的氢光谱理论并不完全正确。但是人们越来越清楚地看到,所有这些数学上的改进都是不够的,必须寻找一种更普遍的理论,在这个理论中必须出现新的常数(绝对长度或绝对时间,绝对质量),应当说明我们在自然界中所发现的不同质量的粒子。我想用我最近从海森堡那里听到的一个意见，来结束这个对未来的展望。我们在原子事件中已经使自己习惯于放弃决定论的因果律；但是，我们仍然相信几率在空间（多维空间）和时间中是按照微分方程形式的决定论定律传播的。在高能领域里甚至连这点都要放弃。因为很明显，绝对时间间隔限制着分辨时间次序的可能性。如果这个时间间隔是在静止系统中定义的，则根据相对论性的时间膨胀（和长度收缩相反），它在快速运动的系统中就要变大。因此，对快速粒子来说，时间次序的不确定性，从而因果关系的不确定性就要变大。

这样，经验又将使我们去修改一种颇难料想的形而上学基础。事实上，每当传统哲学不能帮助像爱因斯坦、玻尔和海森堡这样一些我们科学界的领袖得到与经验相符的答案时，它也向他们提供了种种问题的。我相信，虽然物理学不可能完全摆脱形而上学的假设，但是，这些假设必须从物理学本身之中提取出来，必须不断适应于实际的实验情况。另一方面，我们科学的连续性从来没有受到所有这些动乱事件的影响，因为过去的旧理论始终是作为一种极限情况包括到新理论里面去的。科学的态度以及实验研究和理论研究的方法，从伽利略的时候起，几个世纪以来一直都是相同的，而且将来一定还是那样。

物理学概念的现状及其未来发展的展望

〔1953 年 3 月 13 日所作第 37 次古斯里演讲,首次发表于 *Proc. Phys. Soc.* ,A,116 卷,501—503 页,1953 年。〕

让我先从个人谈起。五十年前,我还是一个学习科学的大学二年级的年轻学生。那时,普朗克的辐射公式和量子假说已经问世两年多了。但我当时对这些重大事件一无所知。我们那时所学的是牛顿力学和它的应用,麦克斯韦的电磁场理论则是小心谨慎地介绍给我们的。

如今,情况也许差不多。也许某人在某处有了一个伟大发现,而我毫无所闻或是看不出它的重要性。年纪逐渐大了,要跟得上当代科学研究的步伐变得越来越困难了。如今我对世界上各个实验室和研究室里工作进行的情况,了解得几乎和半个世纪以前一样地不够。可是,这些年来没有白白度过。它们给我留下了一堆丰富的经验,促使我来向大家谈谈我对理论物理现状的一些印象,和它发展的方向。预料未来似乎是很放肆,因为科学永远充满了意外的事,充满了料想不到的动摇理论结构的实验结果。可是有一个现象使我敢于进行某些猜测,这个现象也许可以叫作“原理的稳定性”。我不是建议说,除了数学以外还有什么其他不可改变的原理,还有什么最严格意义上的先验原理。但是我认为有些一般的精神面貌变化得很慢,它们构成确定的哲学时代,在人类活动的各个部门里(包括科学在内)都有其代表性的观念。泡利在最近给我的一封信中曾经用"格式"这个字来表示思维的格式,这不仅是艺术的格式,而且是科学的格式。如果采用这个字,那我认为物理理论也是有它的格式的,并且,从这个事实可以推知物理学原理有一种稳定性。在当时来说,它们都是所谓相对先验的原理。如果你知道你自己那个时代的格式,你就可以作一些谨慎的预言了。至少你可以摒弃那些违反时代格式的观念。

我不想从这个观点出发去对物理学作一番历史的回顾,也不想研究科学的格式、特别是物理学的格式是否和其他条件(例如经济条件)有关的问题。我仅仅从现代的纪元开始,就是从伽利略和牛顿开始,而且我只着重谈一个特点,即在描述自然现象时主客体的分离问题。对希腊哲学家来说,运动的原因就是产生运动的力,它是和施加力的生命体分不开的,是和人或上帝分不开的。此外,他们还使用价值的观念作为解释事物的原则。行星在圆(或周转圆)轨道上运动,因为圆是最完满的曲线。完满性支配着整个天体世界,而堕落则支配着地球;星体之间是有规律和有秩序的,地球上则是混乱一团和争吵不和。基督的纪元带来了新观念,它肯定是一个单独的时期,有它自己的格式,但在科学上,它信赖古人,而且持有一种人类中心论的主观态度。在这个时期,完满的观念成为上帝的化身。自然现象恰恰给上帝增了光,给恶者恶报,善者善报。这个精神在刻卜勒的思想中还是强有力的。

伽利略和牛顿中断了这个时期。他们带来了无偏见的客观描述和客观说明,这是现代纪元的特征,但是旧格式没有马上消失。它遗下的痕迹保留了一个长时期,例如在力学上,在最小量原理的形而上学解释中,还有这种痕迹。莫培督肯定是相信最小作用量原理是自然界或上帝的目的之表达的。即便在欧拉的著作里,虽然对最小作用量原理首次作了严密的公式表述,但也没有摆脱这种形而上学态度,它最后是在拉格朗日的著作里不见的。

从此以后,世界便是一部机器,受着严格决定论的规律所支配。给定初始状态后,全部未来的发展就能从力学的微分方程算出。用马赫的话来说,最小值原理不是由于自然界的吝啬,而是由于人类思维的经济;作用量积分把一组微分方程归并成了一个简单的表达式。

这里的假定是:外界,即自然科学的客体,和我们这些进行观察、测量与计算的主体,是完全分离开来的,而且我们有办法无须干预现象就能得到有关它的知识。

这是一种科学的哲学,我们这些老一辈,就是在这种哲学里成长起来的。它可以称之为牛顿的格式,因为它是以牛顿的天体力学为模型塑造起来的。它应用到地球上的物质也极为成功,甚至把它从物质系统的力学推广到真空或物质中的电磁现象也是成功的。麦克斯韦理论认为主客体之间的两极性是当然之事,这是严格决定论的理论。

1900 年,普朗克发表了他的辐射公式和能量子的观念,这就开始了一个新纪元,新格式。在此以前曾经经过一个长期发展的准备,揭示出了经典力学不足以研究物质的行为。力学微分方程本身并不决定一种确定运动,那还需要固定初始条件。例如,它们可以说明行星的轨道是椭圆,但不能说明为什么实际的轨道正好就是现有的轨道。然而,关于后一问题也有些规则,那就是著名的波德法则。这个问题被认为是系统史前的问题,即宇宙进化的问题,是还有很大争论的。在原子领域里,微分方程的不完全性甚至更为重要。气体分子运动论是第一个例子,说明我们必须关于原子在某一固定时刻的分布作些新的假设,而结果说明,这些假设要比运动方程更重要;粒子的实际轨道完全是无关紧要的,重要的只是总能量,因为它决定着可观测量的平均值。力学运动是可逆运动,所以为了解释物理过程和化学过程的不可逆性,需要一些具有统计特色的新假设。因此,统计力学就为新的量子纪元铺平了道路。

随着量子纪元的到来,关于主客体两极性的问题出现了一种新态度。它既不像古代和中世纪的学说那样,本质上是一种主观态度,也不像牛顿以后的哲学那样完全是客观的态度。

这个变化是由于一切想从普通力学观点出发去理解原子现象的尝试的失败。必须找到一种新的原子力学,导致这个力学的方法是分几个步骤进行的。其中,最重要的一步就是玻尔关于定态和定态之间跃迁的观念。定态是用简单的量子法则从力学轨道中挑选出来的某些力学轨道,它们在跃迁时损失或获得的能量,按普朗克的量子定律 $E = h\nu$ 与发射频率或吸收频率联系起来。这个理论在解释原子稳定性、原子光谱和分子光谱结构、元素的周期系以及物质的许多其他性质方面的惊人成功,并没有诱使玻尔相信这个理论就是最后的解答。他从一开始就着重强调了理论图式的新特点,即跃迁的非决定性特色和机遇在基本过程中的出现。这意味着被测客体和进行观测的主体之间的鲜明分离之告终。因为机遇只有相对于主体的期望而言才能有意义。

经过二十五年的努力,人们从不同的源泉得到了一个满意的理论。一条途径是由海森堡指出的,他以逻辑上一致的方式表达了玻尔的观念,这就是所谓矩阵力学。另一条完全独立的途径是由德布洛意发现的,并且在薛定谔的波动力学里得到了发展。狄拉克给这个理论提出的形式在结构上大为简洁而完美,但是比较抽象。海森堡和玻尔还补充了一个关于测量的学说,把形式体系和实验实在联系了起来。

主要的特点是,物理量或狄拉克所说的"可测量",诸如粒子的坐标、动量、能量、场强的分量等等,不是用变数来代表,而是用一些遵从不可对易乘法律的符号来代表,或者更具体地说,是用算符 A 来代表,算符 A 运算在一个量 ψ 上使 ψ 变为另一个量 $A\psi$。函数 ψ 是德布洛意和薛定谔的波振幅的推广,确定着体系的状态。它满足一个经典理论中通行的决定论形式的方程。但它不容许对可测量作决定论的预言,而只容许作统计的预言:$|\psi|^2$ 是 ψ 所表状态的几率,在此状态下,可测量 A 的期望值可以用 ψ 表示出来。特别地说,已经发现,坐标 q 的测量准确度 δq(通过均方偏差的期望值适当定义的)和对应动量 p 的准确度 δp 满足海森堡的测不准关系 $\delta q\delta p > h$,这里 h 是普朗克常数。对其他一对对的"共轭"变量也有类似的关系。

在这个抽象的规律表述中,也用到了粒子、坐标、动量这些字眼,但是它们的意义显然和普通语言里的不同。我们总是认为一粒尘埃在给定时刻有其确定的位置和确定的速度。而对电子或其他遵从量子力学规律的粒子,其行为就不同了,因为按照测不准法则,确定的位置(即 δq 很小)要求 δp 很大($>h/\delta q$),因此速度便有很大的测不准度。这个问题过去已经讨论过很多次了,因此我无须在此详述。量子力学的进一步发展揭示出了更多的奇怪行为特征,例如粒子之缺乏个体性,这在统计热力学上有着很直接的具有决定意义的影响。

这就发生一个问题:在理解这些关于粒子及其性质的新概念时,怎样能够不和一个明显的事实有矛盾。这个事实是:用来对它们进行实验和观测的仪器都是遵从牛顿定律的普通物体。这就是玻尔测量理论的目的。如果撇开全部数学细节,量子力学的精华就在于普朗克定律和爱因斯坦—德布洛意定律,即 $E=hv, p=h\kappa$;这里 E, p 是粒子的能量和动量,v, κ 是"对应的"波的频率和波数。如果我们试图阐明这种空间和时间上的对应关系的意义,那就可以看出一个矛盾情况。因为 E, p 是对无广延性的粒子而言,而 v,κ 是对谐波而言,按照谐波本身的定义,它在时间和空间中是无限广延的。因此,这个矛盾的解决必须诉诸分析位置和期间这些概念是如何与波列联系起来使用的。

我们习惯于在任何两个普通的事件上(例如一块石头从我手里落到地上)应用确定的时间间隔或期间的观念。在某些场合下这样做仿佛没有害处,可是并不正确。像"一个乐音持续了一定的时间"这句话,是没有严格意义的。这不是纯逻辑的陈述,而是一个事实的陈述。实际上,在风琴低音管子上突然一弹,发出的声音是很差的。因为一个以谐波形式发出的波列要是在比起振动周期来不算大的时间内中断的话,它就不再是真正的谐波,而是不同频率谐波的叠加,即是波包,在声学上称为噪声。我们在光学里也很熟悉这个事实,它是光学仪器分辨率理论的基础,而且近年来在信息论里变得头等重要起来(信息是靠电磁波或其他波的传递获得的)。

关于 δt 和 δv,δx 和 $\delta \kappa$ 之间相互限制的初步考虑,可以导致关系式 $\delta t\delta v>1$,$\delta x\delta \kappa>1$。这些关系式是海森堡测不准法则的基础;因为如果将它们乘以 h,并且应用普朗克—德布洛意关系,结果就得到 $\delta t\delta E>h$,$\delta x\delta p>h$。这一考虑决未减轻普朗克—德布洛意的对应关系中那种几乎是不合理的特点。但是,它可以这样地帮助我们处理问题,以使测量结果之间的矛盾不会出现。

位置和时间间隔只能借助刚性标尺和时钟来测量;能量和动量只能借助按照守恒定律起反作用的可动部分来测量。因此,互为倒数的测不准度可以归源到存在两类互相排斥而又并协的实验。玻尔曾经用了许多有教益的例子来说明这种"并协性",其中有些是为了回答爱因斯坦的非难的,因为爱因斯坦想用一些巧妙的实验安排推翻测不准法则。我认为反对测不准法则的尝试迟早要会停止。玻尔努力的持久结果就是上述的简单考虑,它以无可争辩的逻辑说明了,普朗克—德布洛意定律必然暗含着波粒二象性,暗含着用来测量一对对"共轭"变量(例如能量—时间,动量—位置)的实验仪器的并协性。

与这种二象性密切有关的,是主客两极性的问题。因为,如果我们必须以确定方式安排一个实验,以便研究一对共轭变量中的一个或另一个的话,那么在这种情况下,我们是不可能得到系统本来面目的信息的;观测者事前必须决定他要得到的是哪一类答案。

因此,主观的决定和客观的观测是不可分离地交混着的。从借助态函数 ψ 所作的数学描述中我们同样可以看出这点,因为态函数仅取决于包括观测工具在内的总系统,而观测工具是依赖于主体的。

以上就是物理学现代格式的概述,这种格式已经差不多为全体实验物理学家和理论物理学家所公认。它完全符合电子学、光谱学、放射学和原子核物理中的实践,也符合化学和天文物理中的实践。理论可以提供答案的问题恰恰就是实验者要求回答的问题。实验者对原子中电子的轨道,气体中原子的轨道和原子核中核子的轨道是完全漠不关心的:他对理论所给出的定态和碰撞截面,已经感到十分满足了。

我认为这个科学的思想方式也符合当代哲学的一般趋势。我们对知识从主观决定中分离开来的可能性已经丧失信心,在生活的戏剧中,我们知道自己每时每刻既是观众又是演员。玻尔本人曾经指出,他的"并协"观念可以推广到生物学和心理学上去;这样,我们就可以从新的角度去考察物质和精神的关系、自由和必然的关系这些老问题了。我不能进一步去谈这些深奥的问题;但是可以提一下,冯外萨克尔写了几本引人入胜的书(1945,1951),对这些问题进行了充分的很有味道的讨论。

我敢说,这种思维格式将持续下去,而且未来的变化要是到来的话,也不会回到过去所谓经典的格式,而会和它离得更远。我对这个前景的信心不仅是基于目前理论的成就,而且也基于我个人对它的哲学的爱好。

然而,这种观点恰恰遭到几个对量子论的发展贡献得最多的人所强烈反对。普朗克本人就表示怀疑。例如,当他作为柏林科学院院长在薛定谔的就职典礼上(他接替了普朗克的位置)讲话的时候,曾称赞薛定谔是一个用自己的波动方程重新建立了决定论的人。爱因斯坦这个曾经复兴了光学中的微粒观念,引入了两定态之间的跃迁几率以及犯有其他反经典之罪的人,也怀着一种热情转而反对量子力学的统计解释。我已经提到他曾企图用一些巧妙新奇的设计来推翻测不准定律,提到玻尔对这些非难的反驳。当爱因斯坦无法坚持量子力学在逻辑上有缺点的时候,就宣称它对自然界的描述是"不完全的"。我前面在谈到经典力学的微分方程时,也用过这个字眼。经典力学的微分方程如果没有初始值,它们就是不完全的,而经典理论关于这些初始值并没有给出什么规律,并且照我看来,这些初始值甚至要导致荒谬的结论。设想有 N 个粒子无规则地固定在一定位置上,再发射另一个粒子到它们当中去,它在碰撞和反跳回来的时候都是遵循经典定律的。显然,当 N 很大时,入射粒子初始运动的极微小偏差并非使其最后位置发生微小的变化,而会产生各式各样巨大的结果。如果全部粒子都是像气体原子那样运动着的,那情况就更会如此了。因此,经典理论所假定的决定论只是一种幻想而已。

这批著名人物——其中也许还要加上冯·劳埃——可以说是哲学上的反对派,或者用不太恭敬的话来说,是一些爱发牢骚的人。

有些人知道普朗克—德布洛意关系 $E=h\nu, P=h\kappa$ 的一些不可避免的结论,但他们想放弃这些结果,而仅仅保留一方面的图像。有些是粒子的保护人或唯粒子论者,有些是 ψ 波的保护人或唯波动论者。这些人当然都是理论物理学家，你们在最近出版的一本书里可以看到有关这些人的很好介绍，这本书是德布洛意六十寿辰庆祝会上的献礼(1952)[①]。德布洛意本人尽管是电子波的发现者，但是他在引入隐变量以拯救决定论的工作上，却进行了认真的尝试。他的意见之一(德布洛意，1926，1927)是把复函数 ψ 写成 $\psi = Re^{i\varphi}$ 的形式；这样，薛定谔波动方程就相当于在两种力作用下的粒子的经典运动方程组，一种力的势是 Φ，另一种是附加的势 U。后者依赖于 R 并且由于粒子间的相互作用而有着强烈的起伏，这样就可以得到和通常解释中的测不准原理相同的结果。马德郎曾独立地提出过类似的意见(1927)。近年来，有人重新提出了并且改进了这些看法，其中有俄国的弗兰凯尔(1950，1951)和布洛欣采夫(1950，1951)，美国的玻姆(1952)。冯诺爱曼在 1932 年就已证明，引入隐变量而不和目前理论中已经证实的结果相矛盾是不可能的。所以玻姆切望证明，在目前知识的框架中，他的隐变量不能用实验决定；他希望将来的发现会使这点成为可能。但是泡利在上述献给德布洛意的那本集子里指出，这种态度要导致矛盾；因为隐变量在统计热力学的问题里必然要显示它们的存在，而且要使玻色分布或费米—狄拉克分布发生长期的畸变。

这样看来，保守的唯粒子论者的运动是可以废止的了。

薛定谔从一开始就采取相反的观点，认为整个物理学都是波动论，没有什么粒子，也没有什么定态和跃迁，而只有波。我前面

---

① 该书开列的文献要比这里给出的文献形式更为完整。本文末尾文献目录里开列的文章，文中援引时仅仅用了“以及其他等人”几个字。

提到普朗克是欢迎这个想法的;但是,绝大多数物理学家仍然在使用粒子图像,仍然在说原子、电子、原子核、介子等。

最近(1952 年),薛定谔又开始了他的澄清活动,他热烈主张,不仅要把粒子,而且还要把定态、跃迁等从物理学中赶出去。导致他发现波动力学的动机,是他对玻尔的瞬时“量子跳跃”的极度嫌恶。当他能够用众所周知的无害的波共振现象来表示所有这些“荒谬东西”的时候,我们是能理解他的胜利之感的。

我个人也许有个类似的动机,想把矩阵宣称为唯一实在的东西。请让我放纵一下个人的回忆吧。当海森堡发表那篇基本文献,从量子论里清除了经典残余并且用跃迁振幅表述了它的时候,他正在做我的助教,他很有才华,但很年轻,还不很博学。事实上,他当时并不确切地知道矩阵是什么,所以当他感到困惑的时候,就来请我帮忙。经过一番努力之后,我找到了和矩阵代数的关系,我还记得当我弄清楚海森堡的量子条件就是矩阵方程 $qp - pq = ih$ 的时候,我所感到的惊奇。如果不是我而是海森堡在这里,他也会告诉你们同样的故事。量子力学的矩阵形式首先是由我在我的学生约当合作之下发表的①。

然而,我现在没有而且从来也不曾特别偏爱过矩阵方法。当薛定谔的波动力学发表的时候,我马上感到它要求非决定论解释,我猜想 $|\psi|^2$ 就是几率密度;但是经过相当时间以后我才找到了有利于这个想法的物理论据,这是指碰撞现象和外力引致的跃迁。

① 在文献里,关于量子力学的早期情况几乎每个地方都说错了。我在《关于因果和机遇的自然哲学》一书里曾经举了另外几个例子。

当时发生了一件奇怪事情:海森堡首先表示不同意,而且责难我不忠实于矩阵力学的精神。但是他不久就改了主意,并且借助他的测不准关系使粒子和波取得了惊人的调和。

现在我得回来谈谈薛定谔对粒子和量子跃迁的非难。这个非难不能证明是错误的,因为可以解释为多维空间中的波的 ψ 函数,包含着全部的物理知识——只要你知道如何把它和实验联系起来。但这里面有个困难,就是我们除了用物体和物体的运动这些术语以外,别无其他语言可以描述我们在实验时所做的和所看到的。即便薛定谔本人在企图证明波动语言是至高无上的语言时,也免不了要使用粒子的语言。我在别的地方曾经详细讨论过这个问题(1953),所以在此无须重复。我认为薛定谔的建议是不能实行的,而且违反时代的精神。

可是我不希望有人产生这样的印象,以为我相信目前量子论的解释乃是最后的解释。我只是觉得,回到牛顿的决定论是不可能的。

现在我应该履行我的诺言,说说我对未来的看法了。

当代物理学的基本问题是关于基本粒子和相应的场的问题,特别是关于稳定性或不稳定性、质量、自旋的特性、相互作用等等的解释问题。这是个庞大的节目单,里面包括整个核物理和宇宙射线的研究,而且肯定要引导到目前的量子力学范围以外去,因为基本质点的问题和粒子自能的困难有关。大家知道,电子的自能甚至在经典的麦克斯韦—洛伦兹理论里就是无限大。在量子论里,除了这个原始型的无限大 $\frac{e^2}{a}$ 之外(e 是电荷,a 是半径,取 $a\to0$

的极限),还有许多其他类型的发散积分。我仅仅从远处尾随着这些研究,但我的印象是,通过朝永振一郎(1946)和许温格所开端的工作,已经找到一种解决问题的方法,那就是用一种所谓"重整化"的深奥数学方法把实际的固有奇点分离出来,如果它们是无限大,就可以采取一种方法消去,只要假定相对论性不变性,这方法就是唯一确定的了;这样得到的公式可以给出确定而有限的结果。狄拉克关于这个理论曾经写道(1951):"这是一个不好的而且不完全的理论,不能认为是对电子问题的满意解答",他建议了另一种理论。我觉得他这个意见的前一部分太苛刻了,因为要是一种工作形式掌握在内行人的手里能够解释像氢谱项的兰姆—卢瑟福移动(1947),朗德磁因子的偏差等等这些精细效应的话,那就算得上是一个巨大成就。但我同意这样的看法:这个理论是不完全的,它没有直接接触到实际问题,而是巧妙地避开了它。狄拉克建议采取的另一种理论的主要思想是,电荷之以有限量子的形式出现(即电子之出现),必定是一种量子效应;因此相应的经典理论应当是纯粹的波动论。他把通常的公式稍加修改了一下,就得到了这样的波动论,但是在量子化的问题上仍未取得成功。很可能,电磁场及其电荷的满意理论是永远不能得到的,因为在处理质子和电子时不能不考虑到其他粒子。

现代物理学最明显的特征就是发现了越来越多的不稳定性粒子,称为介子。为了实际的目的,人们对每种类型的粒子都建立了一些线性的波动方程,其中含有它们之间的非线性相互作用耦合项。显然,这样做只是开端,将来总有一天要被一个统一的物质理论所代替,在这个理论中,各种粒子的质量将表现为算符的本征值或方程的解。现在普遍认为这个理论应当包含一个绝对长度 a 或绝对动量 $b=\frac{h}{a}$,并且认为在大小为 a 的区域内,几何学也许成为毫无意义的。为了表述这种情况,汤川秀树已经作了一次值得注意的尝试(1949);他不是把场的分量 ϕ 看成空间坐标 x,y,z 和时间 t 的函数,而是把 ϕ 和 x,y,z,t 同时看成不可对易的量,并且在它们之间假定了某些对易规律,这些规律乃是通常微分方程的推广,并且当所有的距离都远大于绝对长度 a 时,它们便过渡到通常的微分方程。汤川秀树、摩勒(1951),赖斯基(1951)以及其他等人证明了,这样一来,自能的发散性和其他这类困难就都能够避免。

第一个清楚地看到统一各种粒子理论之必要的是爱丁顿。但是那时只知道两种粒子,即质子和电子。因此,介子的发现使他的尝试多少成为过了时的,更不用说他那有些幻想的根据了。〔他的主要假设导致如下结果:精细结构常数的倒数 $\frac{1}{\alpha}=\frac{hc}{e^2}$ 具有整数值137,这几乎和最近的观测相符,但并不完全相符,最近的观测导得的数值是 $\frac{1}{\alpha}=137.0364\pm0.0009$(Du Moud & Cohen,1951)。〕

我不能讨论为了统一各种不同场而进行的许多尝试了。其中大多数都可以归入如下的方案:

波动方程 $(\Box+m^2)\psi=0$($\Box$是达朗伯算符)可改为 $f(\Box)\psi=0$,式中 $f(\xi)=(\xi-\xi_1)(\xi-\xi_2)\cdots(\xi-\xi_n)$ 是一个 n 阶多项式;这方程所描述的是 n 个质量为 $m_1=\sqrt{\xi_1},\cdots,m_n=\sqrt{\xi_n}$ 的独立粒子运

动。如果不用□而改用狄拉克算符,则自旋也可考虑在内。布哈布哈(1945)以及其他等人曾根据具有较高自旋的粒子的考虑,导得了这种类型的一些理论。我曾建议采用另一种方法去决定函数$f(\xi)$,把这个问题和无限大的问题联系了起来。我们可在$f(\xi)$上加上一个无零点的超越因子。例如在一个变量q的情况下,如果有微分算符p^2-m^2,而$p=-ih\dfrac{\partial}{\partial q}$,则可加上因子$\exp\left(-\dfrac{1}{2}p^2\right)$$\left(\text{这里 } p \text{ 的单位取作 } b=\dfrac{h}{a}\right)$。这样做了以后,首先得到的结果是可能的动量值被截断了,因而可以消除无限大。其次是,我们可以给表达式$(p^2-m^2)\exp\left(-\dfrac{1}{2}p^2\right)$以适当的解释,从而定出质量$m$;当$m^2=2$时,这表达式是$p$的第二厄米函数,因此与傅立叶变换式相同。这点启示我们去应用一个一般原理,即整个物理学都可用变换群及其不变量表述出来。如果假定有逆的不变性(即与傅立叶变换相反的),似乎就有可能用(厄米)多项式之根定出一组质量。然而薛定谔曾指出,这在四维时空中要出现严重困难。

与上述考虑完全独立地,派斯和乌伦贝克(1950)以及其他等人也研究了借助因子exp(-□)消去无限大的方法。

对理论结构的最根本的改变(1943),是海森堡提出的。他相信存在一个绝对长度$a\sim10^{-13}$厘米或绝对时间$\tau=\dfrac{a}{c}\sim10^{-24}$秒,于是他怀疑在小于$a$和$\tau$的空时间间隔内,通常借助哈密顿函数描述物理系统的做法是否还有意义。我们真正能够观测得到的,

只是在远大于τ的时间间隔内的一些变更的东西。如果系统在时刻t_1的状态是用$\psi(t_1)$来描述,在时刻t_2是用$\psi(t_2)$来描述,则我们有理由假设,在方程

$$\psi(t_2)=S(t_1,t_2)\psi(t_1)$$

中,跃迁算符$S(t_1,t_2)$在$t_2-t_1>\tau$时方有物理意义,特别地说,它的数值$S(-\infty,\infty)$有物理意义。这算符常称为S矩阵。例如在碰撞过程中,我们都是在碰撞前和碰撞后观测粒子,如果知道粒子在碰撞前的分布,那我们所关心的只是要知道碰撞后的分布。海森堡认为一切企图描述碰撞过程本身的尝试都应当放弃。

相对论性不变性的假定在这个理论里产生了一些奇怪的矛盾。事件的时间秩序,从而因果关系,在短时间间隔内被破坏了。例如,粒子也许在产生碰撞以前即被吸收。但是海森堡对此作了一种解释(1951):这些反常情况或许在原则上不能观测到,因为仪器也具有原子性结构。

根据对应原理,S矩阵理论在绝对长度或绝对时间不起重要作用的情况下必须过渡到通常的哈密顿理论。海森堡得到的结论是:很可能,通常关于相互作用的假设是不充分的。对这些假设所导致的哈密顿函数,可以进行上述意义的重整化。实际上,有些迹象表明需要有更彻底的非线性。他在最近的一篇论文中(1952)从这个观点出发讨论了介子的簇射过程,并且应用了一种非线性场论,那是我在近二十年前发现的一个理论,曾在茵费尔德的合作下发表过(1933,1934)。这个理论是麦克斯韦电动力学的修正,在此理论中电子自能是有限的。米逸还在1912年便已指出,电磁场方程可在形式上加以推广,即把两对场矢量**E**,**B**和**D**,**H**之间的

线性关系改为非线性关系。可是他没有指明这种关系,所以他的理论形式一直是空洞的。

我在此应用的观念是瓦爱塔克称之为无能原则(1949)的特殊情形。如果科学研究遇到了障碍,而费尽一切努力都不能消除它的话,理论就宣称它是原则上不可克服的。热力学第一定律和第二定律就是著名的例子,这些定律可以从第一种永动机和第二种永动机不可能制成的说法导得。别的例子是相对论和量子力学的测不准关系,相对论宣称物体的速度和信号速度不可能大于光速,而测不准关系则不容许我们同时决定位置和速度以及类似的成对的量。

在电磁场情形下,如果让电矢量 **E** 到达一定的界限以后不容许再有增加,自能就可以成为有限的了;这个界限是绝对的场。我们可以模仿相对论做到这点,相对论里是把自由粒子的经典拉格朗日函数改为 $mc^2\left[1-\left(1-\frac{v^2}{c^2}\right)^{\frac{1}{2}}\right]$,由此便可推知 $v<c$。同样,麦克斯韦电动力学里的拉格朗日函数密度可以改为一个平方根表式。这样就可以得到点电荷具有有限大的自能,它不仅代表惯性质量,而且正如薛定谔所指出的,还代表引力质量。

在我看来,这个理论更重要的成就在于它的最低非线性项可以拿来和狄拉克空穴理论(空穴的产生是由于所谓"真空的极化")中相应的项相比较,从而可以估计精细结构常数,这个估计是海森堡和他的学生欧勒及考克尔获得的(1935,1936),并且得到瓦爱斯考普的证实。结果是$\frac{1}{a}=\frac{hc}{e^2}=82$,尽管这个数值太小,但是具有正确的数量级。我认为这方法似乎是推导$\frac{1}{a}=137$数值的唯一合理尝试。

非线性理论至今还没有得到普遍支持,这一方面是由于量子化的困难,一方面是由于海特勒提出了反对意见,我当时认为这个意见似乎是令人信服的。他说,经典电子论认为普朗克常数 h 可以忽略不计,而电荷 e 却认为是有限大的——这是毫无意义的,因为$\frac{1}{a}=\frac{hc}{e^2}=137$是个大数。

海森堡在找寻一种非线性场论作为其 S 矩阵理论的极限情形时,接收了上述的平方根方法,把它应用到核子所产生的介子场上。但是,他是把它应用到一个完全不同类型的问题上,即应用到核碰撞中所产生的介子簇射上。在此情况下,海特勒的反对意见就无关紧要了。如果分析一下海森堡的做法,就可看出他所依靠的不是取 $h\to 0$ 的极限,而是取 $N\to\infty$ 的极限,这里 N 是场的量子数。事实上,玻尔一开始在表述量子论如何过渡到它的经典极限时,心中就有了这两种情况了。(同样的考虑也可以说明上述对精细结构常数的估计是合理的。)

海森堡研究了两个核子的碰撞,每个核子都是一个介子场源,遵从他的非线性场方程。在很高的碰撞能量下,介子量子数一定很大,因此可以应用经典的波动方程。此 ψ 波所带有的总能量可表为一个对函数 $u(\mathbf{k})$ 的一切波矢 $\mathbf{k}$ 所取之积分;如将 $u(\mathbf{k})$ 除以能量子 $h\nu$,这里 $\nu-c|\mathbf{k}|$ 是 $\mathbf{k}$ 波的频率,并将结果对一切的 $\mathbf{k}$ 取积分,就可以得到发出的量子总数 N。用这个方法还能证明,在上述

类型的非线性理论中可能有介子的并联产生，并能估计 N 的值。

但是，这种并联簇射的观念受到大家剧烈的反对，特别是受到海特勒的反对，他认为观测事实可以用多重产生来解释。实验不是用两个相碰撞的核子进行的，而是用一个核子去打击另一个核；这样，核子和介子的级联簇射就会发展下去，因而介子的簇射就会和核子或较大的裂片混杂在一起。海特勒在写给我的一封信里引述了台尔雷克斯的实验结果（1951，1952），认为这些结果证实了级联理论，他还引述了麦克科斯克的一些尚未发表的工作。实验是使簇射在炭层和含有同样多个碳原子的石蜡层中产生；这样可以推知氢原子的影响（质子—质子碰撞），结果说明，直到 3×10^{10} 电子伏都未观测到并联产生。然而这和哈海耳及共合作者的实验有着明显的矛盾，我是从海森堡的来信里知道这些实验的；实验是借助计数器研究炭层和等质量的石蜡层（具有同样多个核子），计数器可以记录三个以上的穿透粒子。

结果说明，氢原子在并联产生中十分起作用。海森堡还送了我一张簇射照片，其中包含 16 条介子径迹，但无重粒子径迹。他认为这就是并联产生的证据，但也许同样有理由说，这是全部重粒子刚好都是中子的级联簇射。

刚刚在几天前，我注意到维达耳和斯契因的一篇论文（1951），如果确实的话，这篇文章是会解决争端的。他们用气球把自记仪器带到了九万英尺以上的高空，并且用计数器观测了液态氢里发生的簇射。结果似乎有利于并联簇射，但是原初粒子都是核子（质子）的假设仍然不能肯定。我有这样的看法，就是，海森堡的大胆思想在方向上是对的，这个方向显然不是倒退的，而是向新的抽象、新的思想格式前进的方向。

直到现在我只考察了基本粒子微观世界里引出的概念问题。宏观宇宙的问题同样是重要的，这些问题和广义相对论有着密切关系。但是我不是天体物理和宇宙论方面的专家，所以只想稍微谈谈这个大问题。

自从爱丁顿以后，我们已经知道原子世界和宇宙之间有着密切的关系。爱因斯坦本人一直不断在进行尝试，企图把粒子和量子的出现解释为一种统一的引力电磁场里的奇点。但是我不相信挑选这两种类型的场就能达到真正的统一，更不必说我认为量子论是不能归结为经典概念的。天体物理提出的最重要的观念，就是关于物质自发产生的想法。关于这个问题有两种说法，一种是由荷爱耳、崩迪和果耳德提出的（1948），他们假定空间各处不断产生着氢原子；还有一种说法是由约当提出的，他假定全部星球甚至银河系都是瞬时产生的，然后作为超新星而出现。两种理论有一个共同点，就是都反对宇宙历史观，这种观念是关于星云退离现象（虎布尔效应）的最简单的解释所启示的。这个解释说，宇宙大约在 200 亿年以前从高度聚集的状态开始膨胀。与此相反，两种理论的目的都是要把世界看成处于稳定的状态，在此状态下，产生出来的物质和在无穷远处（就是当它达到光速的时候）消灭掉的物质正好同样多。

上述两种理论的创始者都建议修改爱因斯坦的场方程。荷爱耳原来的理论并没有遵循通常的拉格朗日式样，而这种式样是可以保证因果关系和广义相对论相容的。因此，十分奇怪的是，他似乎准备放弃广义相对论。麦克雷艾最近曾指出那是不必要的

(1951),如果假设普遍存在一种宇宙压强(除了普通物质和能量所产生的压强之外),就可以保留相对论方程。

约当理论的根据是狄拉克的观念(1937),按照这个观念,引力常数 K 实际上不是常数,而是引力场的 10 个分量 $g_{\mu\nu}$ 之外的第 11 个(缓慢变化着的)场变量。这个意见绝不是随便提出的,而是根据有关宇宙常数数量级的某些有力论据。约当还进一步指出,从群论的观点看,他的方程比带有常数 K 的方程更为可取,他认为大块物质的产生并不意味着违反能量守恒定律,而只意味着引力能量辅变成了物质。

两种假说都得到相当数量的实验证据的支持,当然,有许多证据并不是直接的观测,而只是提出一个和事实相符的统一而合理的宇宙图像罢了。我还不能断定谁更接近真理。

我所以谈到这些观念,是因为未来的物质理论不能忽视对宇宙的看法。我很可能漏谈了其他的重要意见,这是我要表示歉意的。

最后回到这次演讲开头的几句话。我可以说,从我学生时代起的这 50 年期间,已经取得了许多成就;许多问题得到了解决,而在 1900 年左右这些问题甚至还没有提出来。但是,目前的时代似乎提出了更多的谜,也许还是更困难的谜。我的目的是要说明,我们的概念装备一定能够对付它们,只要我们不回头去留恋那美好的旧时光,而是向前去作科学发现和解释事物的新探险。

参考文献

Bhabha, H. J. (1945) *Rev. Mod. Phys.*, **17**, 200; (1948) *Report of* 1946 *Inter-*

national Conference, I: *Fundamental Particles*(London: The Physical Society), 22; (1949) *Rev. Mod. Phys.*, **21**, 451; (1951) *Phys. Rev.*, **77**, 665.

Blokhintzev, D. (1950) *Upsekki fisick nauk*, **42**, 76; (1951) 同上, **44**, 104.

Bohm, D. (1952) *Phys. Rev.*, **85**, 166, 180.

Bondi, H. & Gold, T. (1948). *Mon. Not. Roy. Aslr. Soc.* **108**, 252.

Born, M. (1933) *Nature, Lond.*, **132**, 282; (1934) *Proe. Roy. Soc.* A, **143**, 410; (1953) *Brit. F. Phil. Sci.*, **4**, No. 14, 95.

Born, M. & Green, H. S. (1949) *Proc. Roy. Soc. Edinb.* A, **62**, 470.

Born, M. & Infeld, L. (1933) *Nature, Lond.*, **132**, 970, 1004; (1934) *Proc. Roy. Soc*, *A*, **144**, 425.

de Broglie, L. (1926) *C. R. Acad. Sci.*, *Paris*, **188**, 447; (1927) 同上, **184**, 273; **185**, 380; (1952) 参看 *De Broglie*, *Physicien et Penseur*(Paris: A. Michel).

Dirac, P. A. M. (1937) *Nature, Lond.*, **139**, 323; (1951) *Proc. Roy. Soc. A*, **209**, 291; (1952) 同上, **212**, 330.

Du Mond, J. W. M. & Cohen, E. R. (1951) *Phys. Rev.*, **82**, 555.

Eddington, A. (1928) *Proc. Roy. Soc.* A. **121**, 524; 122, 358; 也可参看 *Relativity Theory of Protons and Electrons*(Cambridge: University Press, 1936).

Euler, H. (1936) *Ann. Phys. Lpz.*, **26**, 398.

Euler, H. & Heisenberg, W. (1936) *Z. Phys*, **98**, 714.

Euler, H. & Kockel, B. (1935) *Naturwiss.*, **23**, 46.

Fierz, M. (1939) *Helv. Phys. Acta*, **12**, 3.

Fierz, M. & Pauli, W. (1939) *Proc. Roy. Soc.* A, **173**, 211.

Frenkel, J. (1950) *Upsekki fisick nauk*, **42**, 69; (1951) 同上, **44**, 110.

Heisenberg, W. (1943) *Z. Phys.*, **120**, 313, 673; (1951) *Festschrift Akad. d. Wiss. Göttingen*, p. 50; (1952) *Z. Phys.*, **133**, 65.

Hoyle, F. (1948) *Mon. Not. Roy. Astr. Soc.*, **108**, 252.

Jordan, P. (1944) *Phys. Z.*, **45**, 183; (1947) *Die Herkunft der Sterne* (Stuttgart: Hirzel); (1949) *Nature, Lond.*, **164**, 637; (1952) *Schwerkraft und Weltall* (Braunschweig: Vieweg).

Karplus, R. & Klein, A. (1952) *Phys. Rev.*, **85**, 972.

Kockel. B. (1937) *Z. Phys.*, **107**, 153.

Lamb, W. E., Jr. & Retherford, R. C. (1947) *Phys. Rev.*, **72**, 241; (1949) 同上, **75**, 1325, 1332; (1950) 同上, **79**, 549.

McCrea, W. H. (1951) *Proc. Roy. Soc.* A, **206**, 562; (1951) *F. Trans. Victoria Inst.*, **83**, 105.

Madelung, E. (1927) *Z. Phys.*, **40**, 322.

Mie, G. (1912) *Ann. Phys.*, *Lpz.*, **37**, **511**; 39, 1; (1913) 同上, **40**, 1.

Mϕller, G. (1951) *D. Kgl. Danske Vidensk. Selskab, Mat-fys. Medd.*, Nos. 21 & 22.

Neumann, J. von (1932) *Malhemalische Grundlagen der Quanten-mechanik* (Berlin: Springer Verlag), pp. 167—171.

Pais, A. & Uhlenbeck, G. E. (1950) *Phys. Rev.*, **79**, 145.

Peierls, R. & McManus, H. (1948) *Proc. Roy. Soc.* A, **195**, 323.

Rayski, J. (1951) *Proc. Roy. Soc.* A, **206**, 575; (1951) *Phil. Mag.*, **42**, 1289.

Schrödinger, E. (1952) *Brit. F. Phil. Sci.*, **3**, 109, 233.

Schwinger, J. (1948) *Phys. Rev.*, **74**, 1439; (1949) 同上, **75**, 651, **76**, 790.

Stückelberg, E. C. G. & Petermann, A. (1951) *Phys. Rev.*, **82**, 548; (1951) *Helv. Phys. Acta*, **24**, 317.

Terreaux, Ch. (1951) *Helv. Phys. Acta*, **24**, 551; (1952) *Nuovo Cimento*, **9**, 1029.

Tomanaga, S. (1946) *Prog. Theor. Phys.*, **1**, 27, 以及接着几篇文章。

Vidale, M. L. & Schein, M. (1951) *Nuovo Cimento*, **8**, 1.

Weisskopf, V. (1936) *Kgl. Danske. Vidensk. Selskab.*, *Mat-fys. Medd.*, **14**, 6.

Weizsäcker, K. F., von (1949) *Die Geschichte der Natur* (Stuttgart: Hirzel); (1951) *Zum Weltbild der Physik* (Stuttgart: Hirzel).

Whittaker, E. T. (1949) *From Euclid to Eddington* (Cambridge: University Press).

Yukawa, H. (1949) *Phys. Rev.*, **77**, 219.

量子力学的诠释

〔首次发表于 *The Britsh Journal for the Philosophy of Science*,4 卷,1953 年。〕

下面几页是回答欧文·薛定谔的一篇文章的,文章发表在 1952 年这本期刊的八月号和十一月号上,题为“有没有量子跳跃?(一)和(二)”。关于这个问题曾定在 1952 年 12 月 8 日的科学哲学家会议上进行讨论,我被邀致开幕词。我比较勉强地接受了这个光荣;因为我觉得,把我同我一个最好、最老的朋友在一个根本问题上的分歧公之于众,那是很尴尬的。但是我接受这个要求也有几个动机。首先,我相信科学问题上的意见不同决不会动摇我们的友谊。其次,其他一些要好的,和薛定谔齐名的老朋友,例如 N. 玻尔、海森堡,还有泡利,也和我有同样的意见。我参加这次讨论薛定谔文章的第三个,也是最重要的一个理由是,这篇文章在文笔上的不可否认的优点,它在历史和哲学方面的广度,以及论证方式的巧妙,也许会使那些不是物理学家而对一般物理学观念有兴趣的人产生思想上的混乱。

由于薛定谔因重病缺席,12 月 8 日的讨论计划多少有些落空。我宣读了准备好的开幕词,回答了一些问题。但是,这对薛定谔本人来说当然不很公正。所以我要以书面形式说说我的立场。下面是我在讨论会上所作开幕词的稍加扩充的形式。即使这样，它也决不能谈到薛定谔的全部论点，而只能谈一些我认为适合在哲学家中间进行辩论的问题。

1. 薛定谔立场的重述

整个分歧与其说是物理学内部的问题，还不如说是它对哲学和一般人类知识的关系问题。在我们理论物理学家中，包括薛定谔在内，任何人在面临实际问题时都会采用相同的或者至少是等价的数学方法；如果我们要获得具体结果，我们的预言和我们安排实验验证的处方实际上也会是一样的。要是有一个哲学家跑来问我们：你所用的字眼的真正含义到底是什么，你怎能说电子有时是粒子，有时是波，等等呢？仅仅在这个时候，我们才会有意见的不同。诸如此类关于我们所用字眼的真正含义问题，也和数学形式一样的重要。薛定谔反对量子力学形式通常解释中所用的字眼，他建议用一种简单的、咬文嚼字的语言，认为它也能应付局面。我们回答道，这样的咬文嚼字不仅由于累赘不堪而完全不能实行，而且从历史的、心理的、认识论和哲学的观点看，也是十分不正确的。

我想大家都读过薛定谔的文章。他的主张可以概括为下面几句话。物理世界唯一的实在乃是波。没有什么粒子，也没有什么能量子 $h\nu$；它们都是由于错误地解释干涉波的共振现象而引起的幻觉。这些波与整数之间的联系方式是早在弦振动和其他乐器振动里就已经熟知的一种方式，这些整数蒙骗了物理学家，使物理学家以为它们就是粒子数。但是有一个作为量子力学之特征的特殊的共振规律,按照这个规律,两个相互作用系统的本征频率之和应当保持不变。物理学家曾经把这解释为适用于粒子的量子的能量守恒定律。但是并没有这样的事。要想用粒子来描述物理现象而不和它们在空间传播方面多次确证了的波动性相矛盾的任何尝试,都要导致不可能和不可接受的概念,例如假设粒子从一个定态到另一定态的量子跳跃不需要时间。而且,当你试图描述由粒子组成的气体时,你非剥夺粒子的个性不可;如以符号(AB)表示 A 在此地某处而 B 在另一处,则(AB)和(BA)这两种情况不仅在物理上不可分辨,而且从统计上看只代表一种情况,并非两种情况;常识也要求这样做。如果抛弃粒子概念而只用波的观念,所有这些困难以及许多其他困难就都可以不出现了。

2. 有没有原子

仅仅在几年以前,薛定谔曾经发表过一篇题为"量子力学的2500年"的文章,文章着重强调了这样一点:普朗克之发现量子,乃是从原子学派奠基者希腊哲学家罗西普斯和德谟克里特那里开始的一个持续发展的顶点。他当时显然认为,物质是由最终不可分的粒子即原子所组成的观念,是一个巨大成就。如今他却抛弃了这个观念,因为这个方案的执行使我们的逻辑机器发生了一些轧轧的噪声。

在薛定谔反对量子力学的通常解释的许多论点当中,我看要算这种反对原子论的态度是最无力的一点,事实上也是十分站不住脚的一点。所有其他论点都是比较技术性的,而这一论点则是根本性的。薛定谔这篇文章的两个部分都是以题为“文化背景”的一节开头，他在其中指责当代的理论物理学家丧失了历史连续感，比起先驱者的成绩来，他们是把自己的成绩估计过高了。他举了几个这类过失的例子，我不想进行辩解，但是我认为他本人却算得上一个甚至更有过失的例子。

原子的观念自从在 D. 白努利的气体分子运动论里（1738）和道尔顿的化学里（1808）获得新生以来，已经成为一个如此富于成果和有力的观念，以致在我们看来，薛定谔企图推翻它简直是一件冒失之举，无论如何都是显然违反历史连续性的。

3. 用波来代替原子

如果他能够提供一个更好更有力的代替者，这一违反就是有正当理由的了。这就是他所声言的。他说，物理学和化学中的每一事物，都可以用波来描述。普通读者一定把这句话的意思理解为这样：那是指普通三维空间中某种普通的还不清楚的实物波。仅仅在第二部分的最后一节（241 页），他才指出，我们一般要研究多维空间中的波，但是，“用一般词汇详细叙述它不会有什么价值”。我认为这是很主要的一点，必须加以讨论。但在此以前，我想说一下，我是把薛定谔的波动力学看成理论物理全部历史中最可钦佩的巨大成就之一的。我也知道他的动机是他不喜欢玻尔的定态和量子跳跃理论，他想用某种更合理的东西去代替它。当他成功地把那些可憎的定态解释为无害的特征振动，认为神秘的量子数类似于音乐中的泛音时，我是十分理解他所感到的狂喜的。

他爱上了这个观念。

我个人对波当然没有什么迷爱。我和海森堡、约当一起被卷入到另一种方法即矩阵力学的发展中;在矩阵力学里,定态和量子跳跃自然有它的位置。但是我没有特别偏爱过矩阵理论。当薛定谔的波动方程刚一发表的时候,我就把它用到碰撞理论上;这曾经启发我去把波函数解释为几率振幅。我欢迎薛定谔关于波动力学和矩阵力学在形式上等价的精巧证明。我并不为矩阵力学或狄拉克对之所作的推广进行袒护它们的辩护,也不去攻击波动力学。我所希望的是要驳倒薛定谔文章里的夸张,因为非内行的读者从文章里一定会得到一种印象,以为所有现象都能用普通空间中普通的波来描述。

物理学家知道事实并不是如此。在二体问题情况下(例如氢原子),我们可以把波动方程分解为两个,一个是质心运动的方程,另一个是相对运动方程,两者都是三维空间中的波动方程。但在三体问题情况下(例如氦原子,它有一个核和两个电子),这已经不可能了;我们需要用六维空间描述相对运动。在 N 个粒子的情况下,我们需要 $3(N-1)$ 维空间,仅仅在特别场合它才可以简化到较少维数。

但这就是说,简单性、明显性(即在空间中看到过程的可能性)这些要求都成了空话。[1] 事实上,多维的波函数无非是理论形

① 薛定谔在不久前发表的另一篇文章(Lonis de Broglie, Physicien et Penseur'ed. ALBIN MICHEL, Paris, 1952)里指出,利用二次量子化可以把波的三维性拯救出来,但这时还是要丧失“明显性”,而且 ψ 函数的统计性质要以甚至更深奥更抽象的方式引进来。

式中 ψ 这个抽象量的一个名字而已，有些现代的理论家还给了它一个更书生气的名字，叫作“希尔伯空间中的态矢量”。除了最简单的现象以外，任何想用这些多维波函数描述现象的尝试都等于是把数学公式的简洁内容用普通的语言文字表达出来。这不仅会极为烦琐，而且实际上也不可能。

事实上，薛定谔也没有在这方面作过任何尝试。他所选择的全部例子都是能够用三维波函数描述的。用粒子的语言说来，他仅仅限制在相当于独立粒子（无相互作用的粒子）的情形。然后他证明，这些粒子的行为并不像一些很好的、优良的、沙粒似的粒子所应当有的那种行为。

4. 为什么原子是不可缺少的

我觉得，尽管有这些反常行为，粒子的概念还是不能放弃的。

我已经说过，整个问题几乎和理论物理学家的计算毫不相干。但是，如果他要把他的结果和实验事实联系起来，他就要用物理仪器去描述它们。这些仪器是由物体构成的，而不是由波构成的。因此到了一定地方，波的描述即便可能，它也总必须和普通物体联系起来。这些可触摸物体的运动所遵从的规律无疑是牛顿力学的规律。因此，波动论必须提供一种手段，可以把它的结果翻译成通常物体力学的语言。如果说，这已被系统地做出来的话，那么联系的纽带就是矩阵力学或它的推广之一。我看不出怎么可能避免从波动力学向通常固体力学的这种过渡。

让我们反过来从另一方面，也就是从普通物体方面出发来看看这件事。普通物体可以分割成部分,再分割成更小的部分。希腊人的观念是,这个程序在某处有个终点,那时候,这些部分就成为不可分割的粒子,即原子。

现代理论在一定程度上修改了这个看法,但我无需去谈大家都知道的细节。依靠分割再分割所得到的许多部分,直至达到化学原子前,在物理本性上都是相同的。化学原子并非不可分割,而是它的部分具有不同的本性,那是一些性质更难以捉摸的粒子,即核子和电子。这时我们发现,最小的单位(化学原子)不仅具有不同的性质,而且具有明显的奇异性质;如果你总是期望找到你所熟悉的东西的话,你就发觉它们是奇异的了。核子和电子更是如此。它们的行为和你当初研碎材料得到的粉末粒子不同。它们没有个性,它们的位置和速度只能以有限的精确度(按照海森堡测不准关系)来确定,等等。我们能不能因此说,哎呀,不再有什么粒子了,我们必须遗憾地放弃使用这个简单而诱人的图像了?

我们能这样说,只要采取严格实证主义的观点,即认为唯一的实在乃是感觉印象。所有其余的东西都是人心的"组织"。我们能够借助量子力学的数学工具去预言实验者在一定实验条件下将观测到的东西,例如电流计指示的电流,照相底片上的径迹。而要问现象的背后是什么,是波还是粒子,抑或其他东西,那是没有意义的。许多物理学家都采取了这种观点。我完全不喜欢它,薛定谔也是如此。因为他确认在现象背后、在感觉印象背后有着某种东西,那就是运动在一种仍然了解得不够的介质中的波。最近,一位美国物理学家玻姆采取了相反的观点;他声称,借助于用来描述不可观测的"隐"过程的参数,他能够用普通的粒子解释全部量子力学。

5. 怎样修改原子概念

我认为这些极端主义者的看法没有一个能够保留。量子论的通常解释试图把现象的两个方面,即波和粒子调和起来,这在我看来似乎是正确的方向。我在这里不可能去算那错综复杂的逻辑账。我只想用一些其他方面有类似情况的例子来说明粒子概念如何可以适应新的情况。一个概念在原来意义下显得太狭隘,这当然不是什么新情况。但科学不是抛弃它,而是用了另一种方法,这方法更有成效得多,更令人满意得多。试以数的概念为例。数的原意是指我们现在所说的整数,即1,2,3……。克劳纳克曾说,上帝造出了整数,而其余都是人的作品。的确,如果你把数定义为数东西的手段,那么即便像$\frac{2}{3}$或$\frac{4}{5}$这样的有理数,也就不再是数了。希腊人在把数的概念推广到有理数的时候,只考虑了可以找到一个最小单位(最大公因子)的有限集。但那时他们有了一个重大发现:边长为1的正方形的对角线,即我们写为$\sqrt{2}$的,并不是上述意义的数。尽管他们有着伟大的逻辑天才,但是他们没有进行下一个建设性的步骤。他们没有勇气推广数的概念使$\sqrt{2}$也包括在内,只是发明了一种巧妙而麻烦的几何方法去处理这类情形。差不多有2000年之久,这一直是妨碍数学发展的一块绊脚石。仅仅在现代,才对数的观念作了必要推广,把$\sqrt{2}$这类东西也包括进来,可是仍然叫作无理的数。但此后进一步的推广就接踵而来,人们引进了代数数,超越数,复数。你不能用这些数去计数。但它们有着其他更形式的与整数一样的性质,而以整数为一特例。类似的概念推广在数字中经常见到。然而它们也出现在物理学中。声音当然被定义为你所能听到的,光被定义为你能看到的。但是我们现在也谈到不可闻声(超声),不可见光(红外线,紫外线)。即便在日常生活里,把意义加以推广的这种过程也在进行着。拿民主的概念来说,它原来的意义是指希腊城邦中的政治体制:公民可以在市场上集合起来讨论并决定他们的问题;而今天,是用它来表示由议会代表管理庞大的国家。在俄国,民主甚至意味着某种我们看作和民主相反的东西。因此我们最好还是回到科学的可靠基础上来。

我主张粒子概念的使用必须以同样方式来证明其为正确。它一定要满足两个条件:首先,它必须和原来的粒子观念(粒子是大块物质的部分,大块物质可以看成是由粒子组成的)有某些共同性质(决不是全部性质);其次,这原来的观念必须是一种特殊的,或者更确切地说是极限的情况。

量子力学正是在这个意义上去使用粒子概念的。我看不出它有什么缺点。在我看来,薛定谔的例子好比是禁止希腊人承认单位正方形的对角线代表一个数;因为不难看出,它和一切可能的整数之比不同。接受薛定谔的命题也许不致有同样的不祥结果,因为他没有攻击正式的理论,只攻击了它的哲学基础。他甚至也会容许物理学家和化学家使用粒子的语言,只要带上一个适当的"好似"。设想有一本化学教本是按照这个规定写成的。水的行为表现出它好似由分子 H_2O 组成的,每个分子在反应时又好似由两个

H 原子和一个 O 原子组成的。但是当我们继续说,每个 H 原子的性质说明它好似由一个原子核和一个电子组成的时候,我们就超过"好似"所容许的使用范围了,因为薛定谔在这里坚持说,没有什么叫作电子的粒子,而只有围绕着原子核的带电的波,原子核本身实际上也是某种波。然而,当我们接着想研究这个 H 原子的光电离时,我们又只得依靠他的"好似"来描述盖革计数器的不连续的纪录了。

我们在生活和科学中的全部语言都是通过概念的推广发展起来的,有时候,这些推广开始时被看成"好似"的,但后来就合并成为本身有着正当理由的合法字眼了。为了这个目的,我们必须以合理的方式把使用它们的法则固定下来。N. 玻尔在这过程中曾起了带头作用。它仍在进行着,而且我觉得进行得相当成功。人们当然可以从中挑出若干出现逻辑困难或不调和的地方;这也就是薛定谔所做的。

另一方面,薛定谔也不能不使用粒子或原子这些字眼。它们出现在他的许多例子中;否则他的话就毫无意义。举例说,当他讲到气体的量子统计时,他必须讨论多维空间中的波动方程。如果从粒子的观点看,这方程当然有一简单意义;它是 N 个粒子动能守恒定律的波动力学翻译品。现在,薛定谔不得不和这个翻译品,和他脑子里的这个可爱产儿脱离关系,因为不然的话,他就得承认在某种意义上是有粒子的。他必须认为这 $3N$ 维的波动方程乃是灵感给他的东西,并且已为实验所证实。这是对历史事实的歪曲。

6. 碰撞

虽然我希望避免技术上的细节，但我还是不得不稍微谈谈碰撞问题，薛定谔在几个地方（第6节和第8节）都讨论到它。他认为通常的量子力学处理方法有错误，他指责用词不当的物理学家，向他们宣传说，“科学并非自言自语”，并且预言他们的工作将在2000年的时间里被遗忘，阿基米得或伽利略的工作大约也存在了这么长的时期。他在给我的一封信里声言，“量子力学的几乎所有的伟大成就，都在于令人满意地算出了推广的（能量的）本征值系，每次计算的时候，都是从有关系统本性（哈密顿算符）的一个确定的、多少易于置信的假设出发，根本不牵涉到统计解释。另一方面，有着许多散射实验（相互作用微分截面的计算等等之类）。只是克莱茵—仁科芳雄公式明显地得到了定量的证实。（后者是光或光子被电子散射的公式。）”他还怀疑，由我首先提出并为冯诺爱曼用最普遍的方式表述出来的统计解释也许根本不能用于这些情况。

对此我回答说，我们在原则上只能从发射、吸收、光或电子的散射等实验知道物质系统的能量（哈密顿函数）的本征值。这些过程都是由所考虑的系统和“使者”场（电磁场或光子场，或德布洛意电子场）的相互作用引起的，在我看来，把散射特别挑选出来，以为它比另外两种效应的声名差些，似乎是很任性的。此外，只要看一看文献，例如看一看关于粒子穿透物质的摩特和马塞的名著或N. 玻尔的许多重要文章，以及无数其他文章和书籍，就可看到量子统计的散射定律在很多地方都或多或少地得到了定量的证实,而且还可以看到有一种特别令人信服的定性证实。即使在原子核物理中,尽管关于相互作用规律(哈密顿函数)的知识还很可疑,还很缺乏,但统计理论原理的应用也取得了很大的成功;原子弹就是一个令人难忘的例子。

至于说到薛定谔怀疑跃迁(量子跳跃)的一般理论是否适用于碰撞情况,我是无法领悟他的道理的。他把过程描述成好像碰撞是两个不同能量状态之间的跃迁。事实上,典型的"弹性"碰撞乃是两个能量相同而动量矢量不同的状态之间的跃迁。我原来处理这种情况的方法始终避免牵涉到时间,我考虑的是射入波的一个稳定状态(代表一束"使者"粒子),这个射入波由于和原子相互作用而转变为球面波(代表射出的散射粒子)。在这种考虑过程的方法中,既无初态也无终态;这些在薛定谔看来都是很不明确的概念。这些概念也出现在狄拉克关于碰撞理论的描述方法中,狄拉克发展碰撞理论是为了把碰撞看成依时间跃迁的一般理论的特殊情形(我在关于"绝热不变性"的文章里以及狄拉克在他同时发表的文章里,首先提出了这个理论,后来冯诺爱曼曾加以改进)。但是狄拉克已证明,他的方法(依时间的方法)在数学上和"定态方法"等价;所以,使薛定谔感到困恼的概念困难只是一个如何谨慎表述的问题而已。

他提出的另一个反对意见,是针对我在早期文章中为了去解数学上很复杂的散射方程而引入的近似方法。这方法在一级近似下可以给出合理的、常常很符合实验的结果;但高级近似很难得到,如果算出高级近似的话,在有些情况中会导致发散积分。然而，有些其他方法采用了完全不同的展开式（例如用球函数和贝塞尔函数展开），可以导致数学上严格的结果，并且已为实验很好地证实。

我根本看不出这些纯数学性的反对意见同“粒子—波”或者“量子跳跃”的问题有什么关系。因为，假如承认薛定谔的观点，认为没有粒子只有波的话，散射的计算也会和前面的完全一样；唯一的区别只会是，我们要说射入波和射出波的强度（电磁波，电子波，质子波等等，视情况而定），而不把这个强度解释为粒子出现的几率。薛定谔提出的真正问题是这一几率解释是否有意义。他在数学上的忌讳却与此无关。为了决定这个重要问题，让我们考虑，例如说，卢瑟福关于 α 射线被原子核散射的实验。在这里，由于一种幸运的数学巧合，经典计算（利用遵从牛顿力学定律的粒子）和波动力学计算（在此情况下可以严格地完成计算）给出的是相同的结果。数一数射入束和射出束中 α 粒子的数目（不同散射方向上的），就可以证实这结果。结果与计数方法完全无关，无论是用硫化锌荧光屏的闪光，或是用不同类型的计数器，结果都一样。薛定谔怎样说明这个事实呢？就我所知他并无现成的解释。他似乎以为可计数事件的产生不是由于束中的不连续性，而是由于计数仪器的某种特性。但这时又怎样解释结果和仪器类型无关呢？这种无关性甚至达到这样的程度，即通过硫化锌屏上小晶粒的闪光以及连以精密放大仪器的气体管数出同样多个（平均地说）事件。这里，薛定谔反对粒子观念的偏见把他引到一种几乎是神秘的态度；他希望将来会满意地解开这个谜。

7. 结语

我有意不去详细讨论量子力学的统计解释。这不是简单的事,不仅要求复杂的数学形式方面的知识,还要求一定的哲学观点:要求有牺牲传统概念并接受新概念的愿望,比如接受玻尔的并协原理。我绝不是说,目前解释是完全的,最终的。我欢迎薛定谔抨击许多物理学家的心安理得,他们接受通常的解释只是因为它可以工作,而毫不担心基础是否坚实。然而我觉得薛定谔对哲学问题并未作出积极贡献。要来批评一位我所深深钦佩为伟大学者和深刻思想家的朋友的哲学,这对我来说真是很棘手的事。所以我将采用一种薛定谔自己所不屑采用的辩护方法,即引述和我有同样看法的权威人士的意见。我选择泡利作为证人,大家公认他在对量子力学有贡献的学者当中是一位最精确、在逻辑上和数学上最严格的人。我从最近收到的他的一封来信(用德文写的)里译出这么几行来:

> 和一切后退的努力相反(薛定谔、玻姆等人,在某种意义上说爱因斯坦也在内),我可以肯定,ψ 函数的统计性,因而自然规律的统计性——和薛定谔相反,你从一开始就着重指出了这一点——至少在若干世纪内将决定着规律的格式。在以后,比如在有关生命过程方面,可能会找到某些全新的东西,但是梦想走回头路,梦想回到牛顿—麦克斯韦的经典格式(那些先生们所热衷的无非是梦想而已),我看是无望的,那是走

入歧途,是不良的嗜好。而且我们可以加上一句,“那甚至不是一个可爱的梦”。

泡利所指的概念结构的“格式”,你们也许喜欢把它叫作一个时代的哲学态度,它决定着文化的背景。我们的分歧就在于此,所以取得一致的前景是很渺茫的。

论物理实在

〔首次发表于 *Philosophical Quarterly*，139—149 页，1953 年。〕

这个世纪以来，物理世界的实在性的观念变得有些暧昧不明了。我们的技术工业——这是应用物理——生产出来的无数仪器、机械、引擎和零件，这些东西的简单明显的实在性，和物理学基本概念诸如力和场、粒子和量子等的抽象实在性，这之间的对比无疑是使人感到困惑的。在纯科学和应用科学之间，在从事这两种活动的人们之间，已经形成一条鸿沟；这个隔阂可能导致危险的疏远。物理学需要一种可以用普通语言表达出来的统一哲学，以便在这两种分别从实践上和从理论上着眼的“实在”之间的深渊上架起一道桥梁。我不是哲学家，而是理论物理学家。我不能提供一种斟酌得很好的科学哲学，要它对不同学派提出的观念都给以适当的考虑；但是我将尽力表述出某些曾有助于我自己和这些问题进行斗争的观念。

在理论物理学家和科学哲学家中间，有一个思想学派主张一种极度抽象的观点。例如丁格教授在爱丁堡英国学术协会甲组上所作的著名演讲（发表在 Nature 上，168 卷，1951 年，630 页）中，就曾表现出这种哲学;如果要说明我自己的观点,那没有比对照更好的方法了。但在援引丁格的演讲时,我不想进行个人之间的论战;这些援引仅仅是作为适合于发挥我自己的不同看法的例子而已。让我们从这样一句开始:“物理学本身所讨论的量都不是对外间物质世界某些部分的客观性质的估量,而只是我们在进行某些操作时得到的结果。”这看来像是否认有一个预先存在的物质世界;它暗示物理学家并不关心实在的世界,物理学家做实验只是为了预言另一个实验的结果。到底为什么物理学家要辛辛苦苦去做实验,则完全没有得到解释。这个问题好像被看成是不值得科学哲学家一顾似的。我们能否不去问:在一次实验中,那些由钢、铜、玻璃等制造的细心组合起来的调整好的仪器,对事物的性质起着什么作用?难道它们也不是预先存在的物质世界的一部分吗?难道它们也像电子、原子和场那样,只是一些抽象概念,是用来预言下一个实验里要观测到的现象,而这下一个实验又只是一堆幻影的结合?在我们面前的是一种极端的主观主义,称之为“物理学的唯我论”倒是很适当的。如所周知,顽强坚持的唯我论不能用逻辑论证的方法驳倒。但我们满可以说,像这样的唯我论并没有解决问题,而是回避了问题。逻辑上的一致是个纯粹消极的判据;任何学说没有它都是不能接受的,但也没有一个学说仅仅因为在逻辑上有条理就成为可以接受的。支持这种抽象形式的超主观主义的唯一积极论据,乃是一个历史的论据。有人坚持认为,相信存在一个外间世界,这对科学进展来说是无关紧要的,实际上简直是不利的;要很好地理解物理学家在做些什么,那只能依据经验,而不能依据外间世界。

实际情况却很是不同。实验物理的全部伟大发现都是来源于一些人的直觉,他们虽然随心使用各种模型,但对他们说来,模型并非想象的产物,而是实在事物的代表。如果不使用粒子、电子、核子、光子、中微子、场和波等等所组成的模型,而断定这些概念都是无关紧要和无益的,实验家又怎能进行工作并和他的合作者以及同时代的人互通消息呢?

但是,这种极端的观点当然也有一定的理由。我们已经懂得在运用这些概念时需要一定的谨慎。在经典时期或牛顿时期很为成功的那种研究实在问题的朴实方法,现在已被证明为不够的了。现代理论要求重新提出一种规律表述,这种新的规律表述在慢慢发展着,恐怕还不曾到达最终的形式。下面我想指出目前的一些趋势。

第一点是要记住,实在这个词乃是我们日常语汇的一部分,因此它的意义也像许多词一样是不明确的。有些主观的哲学家认为,只有心理世界是实在的,物理世界只是外貌,是没有本体的影子。虽然这种观点在哲学上使人感到很大兴趣,但却不属于我们的讨论范围,我们只讨论物理的实在。这里面还有相当多的其他疑问。一个农民或工匠的实在,一个商人或银行家的实在,一个政治家或军人的实在,这之间肯定很少有共同之处。对其中的每个人来说,最实在的东西就是在他心里占据中心地位的那些东西,"实在"这个词差不多是当作"重要"的同义语来用的。我怀疑是否有一种哲学能给实在的概念下一个定义,而不沾染上某些这类的主观联系。我们的问题是科学能否这样做。

这就导致丁格所强调的第二点:"实在"这个词和概念能否放

弃不用而又无损于科学。我的回答是,只有那些关在象牙之塔里的人,远离一切经验、一切实际活动和观测的人,才能够把它弃之不顾;这种人一心一意留恋在纯数学和形而上学或逻辑里。对现代科学哲学的贡献比谁都大的N.玻尔曾一再强调说,在描述任何实际的实验时,非使用日常语言和朴素实在论的概念不可。如果没有这个使用权,那我们关于事实的任何互通消息都不能想象,甚至连最理想的头脑之间也无法互通消息了。同时,在我们把观念、设计、理论和公式这部分东西和按照这些观念构造起来的真实的仪器和设备区别开来的程序中,它是起着主要作用的。这里,实在这个词的朴素使用,或者说物质仪器之实在存在这个简单的信仰,是头等重要的。我认为以丁格为代表的抽象学派也并不否认这点,虽然他没有这样说。但是他的确禁止把实在的概念应用到原子、电子、场等等这些在解释观测时所用的术语上去。但这两个领域的界限究竟在哪里呢?试从一块属于粗糙实在领域的晶体开始;把它磨成粉末,其粒子小到肉眼看不见。你必须拿一个显微镜来:难道这时的粒子就不是那么实在的吗?在适当的光照下,用超高倍显微镜还可以看到更小的粒子,即胶体微粒,它们看起来是一些无结构的光点。在这些粒子到单个分子或原子之间,有一个连续的过渡。这里超高倍显微镜不顶用了。于是你就用电子显微镜,用它甚至能看到大的分子。实验家生活在里面的那个粗糙实在究竟在何处结束,而实在的观念在其中成为一种幻觉和咒语的那个原子世界又是从哪里开始的呢?

这种界限当然是没有的;要是我们不得不认为日常生活里包括实验所用的科学仪器和物质材料在内的普通东西都是实在的,

那我们也就不能不认为，只有用仪器才能观测到的客体也是实在的。但是，我们把这些东西称为实在的，把它们称为外间世界的一部分，这丝毫也没有使我们陷身在任何确定的描述上；一件东西尽管和我们所知道的其他东西很不相同，但它可以是实在的。

让我们现在讨论几个例子，它们曾被丁格用来说明客观实在的概念在物理学中的失败。

第一个例子是关于物质的分子运动论。丁格讨论了统计方法：这种方法是不牵涉到个别分子的轨道的，为了说明"观测（即外貌）"，算出平均值就够了。丁格认为这种状况"按照公认的哲学说来乃是背叛物理学的真正使命。他们（物理学家）过去献身于研究实在，那是对分子的本性和行为进行研究；而现在他们不再去进行这种研究了，他们忙着去说明，怎样能够用他们对实在的无知来仅仅描述外貌"。我还不能理解是否丁格认为整个分子运动论都是无用的，或者他是否是提议把分子称作"计数品"或"模型"，从而剥夺它们的实在性。因为他丝毫也不想分析一下分子运动论所提供的那些说明分子存在的实际证据。让我稍用几句话大致做一下这样的分析。

从分子运动论导出波义耳定律，这只是确立了用原子论解释的可能性，很难说是证据。但是，如果适当地表述这一推导，就可以引致平均能量有确定的数值，因而比热有确定的数值（对单原子气体是$\frac{3}{2}R$，R 是气体常数），这却是任何唯象考虑都不能提供的事实了。在平均能量的普遍公式里，含有分子的自由度数，或者用丁格的话来说，含有"模型"的自由度数。根据分子运动论对波义耳定律偏差的解释,可以估计出分子的大小,这已为一系列很不相同的现象,诸如热传导、黏滞性、扩散这些不可逆过程所证实。开始时以理论方式引入的许多概念,例如速度分布、自由程等等,都可以用直接的测量来证实并加以测定。分子运动论所预言的涨落现象可从许多方面观测到,例如布朗运动,天空的蓝色等等。当然,照丁格说来,这些都是现象,是"外貌",分子则仍留在背后。但是丁格没有提到主要之点,即分子运动论导致分子具有确定的性质:重量,大小,形状(自由度),相互作用。利用分子假设,由少数分子常数即可决定无数唯象性质。所以,每个新的性质都是分子假设的证实。这些预言里面包括像晶体所产生的劳埃 X 射线图案以及全部放射性现象这样一些令人惊讶的成就。在这里,分子实在性的证据的确很明显。如果说是一个"模型"在威尔逊云室中或照相乳胶里产生一条径迹,那在我看来至少可以说是不恰当的。试把这种实在和下面的例子比较一下:你看到放了一枪,并且在一百码以外有一个人被打倒了。你怎样知道在这个人的伤口里的子弹确实是从这杆枪射入身体的呢?没有人看到这一点,事实上也没有人会看得到,除非是一位科学家经过一番繁杂准备之后,例如安装一部马赫所发明的那种用来拍摄弹道照片的复杂光学仪器,才会看得到。可是我敢说,你一定相信在放枪和人受伤这段短短的时间间隔里,子弹是沿着确定轨道走的,你一定相信子弹在这段时间里实在是在那儿;要不,你是否满足于说,"哦,我不知道,知道放枪和受伤的现象就够了。所有其间的事情都是理论上的想象,飞行中的子弹只是一个'模型',是为了用力学定律说明两个现象之间的联系而捏造出来的"。我不能用逻辑推理的方法驳倒这种看法。我只想指出,要是有人否认那能够看到的原子径迹乃是存在的证据,他就可以否认那不能看到的飞行中的子弹以及许多诸如此类的事物是存在的。

这种奇怪的对分子这类东西的实在性之否认,根源在于把"实在"概念的含义解释为"在每个细节方面都知道"。这并不符合这个词的通常用法。我们觉得全部五亿中国人民是实在的,虽然我们一个中国人也不认得,或者只认得几个人,而对他们的下落、活动、运动和反应什么也不知道。我们觉得恺撒时代的罗马人或孔夫子时代的中国人是实在的,虽然我们不可能有什么方法按照丁格在分子情况下所要求的那种方式验证这点。这些罗马人,现在的和过去的中国人,难道都只是历史学家捏造出来用以联系现象的模型吗?是一些什么现象呢?难道是在报纸上、书本上,或古代墓石上找到的字吗?

所有这些看法都未免是停留在表面上,没有接触到物理学遇到的那些迫使我们要修改基本观念的真正困难。丁格提出的第二个例子是相对论,那还有点接近这些问题。他声称,"按照当代的哲学,实在的物质世界无论看作是由分子所组成或是看作由大物体所组成的,本来都有权利被认为具有种种性质。比如,它的构成物具有大小、质量、速度等等"。他对这点仔细加以推敲以后继续说,"现在,相对论的基本要求是,所有这些性质几乎是完全不确定的了",他举出长度和质量的观念作为例证,因为按照相对论,长度和质量同观测者的速度有关。同一距离由不同的作相对运动的观测者测量时,在一最大值和零之间可以有任何值;同一个质量在一最小值和无限大之间可以有任何值。他得到结论说,"根本放弃把任何性质归诸物质的一切尝试,我们就能越来越多地知道现象之间的关系”。但这是对相对论的错误介绍;相对论从来也没有放弃给物质以各种性质的尝试,而只是改进了进行这些尝试的方法,以便符合某些新的实验,例如著名的迈克尔逊—莫雷实验。

事实上,这个例子很适宜于用来说明问题的根源。问题的这个根源在于一个很简单的逻辑特征,在任何没有唯我论的形而上学偏见的人看来,这个特征都是很明显的,那就是:一个可测量往往不是一个事物,而是事物和其他事物关系中的一个性质。举例来说,试在一块纸板上切下一个图样,譬如说一个圆,并去观察它在远处一张灯照射下投在平面墙壁上的影子。圆的影子一般呈现为椭圆,如果转动这个圆形纸板,你就能使椭圆影子的一个轴的轴长在几近为零和一最大值之间取任一值。这完全类似于相对论中长度的情况:在不同的运动状态之下,长度可以在零和一最大值之间取任一值。要是你想和质量随速度不同而可以在一最小值和无限大之间取任何值这种情况作类比的话,那你可以取一长条香肠来,从不同的倾斜度切成一片片;这些片片将为椭圆形,它的一个轴是在一最小值和“实际上的”无限大之间。回到圆的影子上来说,同时观察几个不同平面上的影子显然就足以确定原来的纸板图样是圆的事实,而且可以唯一地定出它的半径。这半径也就是数学家所称的平行射影变换中的不变量。同样,在一根香肠的所有截面中,也有一个不变量,即面积最小的截面。物理学测量大都不是直接关系到我们所关心的事物,而是关系到某种射影,这个字眼是从最广泛的意义上来用的。我们也可以用坐标或分量这些词表示它。

射影(在我们的例子里就是影子)是相对于一个参考系(影子投射在上面的墙壁)来定义的。一般,有许多等价的参考系。在每个物理理论中,总有一种规则把同一物体在不同参考系中的射影联系起来;这规则叫作变换律,而所有这些变换具有构成一个群的性质,即接连进行两次变换的结果等于进行一次同类的变换。不变量就是对任何参考系都具有同一数值的量,因此它们与变换无关。

物理学概念结构上的主要进展即在于它发现了:从前被当作事物性质的某个量,事实上却只是射影的性质而已。

重力理论的发展是一个例子。用现代数学的语言来说,原始的(牛顿以前的)重力概念是和垂直线或地球平面的法线绝对固定的变换群联系起来的。在这些变换下,重力的大小和方向是不变量,这就意味着重量是物体本身所带有的一种固有性质。当牛顿发现重力是万有引力的特例时,情况就完全不同了。变换群被扩充成这样:空间变为各向同性的,没有固定方向;而重力只是引力的一个分量而已。

相对论使这个发展继续了下去。常称为伽利略变换的经典力学变换是把空间和时间分隔开来的。相对论总结的经验表明,这并不符合事实。我们必须使用一种更广泛的群,叫作洛伦兹变换群,以便把空间坐标和时间密切联系起来。很自然,以前理论当作不变量的那些量,例如刚性系统中的长度,不同地点的时钟所表示的时间间隔,物体的重量等等,现在发觉它们都是射影,是不能直接定出的不变量的分量。还是和影子的情况一样,定出若干这些分量之后,就能找到不变量。结果表明,最大长度和最小质量都是相对论性不变量。如果用长度、时间、质量这些旧名字来称呼作为物体性质的这些不变量，并且为射影造一些新名字的话，这也许是更可取的做法。但科学在这些事情上是出奇地保守，人们已经同意把不变量重新命名为静止长度、原时、静止质量等，而分量却沿用旧名词，虽然它们现在已不是物体的性质，而是物体和参考系的关系。

我以为不变量的概念是建立合理的实在概念的线索，不仅在物理学中，而且在世界的一切方面说都是如此。

变换群及其不变量的理论是数学中早已建立得很完善的一部分。远在 1872 年，伟大的数学家克莱茵就已在他的名著《爱尔朗格计划》(*Erlanger Program*)一书里讨论过几何学按这种观点来分类的情形；相对论可以看成是这个计划之扩充到四维时空几何上。从这个观点看，有关大物体的实在的问题，其答案是简单明了的。

原子物理中的情况比较困难些。如所周知，量子力学的定律导致一种不确定性，可由海森堡测不准关系表示出来。这种不可能回答粒子的位置和速度这些确定问题的情况，这种模糊性，是否是反对粒子实在性乃至反对整个客观实在世界的论据呢？这里我们必须想一想，我们在有关实验证据里说一个粒子，例如说光子、电子、介子、核子等等的时候指的是什么意思；我们再一次发现，这些词指的是确定的不变量，可以结合若干观测的结果把它们无歧义地构造出来。

然而，基本的变换理论是比较复杂的，在此我只能简短地说明一下。事情的本质可借助普通的光来解释。

光的波动本性是由杨氏和费涅耳确立的，他们指出，从一束光分裂出的两束光重新会合时，可以产生干涉条纹。差不多过了一百年，爱因斯坦把光电效应解释为光量子或光子的作用，它们打到金属表面上可以击出电子。这样，光又具有微粒性，这是无数实验证明了的事实。奇怪的是，在这两个显然有矛盾的概念之间，却存在一个简单的定量关系，那就是普朗克在此五年前就已从热辐射行为导出来的关系 $E = h\nu$，式中 E 为光子能量，ν 为波的频率，h 为常数。概念上的困难来自这样的事实：能量 E 集中在很小的粒子里，而频率 $\nu\left(\text{或更好的说法是波长 } \lambda = \frac{c}{\nu}\right)$却需要用一个（实际上是）无限的波列来定义。

只有牺牲某些传统的概念才能解决这个矛盾。现在已经知道，我们不得不放弃的是这种观念：粒子本身遵从类似于经典力学的决定论定律。理论只能预言几率，而几率由波来决定（几率是振幅的平方）。这当然是我们对自然看法上的一个决定性改变。它要求用新的方式描述物理世界，但并不否认其实在性。我们可从一个简单例子看出新方法的本质。

令一束光通过一尼科尔棱镜；于是光变成线偏振光。设这束光的振幅为 A。让它通过一个双折射晶体；从晶体便穿出两束折射光，其线偏振方向互相垂直。若入射光的偏振方向和某一条折射光的偏振方向之间夹角为 θ，则两条折射光的振幅为 $A\cos\theta$ 和 $A\sin\theta$。因此它们的强度之比是 $\cos^2\theta : \sin^2\theta$。现在，如果逐渐减小入射光的强度，直至用眼睛什么也看不见时，你用一个灵敏的光电池和适当的放大器还是可以观察到有光子到达，而且可以数出光子的数目。这时你会发觉,两条折射光中光子的平均数之比是$\cos^2\theta$: $\sin^2\theta$。这是说明上述统计解释的最简单的例子,即说明几率是由波振幅的平方来决定。我想提请注意的一点是:这两个次级振幅乃是原振幅在两个由仪器决定的方向上的投影。理论关于出射束强度或其中光子数的预言仅仅相对于尼科尔棱镜和晶体这整个实验装置才有意义。

这个例子可以代表量子现象的特征。譬如拿一个相应的叫作施特恩—盖拉赫效应的电子实验来说,其中尼科尔相当于一个不均匀磁场,偏振方向相当于自旋方向。可观测的部分是具有给定自旋的电子数,它也是依赖于特定的实验装置,而依赖方式可以使我们说,仪器所记录的乃是真实状态的投影。

这种描述适用于任何量子效应。一次观测或测量所涉及的并非自然现象本身,而是它在一个参考系中的面貌或射影,参考系其实就是所用的全部仪器。用数学术语表示的射影这个字眼,是完全确切的,因为主要操作乃是射影这个几何动作的直接推广,只不过射影是在多维空间中,往往是在无限多维空间中罢了。

如果我们只从粒子的观点去分析这些事实,就会出现那些测不准关系,我不准备在此加以讨论了,因为现在已经可以在每一本量子力学教科书里查到。玻尔曾经引入并协性的观念来表示我们关于物理实体的最大量的知识事实上不能通过单独一次观测或单独一种实验装置得到,而需要用不同的实验装置,它们相互排斥,但又是并协的。用我们这里建议的语言来讲,那意思就是,只有用同一物理实体的足够多个独立的射影,才能获得关于它的最大量知识,这就像圆形纸板的情况一样,为了决定它的形状和不变量

(半径),需要几个平面上的影子。在两个互相垂直的平面上观测到的不同影子,即上面曾用来说明不变量概念的,现在也可以用来很好地阐明并协观念的实质。并协实验的最终结果是一组不变量,它们是实体的特征。主要的不变量叫作电荷、质量(或不如说是静止质量)、自旋等等;在每个事例里,当我们能定出这些量时,我们就可断定我们要遇到一个确定的粒子。我坚持认为我们完全有理由把这些粒子看作是实在的,这实在的意义和这个词的通常意义并无本质上的不同。

在论证这个观点之前,我想稍微讨论一下常常被重复的一种说法,即认为量子力学取消了主客体之间的区分,因为它不能描述自然界本身的情况,而只能描述人为实验所产生的情况。这是完全对的。原子物理学家远远摆脱了老式自然科学家的那种田园诗人式的态度:注意看看草地上的蝴蝶,就想洞察自然的秘密。原子现象的观测需要如此灵敏的仪器,以致在测量时必须考虑到它们的反作用,由于这种反作用和被测粒子一样遵从着同样的量子规律,这就引入一定程度的测不准,不容许我们作决定论的预言。因此,要去思索没有观测者的干扰或与观测者无关的情况,那显然是徒劳无益的。但对于给定实验情况中给定观测者的干扰而言,量子力学关于可能获得的最大量消息可以作出肯定的陈述。虽然我们不能知道一切,甚至不能接近完全的知识,但改进仪器后我们总能获得某些局限而描述得很好的消息,它们是与观测者及其仪器无关的,是若干适当设计出来的实验中的不变特性。获得这些消息的过程肯定要受主观观测的制约;但那不是意味着结果没有实在性。因为很明显,实验家和他的仪器也是实在世界的一部分,甚至他在设计实验时的心理活动也是实在的。主体的作用和客体的反作用之间的界限确实是模糊不清的。但这并不妨碍我们合理地使用这些概念。由于液体和气体的原子不断蒸发和凝结,它们之间的界限也是模糊不清的。但我们仍能谈到液体和气体。

现在让我们回到实在的问题,回顾一下几位现代哲学家关于这个问题的观点。

在新近的一本书里,美国作者马奇纳主张一种观点,认为实在包括两层:直接的感官材料和“建筑物”;后者包括日常生活里的事物,也包括科学概念,只要它们可用几个独立的实验来验证。逻辑实证主义者强调要有一种唯一的严格的科学哲学,就我所知,他们把“建筑物”仅仅看作用来考察和整理粗糙感官材料的概念工具,而只有这些粗糙的感官材料才具有实在的性质。这都是关于同一个主题的二三流的变种学说。我认为这些变种都是不重要的,因为它们忽略了实在的两个基本点。一个基本点是,把粗糙的感官印象看作原始的材料,这在心理学和生理学上说都是错误的;另一点是,在科学建筑物的领域里,并非每个概念都具有实在事物的特性,而只是对有关变换为不变的那些概念才具有实在事物的特性。

关于第一点,我们必须记住,每个人从小就已获得区分和认识客体的能力。结果,正常人的世界并不是一个由感觉构成的万花筒似的序列,而是由事件组成的一幕广泛的、不断变化的景致,其中,确定的事物保持着它们的同一性,尽管它们的面貌在不断改变着。在我看来,人心的这种透过感官印象的种种差异而只注意其不变特征的能力,乃是我们心理结构的一件最生动的事实。设想你带着你的狗在散步，它看见一只兔子，于是狂乱地追逐起来，不久，在你的视野里狗就成了一个小斑点。但在任何时候，你看到的都是你的狗，而不是一连串大小逐渐减小的视觉印象。现代心理学已经认识到这个基本情况；我是指柯勒、霍伯斯特、韦太末等人的“完形”心理学，所举的这几个名字只是我自己认识的这个学派里的几个德国心理学家。我倒想把“完形”这个词不译为“形状”或“形式”，而译为“不变量”，并且把“知觉中的不变量”看成是我们心理世界的要素。我从阿特里安教授和杨教授的著作里略略知道一点关于神经系统的生理学和解剖学，那是完全符合这个心理观测的结果的。

每一根神经纤维，不论是运动神经的或是感觉神经的，在后一情况下也不论是有关触觉的，视觉的，听觉的，或是热的消息的，所传送的都是一系列有规则的脉动，和物理刺激毫无相似之处。脑子所收到的无非就是这些脉动的序列，每个脉动由不同的神经纤维传播到大脑皮层的一定部位上，后者有一种惊人的能力，几乎立刻可以把这些信码译解出来。它所做的是一个极端困难的代数问题：要在这一团不断变化的信息中决定出不变的特征。因此，这些特征所决定的并不是一系列模糊不清的印象，而是可认识的事物。

如果我们想建立一种科学哲学，其中假设我们的原始材料都是无规则的感官印象，那我们就甚至不能描述我们的操作和简单的仪器。我前面讲过，科学必须承认日常生活里的概念，必须承认通常语言里的用语。科学由于用了放大仪器、望远镜、显微镜、电磁放大器等等而凌驾于这些概念和用语之上。因此，当我们遇到新的情况，通常的经验无效时，我们关于如何解释所收到的信号就感到不知所措了。如果你有一位做医生的朋友,给你在显微镜里看过一些奇异的细胞或者微生物,你就会理解我的意思:你除了看到乱七八糟一片模糊的线条和颜色以外,什么也看不到;你必须用他的语言来解释,才知道某种蛋形的黄色结构就是所关心的客体。在所有用到放大器的物理学部门里,都有完全同样的情况。我们一看到未知的东西就感到迷惑起来。因为我们现在已经不是小孩子,对于我们正在收到的神经消息,我们已经失去了那种下意识的译码能力,而必须使用我们有意识的思维技术,即数学以及它的一切技巧(少数有特殊天才的人是例外,例如法拉第,他由于有一种像小孩子的直观能力而看到了自然界的内在联系)。因此,我们在现象的洪流中构成那永恒不变的不变量时,要应用分析。科学在说到不变量的概念时,说的方式和普通语言里说“事物”的方式相同,并且给予它们的名字就好像它们是普通的事物。

它们当然不是普通事物。当我们把电子称作粒子时,我们很清楚地知道它并不完全像一粒沙子或一粒花粉。譬如说,在某些情况下它并无明显的个性;如果你用另一个电子把原子中的一个电子打出来,你决不能知道飞出来的是这两个电子中的哪一个。但电子还是有某些性质使它们和普通的“粒子”有共同之处,这证明电子的名称是正确的。这种命名的推广在生活里和科学里都十分常见,并且在数学里得到了系统的发展。数的意思原来是指整数,你用它可以对一系列分立的客体进行计数。但是这个字也用在像分数$\frac{2}{3}$,根号$\sqrt{2}$,超越数π和虚数$\sqrt{-1}$等上面,虽然你不能用它们来计数。其根据是,它们和整数在形式上具有某些共同的性质,这些共同性质尽管一种比一种更少些,但已足够对它们每个都使用数这个常用的字了。在解析几何中,当我们说平面上一条无限长的线或者说一个四维球体等时,我们应用的就是这个原则;在物理学中也是如此。我们在说红外光或紫外光,虽然我们不能看到它;在说超声波,虽然听不到它。我们是这样地习惯于用外推法,外推到感官特质以外的领域里去,以致我们完全忘记了我们在把概念推广到它们原来所定义的范围以外去。这样做总是依据同一个原则。试考虑波的概念。我们把湖面上的水波看作实在的,尽管水波并非物质,而只是水面上的某种形状。这样看的根据是,它们可以用某些不变量来表征,诸如用频率和波长,或频谱和波谱。这对光波说也是对的;那么,即使量子论中波仅仅代表几率分布,为什么我们就要取消掉"实在的"这个性质形容词呢?显示实在性的那些特征,总是某种与外貌或射影无关的结构中的不变量。而这一特征在日常生活里和科学里都是一样的,日常生活中的事物和科学事物之间的连续性,不管二者距离多远,都迫使我们要使用同样的语言。这也是纯科学和应用科学保持统一的条件。

经典力学果真是决定论的吗?

〔首次发表于 *Physikalische Blätter*,11 卷(9),49—54 页,1955 年。〕

经典力学的规律,以至整个经典物理的规律,都具有这样的结构:如果一个封闭系的变量在某一初始时刻给定,则在其他任何瞬间这些变量都能算出——至少原则上可以如此;因为在大多数情况下,要完成有关的数学计算是超出人力所及的。这个决定论的观念大大吸引了许多思想家,并且成为科学哲学的一个基本部分。然而,在新的实验发现的压力之下,现代物理迫使我们要放弃决定论,以及其他许多传统的关于时间、空间和物质的理论。量子力学已经取代了牛顿力学的位置,这个力学仅容许统计地陈述粒子的行为。绝大多数物理学家已经和这种情况妥协了,因为它恰恰符合原子物理和原子核物理中的实验情况。在理论家中间有些人却不满足;他们其实是一些伟大的理论家,都是量子论的奠基人和发展者。就我所知,普朗克本人对量子力学的统计解释始终抱着怀疑态度。爱因斯坦也是如此;甚至到如今,他仍在用一些巧妙的例子指出这个解释里有矛盾(此外,他还更关心解决物理实在的概念,这个概念密切地牵涉到决定论的问题)。薛定谔甚至走得更远;他建议抛弃粒子概念(电子、原子核、原子等等),而把整个物理学建筑在波动观念上面,这些波遵从着波动力学的决定论规律。德布洛意(和其他人)却采取了相反的道路;他们抛弃了波,设法重新解释量子力学,在这个解释中,每件事在原则上都是可以决定的,预言的不确定性只是由于存在着一些隐藏着的、不能观测到的参量。这些物理学家都不否认,量子力学在其有效范围内(即除了基本粒子的理论以外)都和实验相符,并且满足实验家的一切要求。他们之排除现行的量子力学,在各种情况下都是根据这样一个主张,即量子力学的通常解释是模糊的,而且在哲学上不能令人满意。

问题是,这是一种什么哲学呢?我并不认为它能回溯到伽利略和牛顿以前去。当然,在那以前天文学上已有二星交会和日月蚀的预言,但古代人和中世纪人仅在天体中看到了秩序和预定性,统治地球的却是反复无常和混乱。命运和定命这些宗教的教义并非对自然界中的过程而言,而是对人而言的,所以它们当然和我们这里考虑的机械决定论有着根本的不同。后者如果没有牛顿运动定律及其在预言天体事件上的惊人成就,是想不到的;它是从这些定律中导出的,而后来在18世纪和19世纪间却成为全部科学的基本信条。这里值得注意的是,牛顿力学不能充分说明观测——特别是原子物理中的观测——这个无庸置疑的事实,并不足以摇动我们对这个抽象原理的信仰。

但,是否可以肯定,经典力学事实上在一切情况下都是容许作出预言的呢?[①] 对此我是有怀疑的,并且当我比较天文学和原子

① 密瑟斯已经提出过这个问题。参看本书23页,“论物理理论的意义”一文。

物理学的时间尺度时，这怀疑增加了。宇宙的年龄大约可估为 10^9 年，即 10^9 个地球轨道周期。另一方面，每秒内氢原子基态周期的数目约为 10^{16} 个。这样，如果在每一情况下各以合适的单位测量时间，那么，事情就恰恰和简单的概念相反：星体宇宙是短寿命的，而原子宇宙却是极长寿的。要从短寿命宇宙中得到的经验推出也适用于长寿命宇宙的结论，这岂不危险？

当我们考虑气体分子运动论的时候，这些怀疑更为加强了。这个理论通常断言，结果在原则上可以决定，并且，引入统计考虑之所以必要，只是由于我们不知道大量分子的准确初态。我长期在想，这个断言的第一部分十分可疑。让我们考虑一简单情形：设有一个运动着的球形分子，当它碰到别的许多固定分子时弹性地反跳回来（一种三维的弹子戏）。这时，初速方向的微小改变必将使球的曲折的运动路径发生很大改变；因为，角度的微小变化会在空间上引起越来越大的偏差，这样，最后必定会漏过原来本可被击中的球。如果减小初始方向的偏差，则路径变为另一条路径的时刻将延迟，但这种情况终究要发生。如果我们在一切时候都要求决定论，初始方向就必须没有丝毫偏差。[①] 但这有什么物理意义呢？我相信是没有的，这类系统事实上是非决定论的。为了证实这个断言，需要对决定论的观念有一个清楚的了解。

首先，我们不妨区分一下动力学上的稳定性和不稳定性。如果初态的微小变化 Δx_0，Δv_0（这里 x 表示全部坐标的集合，v 表示

---

① 显然我们是在处理一个双重极限：碰撞数趋向无限大，而方向的改变趋于零；如果没有更多的数据，则结果就不能决定。

全部速度的集合)仅仅引起终态的微小变化 $\Delta x,\Delta v$(因而,在一切时候都有 $\Delta x < M\Delta x_0,\Delta v < M\Delta v_0$,其中 M 是一数量级为单位的常数),我们就说运动是稳定的。否则就说运动是不稳定的。完全可以肯定,在上述弹子戏中,球的运动是不稳定的。(对于由许多运动着的弹性粒子组成的气体来说,这点更无须说是正确的了。)至于行星的运动是否稳定的问题,曾经有过不少争论。我不知道现代研究(三体和多体问题的理论)的结果如何,这对我们的目的说来没有什么重要性。主要的是,有一些系统可以充作物理过程的模型,并且首先,它们是处在一个有限的空间区域内,其次,对于这些系统,所有的运动都是在动力学上不稳定的。一个处在具有弹性壁的容器中的由弹性球构成的气体模型,大约就是这样一种系统,但它严格分析起来太复杂了。我们考虑如下一个简要明白的例子已经足够。设有一个质点,在不受外力的情况下无摩擦地沿一直线(x 轴)运动,并在端点处($x=0,x=l$)弹性地被反射。对任何初态(x_0,v_0),坐标 x 都保持在有限区间 $0<x<l$ 内,速度 v 保持不变,但偏差 Δx 随时间而增加($\Delta x=\Delta x_0+t\Delta v_0$),并在足够长的时间以后,可以取任意大的数值。这样一来,任何运动都是不稳定的。

这和决定论问题的关系是很明显的。如果我们想保持这系统的初态决定其他一切状态的看法,我们就不得不要求 x_0,v_0有绝对准确的数值,而不容许有任何的偏差 $\Delta x_0,\Delta v_0$。这时我们可以说,这是“弱”的决定性,以与“强”的情况相对照:在强的情况下,一切运动都是在动力学上稳定的,因而实际上有可能作预言。然而这仅仅是一种遁词而已。真正的情况是这样。在达到一个临界的时

刻 $t_c=\frac{l}{\Delta v_0}$以后,不准确度 $\Delta x>l$,因而质点可以处在 $0<x<l$ 区间内的任意地方。这就是说,最终位置是不定的。而如果减小 Δv_0,临界时刻 t_c 只是推迟而已,对任何有限的 Δv_0,它还是有限的,仅当 $\Delta v_0=0$ 时(即仅当初速绝对确定时)它才变为无限大。

这里和连续性问题的联系也是明显的。详尽地讨论这个问题会使我们离题太远,如下的简短说明一定也就够了。像"一个量具有完全确定的值(用一个实数来表示,并可用数学连续统中的一点来代表)"这类说法,在我看来似乎没有什么物理意义。现代物理由于应用了一个方法论上的原理而取得了最伟大的成就;这个原理就是:如果有些概念在应用时需要作种种区别,而这些区别却是原则上不能观测到的,那么这些概念就是毫无意义的,并且应该取消掉。最突出的例子就是爱因斯坦之创立狭义相对论和广义相对论(前者抛弃了绝对同时性的概念,后者抛弃了引力和加速度之间的区别,因为它是不可观测的),以及海森堡之创立量子力学(从玻尔的原子论中取消了不可观测的轨道半径和轨道频率)。连续性的问题要求应用同一个原理。像 $x=\pi$ 厘米这样的说法,仅当我们能把它和 $x=\pi_n$(对一切的 n)区别开来时才有物理意义,这里 π_n 是 π 在十进位制中前 n 位的近似值。但这是不可能的;即使假定将来的测量准确度会日益增加,n 也总能选得如此之大,以致两者在实验上不可能有所区别。

当然,我并不是想从物理学中取消实数的观念。它对分析的应用是不可少的。我的意思是,在用实数描述物理情况时,必须考虑到所有观测中的自然的不确定性。

五十年前,克莱茵曾要求在几何学中采取类似的步骤。除了抽象的准确的几何以外,他希望有一种实用几何,其中一点被代以一小块,直线被代以狭条,等等。然而,由此并未得出什么结果。与此同时,物理学独立地发展了一种必要的工具,即物理统计学。“x 等于一个实数”这一说法,改成了“x 落在 $x_1 < x < x_2$ 区间内的几率是 $P(x_1|x|x_2)$”。这里,x,x_1,x_2,P 都可以看作实数,因为这在分析上是方便的,但这里不牵涉到量的精确可测性;P 仅仅代表我们在计数 x 近似地被限在 x_1 和 x_2 之间的场合数时,所得的近似期待值。换言之,真正的物理变量是几率密度 $P(x)$。

量子力学理会到这是物理情况的唯一可能的描述。(然而,由于几率振幅的引入,事情远远越过了这种统计观点。)

在经典力学中,统计方法仅可用于大量单个粒子组成的系统。上述的模型表明,在一切情况下都应该使用这种方法,即使是处在可以设想的最简单条件下的一个粒子的情况。这并不需要任何新的数学考虑;因为几率密度变化的规律可由力学中的刘维定理直接给出[①]。我将在别处详尽地讨论其中的数学细节及其对量子力学的关系。这里我只简单地谈一些结果。

如果我们起先继续使用经典力学,便会发现,上述模型也许是统计力学中所谓各态历经定理的一个最简单的例子。很容易证明,描述一个几乎确定的状态的初始几率分布,经过一段时间以后便过渡到所谓微正则分布。因此这是自动发生的,即使对于**一个**

---

① 参看附录。也可参看 *Proceedings of the Danish Academy*, **30**, 2, 1955。(献给 N. 玻尔的纪念文章。)

粒子也是如此，而和粒子的“为数极多”与否没有关系。仅当我们希望过渡到正则分布时，才需考虑到有能量交换的复杂系统。

现在，这个模型也能用量子力学来处理。这时，一个初始位置的不准确度为 Δx_0 的初态是用波包来描述；初始速度的不准确度 Δv_0 不能假定为任意小，它和 Δx_0 有关系；这就是海森堡的测不准关系 $\Delta x_0 \Delta v_0 > \frac{h}{2m}$；这个关系在一切时候都成立，因子 Δx 和 Δv 随时间而变化。如果 Δx_0 和 Δv_0 两者都能很小（对于大质量），则量子公式便十分近似地和经典公式相同，这里也有一个临界时刻 t_c，在此时刻后，个别运动即停止，而进入一个只能用统计方法来描述的状态。这恰恰相当于量子力学中通常用驻波描述运动，因此驻波与经典的微正则分布类似。

总之，我们可以说，使量子力学离开经典力学的，并不是非决定性统计描述的引进，而是其他特点，首先是作为几率振幅之平方的几率密度的概念 $P = |\psi|^2$；由此可以得出几率干涉的现象，所以，我们不可能不加修改地把“物体”这个观念应用到物理学中的物质粒子上：必须修正物理实在的概念。然而这已超出这些初步讨论的范围了。

附　录

刘维定理表明运动中几率密度守恒，并导致下列方程：

$$\frac{\partial P}{\partial t} = \frac{\partial H}{\partial x}\frac{\partial P}{\partial p} - \frac{\partial H}{\partial p}\frac{\partial P}{\partial x} \tag{1}$$

式中 H 为哈密顿函数。(右边的表式就是所谓泊松括号)。相应于初态 $P(x,p,0)=F(x,p)$ 的解是

$$P(x,p,t)=F[f(x,p,t),g(x,p,t)] \tag{2}$$

式中 $f(x,p,t)=$ 常数,$g(x,p,t)=$ 常数是正则运动方程的两个积分,并可归一化使得

$$f(x,p,0)=x, \qquad g(x,p,0)=p. \tag{3}$$

这样,几率方程(1)和正则方程的解所提出的是完全等价的问题。虽然如此,(1)的解提供了新的重要结果。

对正文中所给的例子,我们有 $H=\frac{p^2}{2m}$;因此(1)式变为

$$\frac{\partial P}{\partial t}=v\frac{\partial P}{\partial x}\quad\left(v=\frac{p}{m}\right) \tag{4}$$

两个归一化的积分是 $f=x-vt, g=v$,因而解(2)是

$$P=F(x-vt,v) \tag{5}$$

边界条件相当于要求对 x 有周期性(周期为 $2l$),并要求对 x 和 v 有反对称性:

$$\begin{aligned}F(x+2l,v)&=F(x,v)\\F(-x,-v)&=F(x,v)\end{aligned} \tag{6}$$

这可被如下的函数满足:

$$F(x,v)=\sum_{k=-\infty}^{\infty}[f(2kl+x,v)+f(2kl-x,-v)] \tag{7}$$

式中 $f(x,v)$ 为一任意函数。在这里,如果我们按(5)式把 x 换为 $x-vt$,就得到 $P(x,v,t)$。假如初始时刻的位置和速度几乎确定,则 $f(x,v)$ 必须取作一个在 (x_0,v_0) 有一尖锐最大值且在他处微小到可以忽略不计的函数。若 f 为 x 和 v 的高斯函数(宽度分别为 σ_0

和 τ_0），则所得的 x 分布

$$P(x,t)=\int P(x,v,t)\,\mathrm{d}v \tag{8}$$

又是 x 的高斯函数之和，这些高斯函数的宽度是

$$\sigma(t)=\sqrt{\sigma_0^2+\tau_0^2t^2}. \tag{9}$$

当 t 甚大时，它与 t 成正比。

这个向 $t\to\infty$ 的极限过渡，可简单地描述如下：在 (x,p) 相空间中（或在 xv 平面上）一点 (x_0,v_0) 的周围作一小圆，并考察它如何分裂为两个等面积的、中心在 $x_0\pm v_0t$ 处的椭圆，其长轴变得越来越平行于 x 轴，最后变得大于间隔 l。

天文学回忆

〔首次发表于 *Vistas in Astronomy*,1 卷,41—44 页,1955 年,Pergamon Press,London。本文是为庆祝斯特拉顿教授七十寿辰而作。〕

我不是天文学家,也不曾在物理学的天文应用方面做过什么工作。可是我忍不住也想和大家一样,在这本集子里写篇文章来祝贺斯特拉顿教授。我一生中曾有一段时间几乎要献身于天体科学,但是失败了。请让我谈谈我和天文学弄得不和的故事,谈谈我对那些曾是我的老师的著名天文学家的回忆,就算是一篇比较正式的贺文吧。

我想从法兰兹教授谈起,他是我的故乡布雷斯劳的天文台台长。我的父亲刚刚在我快中学毕业的时候逝世了,他留给我的遗言是,劝我在选择一门学科作为职业之前先听听各门科目的课。那时这在德国是可能的,因为大学生有着完全的"学术自由"。

当时,大多数科目都还没有严格的大纲,也不去管听众,除了大考以外别无其他考试。每个学生都可以选择他最喜欢的课去听;学生本人的责任是:学得一套足够的知识以应付结业考试,要么是为了取得一张职业证书,要么是为了取得博士学位,或者是为了两者。因此我在第一年里订了一个相当庞杂的课表，包括物理学，化学，动物学，普通哲学和逻辑，数学和天文学。我在中学里数学从来就不很好，对它也没有兴趣，但在大学里，我真正感到兴趣的课程却只有数学和天文学。对哲学课的失望最大了；在那里我们听到的是一大堆合理思维的法则，关于空间、时间、物质、因果等等的悖论，关于宇宙的结构以及无限大等等。可是我觉得那是非常的混乱一团。如今在数学和天文学的讲课中也出现这些概念了，但它们并非笼罩在悖论的迷雾之中，而是按照情况以清晰的方式表述出来的。我当时有一个重大发现，就是一切关联到无限大概念的唱高调的字眼，除非采取确定的观念体系把它们应用到一个确定的问题上去，否则便没有什么意义。

天文学所以吸引人是在别的方面。在天文学里，宇宙论的问题也牵涉到物理宇宙的无限性。但在我们的教授法兰兹所上的初等课程中极少提到这些大问题。我们所要学的，是怎样小心地使用仪器，正确地读刻度，怎样消除观测误差，以及精确地进行数值计算——这些是一位测量科学家的全部配备。这是一所讲究严格精确性的学校，我喜欢它。它给人以一种立在坚实土地上的感觉。可是实际上，这种感觉并未完全为事实所证实。布雷斯劳天文台并非建立在坚实的土地上，而是建立在美丽的大学主楼的高高的陡峻屋顶上，建造成一座屋顶阁楼的样子，装饰了许多幻想出来的奇形怪状的艺术品，以及许多圣徒和天使的雕像。主要的仪器是一个子午圆，一百年前伟大的贝塞尔曾经用过它；它虽然是放在一个坚固的柱子上，柱子固定在基础上，竖直上升通过整个主楼，但当大风从波兰大草原吹来的时候，还不免要有振动。这个天文台的全部设备都是老式的，浪漫性比有效性更多些。有几个瓦仑斯坦时代留下的旧式望远镜，就像刻卜勒也许使用过的那种样子。我们没有电气计时器，而必须学习计数大钟的敲打声，估计十分之一秒的时间，以观测到达视野的星体。这是一所很好的观测学校，并且对这个古老而带有浪漫气息的行业说来特别具有吸引力。

我还记得在那小小的屋顶阁楼里消磨过的许多严寒的冬夜。我们只有三个学天文的学生，三人轮流进行观测。当我轮值完毕的时候，我总喜欢俯视一下那无尽的茫茫白雪，那古城里的人字形屋顶，那些市场周围的教堂和对河远处的大礼拜堂的巨塔在星空背景上的影子。在圣徒石像和老式望远镜中间的狭窄阳台上，人们会感到自己像是浮士德的承继者似的，即使魔鬼麦菲斯托菲在旁边一根柱子后面出现，也不会引起惊讶。然而，到阁楼上来照顾三个学生的，只有老教授法兰兹一人——他已好久没有这么多学生了——随之而来的是一位严格科学家的严肃认真；他核校我们的结果，用温和友好的讥讽语气批评我们的工作。

我对我们这些结果简直认为是不大可靠的；这与其说是我们的过错，还不如说是由于天文台的位置高而外露的过错。法兰兹教授本人既无法进行那些需要精确测量的研究，所以就把自己局限在描述性的工作上，彻底地研究月球表面，他在这方面知道得比知道地球上的地理还要好。但他还是不懈地力求获得一所现代天文台，可是始终没有成功。在我学生时代，曾经有过很大希望。耶拿的蔡斯公司曾将一套现代仪器送到芝加哥世界博览会去。展览结束后，普鲁士邦就把这些仪器买了下来，分给它的几个大学天文台。布雷斯劳得到了一架极好的子午仪和一架大视差望远镜；可是没有给造适当的建筑物，后来这架子午仪便安装在大学主楼正对过奥德河上一个窄窄的岛上的木房子里。这个岛实际上是一个人工堤坝，处在河与一个经常有许多货船通过的水闸之间。西里西亚省的报时台多年来一直借助旧式的贝塞尔子午仪工作，这时就转给新式的蔡斯仪器了，但是结果仍然很不能令人满意。后来终于发现，时间观测中的那些奇怪的不规则性与水闸的水位变化有关；水压使得小岛发生微小的位移。法兰兹教授要有一个比较有效的天文台的希望又一次破灭了。

我们这些年轻人几乎把这个挫折看作一件有趣的意外。它并没有减少天文学在我心灵上产生的魅力；但是，这种魅力却被那吓人的计算粉碎了。法兰兹曾经对我们作了一次关于决定行星轨道的演讲，这是和一门实用课程有关联的，我们在这门课程里必须学习计算技术，必须按照传统形式填写那无终止的三角函数七位对数表的行列。我从中学里就知道，我在数值计算方面很糟，但我力图改进。可是毫无用处；我的数字总是在某个地方有错误，我的结果和同班学生的结果不同。他们嘲弄我，这就弄得更坏了。我并不以为我真的完成过一个轨道或历书的计算。所以后来我不仅放弃了这种计算事情，而且整个放弃了成为天文学家的想法。如果那时我知道还有另外一种天文学，它不把预言行星位置作为最终目标，而是运用现代物理的一切有效仪器和概念去研究宇宙的物理结构的话，我的决定也许会有不同。但我只是在几年之后才接触到天体物理，那时改变计划已经太晚了。

在那个时期，德国大学生常常由于各种动机从一个大学转到另一个大学。有时候是由于向往一位名教授或者设备精良的实验室,有时候则是由于向往一个城市的舒适、美丽,它的博物馆、音乐厅、戏院,或是冬天的户外游戏,狂欢节,以及其他的快乐生活。因而,我在海德堡和苏黎世消磨了两个夏令学期,而冬天就回到家乡的大学。海德堡的天文台设在柯尼希杜山上,那是一座相当大的多树的山,天文学者在那里过着一种远隔常人的幽闭生活。那时我已肯定转到物理学上来,甚至连伍夫教授的大名也没有能改变我的志向,这位教授发现的星球比任何人都多。

苏黎世的天文台比较容易去,教授的名字叫伍夫尔,这名字可以解释为伍夫的匹敌者。但即使这点也未能吸引我。

次年夏天,我到哥庭根度过了剩下的学生时代。在那里,许华兹乞德是那座曾为伟大的高斯领导过的著名天文台的台长。许华兹乞德是大学里最年轻的一位教授,年纪约莫三十岁;他身材矮小,有着黑黑的头发和一把胡子,眼睛灼亮,一种令人难忘的微笑。我参加了他的天体物理讨论班,这是我第一次接近天文学的现代面目。我们讨论的是行星上的大气,我被指定说明气体由于扩散而反抗重力逸散到星际空间去的现象。因此我不得不仔细阅读分子运动论,它在 1904 年的时候还不是物理学课程大纲的规定部分。但这并不是我在许华兹乞德的教导下初次学习的唯一科目。他是一位多才多艺通今博古的人,天文学本身只是他感到兴趣的许多方面中的一个方面。大约就在这个时候,他发表了关于电动力学、特别是关于可以导出电子场及其运动的洛伦兹方程的变分原理的深入研究结果。次年(1905 年),他发表了第一篇关于光学仪器像差的优秀论文,照我的意见,这些都是经典的研究,在清晰和严整的程度上不是后来者所能胜过的。我在我的著作《光学》

(Springer,1932)里介绍了这个方法,它在即将出版的修订后的该书英译本(和E.伍夫合作)[1]中仍然是一个中枢部分。许华兹乞德曾经把他的像差公式用来构造新型的光学系统;但我是没有资格来讲他这一部分的工作的。我也不能讨论他在天文学上的工作,无论是实验方面或是理论方面。他是一个最使人喜欢的人,总是愉快、欢乐、稍有嘲讽的样子,但却是温和而助人的。他有一次把我从一个棘手的境遇中救了出来。我打算把几何学作为博士学位口试中的科目之一,而著名数学家克莱茵的讲课对我却没有吸引力,有时我不去听讲。这件事逃不脱克莱茵的注意;他对我表示不满。口试的灾难已经迫在眉睫,只是六个月以后的事。但是许华兹乞德说,半年是够多的时间可以学完全部天文学了。他给我几本书去读,有时候指导我一下,我就教他打网球作为报答。考试到来时,他第一个问题是:"当你看到一颗落下的星时,你要做些什么?"于是我马上回答说:"我发一个愿望"——按照一个古老的德国迷信,这样一个愿望总是可以得到满足的。他保持十分严肃的态度,接着说:"是的,然后你又怎样做呢?"这时我给出了他期望的答案:"我会看着我的表,记住时间、出现的星座、运动的方向、范围等等,回家作出一个粗糙的轨道来。"这就导致天体力学,并且得到了令人满意的通过。许华兹乞德和那时候的威严、长须的普通德国学者不同。不仅在外表上,而且也在内心结构上不同,那完全是一个现代式的,愉快的、活跃的内心,对当前的一切问题都容易接受。但他还是有他那种教授式的心不在焉的时候。那时有过一

① Pergamon 书局,伦敦。即将印行。(译注:该书已于1959年出版。)

张“饭桌”，它是一家饭店里的一张桌子，一群年轻教授和讲师常在那里聚餐。许华兹乞德在结婚前一直是其中的一员。婚后几个星期，他又在餐桌的老地方了，而且照常投入某个科学问题的热烈讨论，直至一个人问他，“现在，许华兹乞德，你对结婚生活喜欢得怎样？”他红了脸跳起来说：“结婚生活，哦，我已完全忘记了——”，接着便拿起帽子跑掉了。但我想这类行为在他不是典型的。他永远懂得他在做什么。他的生命很短促，学问却很惊人，成就很大，——他的结局却是悲剧性的。在1914—1918年的世界大战爆发后，他被聘为弹道学方面的数学专家，属于东线的一个陆军司令部。在俄国，他染上了少见的传染病。据说，他拒绝把他送回家，等到送回的时候已经太晚了。在他回家的途中，他曾到我在柏林的军事办公室访问我，他还是很愉快，但是看上去病得很重。不久就去世了。现在，他的儿子马丁保持着天文学的传统，从而建立了另一个像赫歇斯、斯特鲁夫等等那样的天文学家世族。

我曾经遇到过许多其他的著名天文学家，其中有些人我还很熟悉，但因为他们现在大都仍流散于各处，所以我最好还是不谈他们的故事。

在结束的时候，我祝愿斯特拉顿教授长寿，并且请求他也从自己的历史悠久的经验中介绍给我们一些关于天文学家的回忆。

量子力学的统计诠释

〔首次发表于 *Science*, 122 卷, 3172 期, 675—679 页(1955 年)。本文是玻恩教授接受 1954 年诺贝尔物理奖金时,在法国所作演讲的译文,该奖金系和波特合得。〕

我荣获 1954 年的诺贝尔奖金,与其说是因为在我所发表的工作里包括了一个新自然现象的发现,倒不如说是因为那里面包括了一个关于自然现象的新思想方法基础的发现。这个思想方法已经广泛地渗入到实验物理和理论物理中,甚至很难就它再说些不是老生常谈的话了。可是我还想讨论一下某些专门的方面。

首先是这样一点。1900 年由于普朗克发现了作用量子,科学陷入了一个才智上的危机;哥庭根学派在 1926 年到 1927 年期间的工作,曾对这个危机的解决有过贡献,当时我是这个学派的导师。今天,物理学正处在类似的危机之中——我不是说它由于掌握了一种新的可怕的自然力量而牵连到政治和经济中,我只是想到核物理中提出来的那些逻辑问题和认识论的问题。在这样的时候回顾一下过去在类似情况下发生的事件,也许是一件好事情,特别是因为,这些事件并非不带有点戏剧性的。其次一点是,当我说物理学家已经接受了我们那时发展起来的思想方法时,这并不完全正确。因为有少数极为突出的例外——那就是说,在那些对建立量子论最有贡献的作者当中有例外。普朗克本人直到逝世的时候都是属于怀疑派。爱因斯坦、德布洛意和薛定谔不停地在强调量子力学具有不能令人满意的特征,他们要求回到经典的牛顿物理的概念,提出了一些不和实验事实矛盾而能达到这个目的的方法。人们不能对这些权威的意见置若罔闻。玻尔为了反驳这些反对意见费过许多心思。我自己对此也曾仔细考虑过,自信对情况的澄清也能作些贡献。我们所讨论的是物理学和哲学之间的边缘地带,因而我这次物理学演讲部分地带有历史的色彩,部分带有哲学色彩,这得请求大家原谅。

首先让我谈谈量子力学和它的统计解释是怎样产生的。在1920年初,我想,每个物理学家都已经相信普朗克假说是对的了,按照这个假说,具有确定频率v的振荡的(例如光波的)能量,是以大小为hv的有限量子的形式出现的。用这种方式可以解释无数的实验,并且总是给出相同的普朗克常数h的值。此外,爱因斯坦认为光量子带有动量$\frac{hv}{c}$(其中c是光速),这个主张也已得到实验很好的证实。这意味着对于某些复杂现象,光的微粒说获得了新生。对于其他过程,波动说则是适当的。物理学家已经习惯于这种二象性,并且在一定程度上懂得去运用它。

1913年,N.玻尔用量子论解决了线光谱之谜,同时,他还在主要特点方面解释了原子的不可思议的稳定性,解释了原子中电子壳层的结构,以及元素的周期系。总之,在他的学说中,最重要的一个假设是这样:原子系统不能存在于构成连续统的一切力学上可能的状态中，而只能存在于一系列分立的“定态”中；当系统从一个定态向另一定态跃迁时，其能量差 $E_m - E_n$ 便作为光量子 $h\nu_{mn}$ 发射出来或被吸收（视 E_m 大于或小于 E_n 而定）。这是对早先几年里兹所发现的光谱学基本规律用能量所作的解释。情况可以用图解的方法表示出来。我们把定态的能级重复写两次，一次横写，一次直写；结果便得到一个长方列阵

	E_1	E_2	E_3	…
E_1	11	12	13	…
E_2	21	22	23	…
⋮	…	…	…	…

其中，对角位置对应于状态，非对角位置对应于跃迁。

玻尔十分清楚这样表述出来的规律是和力学有矛盾的，所以在此能否使用能量的概念甚至都成问题。他把这种新和旧的大胆融合建立在他的对应原理基础上。这原理是如下一个明显的要求：当定态所联系的数字（即量子数）很大（那就是在上一列阵中很右边和底下的地方），以致相邻位置的能量改变比较小时（那就是说，实际上是连续的），在此极限下，通常的经典力学必须在很高的近似程度上成立。

理论物理在以后的十年中一直是靠这个观念维持着。问题在于，谐振子不仅具有频率，而且还有强度。上图中的每个跃迁都必须有一个与之对应的强度。怎样从对应关系的考虑求出后者呢？这是从极限情况下的知识猜测未知的问题。玻尔本人，克拉莫斯、索末菲、爱普斯坦以及许多其他人在这方面取得了相当大的成功。

但是,决定性的步骤还是由爱因斯坦作出的,他通过普朗克辐射公式的一种新的推导方法,弄清楚了这样一个问题:经典的辐射强度的概念必须用跃迁几率这个统计观念来代替。在上图中的每个位置上,除频率 $v_{mn}=\frac{(E_m-E_n)}{h}$ 外,都属于有一个一定的伴随有辐射的发射或吸收的跃迁几率。

我们在哥庭根也曾试图从实验结果中提取出未知的原子力学。逻辑上的困难总是变得越来越尖锐。关于光的散射和色散的研究表明,爱因斯坦作为振荡强度之量度的跃迁几率概念是不充分的,不能放弃与每次跃迁相联系的振荡振幅的观念。关于这点,我们可以指出耐登包尔格[①],克拉莫斯[②],海森堡[③],约当和我[④]的工作。正确的公式和经典公式不同,但在对应原理的意义上可以过渡到经典公式,对这样一种公式的猜测艺术已经到达相当完善的地步了。我在一篇文章里关于相互干扰的原子系统就提出过一个很复杂的公式——直到现在仍然适用——,该文的题目里引入了"量子力学"一词,这也许是最早引用的。

海森堡的工作[⑤]使这段时期突然告终。当时他正在做我的助教。他用一个哲学原则一下子解开了这个难解的疙瘩,从而用数学法则代替了猜测。这个原则说,在理论描述中不应当使用不和

① R. Ladenburg, *Z. Physik*, **4**, 451(1921); R. Ladenburg & F. Reiche, *Naturwiss*, **11**, 584(1923)。

② H. A. Kramers, *Nature* **113**, 673(1924)。

③ H. A. Kramers & W. Heisenberg, *Z. Physik* **31**, 631(1925)。

④ M. Born, 同上, **26**, 379(1924); M. Born & P. Jordan, 同上, **33**, 479(1925)。

⑤ W. Heisenberg, 同上, **33**, 879(1925)。

物理上可观测的事实相对应的概念和图像。爱因斯坦在建立他的相对论时曾经取消了物体的绝对速度以及两个不同地点发生的事件的绝对同时性这些概念，当时他所用的就是这个原则。海森堡抛弃了具有确定半径和转动周期的电子轨道图像，因为这些量是不可观测的；他要求理论要用上一段中那种类型的二次列阵建立起来。我们不应当用坐标作为时间的函数 $x(t)$ 来描述运动，而应当去决定跃迁几率 x_{mn} 的列阵。我认为在他的工作里，决定性的部分就是要求我们必须找到一种法则，用它可以从一给定的列阵

$$\begin{matrix} x_{11} & x_{12} & \cdots \\ x_{21} & x_{22} & \cdots \\ \vdots & & \end{matrix}$$

求出其平方的列阵（或者一般地说，找到这些列阵的乘法律）：

$$\begin{matrix} (x^2)_{11} & (x^2)_{12}\cdots \\ (x^2)_{21} & (x^2)_{22}\cdots \end{matrix}$$

海森堡探讨了猜测工作中所发现的那些已知例子，从而找到了这个法则，并且成功地把它应用到了一些简单例子上，诸如谐振子和非谐振子上。这是 1925 年夏天的事。后来海森堡由于受到干草热的严重袭击而请准假到海滨治疗，他把他的文章交给了我，并且说，要是我认为我能够在这方面做出些什么的话，就拿去发表。

我马上就明白了他这个观念的重要性，所以我就把手稿寄给 Zeitschrift für Physik。海森堡的乘法法则使我安静不下来，经过一个星期的苦苦思索和试验以后，我突然想起了一个代数理论，那是我从布雷斯劳我的老师罗散斯那里学来的。这些二次型列阵对数

学家来说是很熟悉的,它们称为矩阵,有一定的乘法法则。我把这个法则应用到海森堡的量子条件上,结果发现,对于对角元素它是合适的。这就不难猜到其余的元素应当是什么:那应当是零元素;于是在我面前立刻出现了一个奇怪公式

$$pq - qp = -\frac{h}{2\pi i}$$

这意味着坐标 q 和动量 p 不是用数值来表示,而是用符号来表示,它们的乘积依赖于因子的次序——它们是所谓不可“对易的”。

我被这个结果所引起的激动,就好像一个航行很久的水手远远看见陆地一样,唯一遗憾的是海森堡不曾同我在一起。我从一开始就深信,我们已经接近真理了。可是大部分工作还只是猜测的,特别是上一表式中非对角的元素等于零这点。在这个问题上,我获得了我的学生约当的合作,我们在几天之内就成功地证明了我猜得对。在约当和我合写的文章里[①]提出了一些最重要的量子力学原理,其中包括量子力学在电动力学上的推广。

接着便是我们三人合作的一个衰竭时期,海森堡的不在带来了困难。信件往返是很活跃的,我写的东西不幸在政治动乱中散失了。结果是三人合写了一篇文章[②],使得这一研究在形式方面达到了一定程度的完善。在这篇文章发表前,发生了第一个戏剧性的奇事:狄拉克关于同一个题目发表了一篇文章[③]。狄拉克从海森堡在剑桥的演讲中得到了启发,引导他得到了类似于我们在

① M. Born & P. Jordan, *Z. Phys.*, **34**, 358(1925)。

② M. Born, W. Heisenberg, P. Jordan, 同上, **35**, 557(1926)。

③ P. A. M. Dirac, *Proc. Roy. Soc.* (*London*) A **109**, 642(1925)。

哥庭根得到的结果,不同的是,他没有借助已知的数学中的矩阵理论,而是为自己发现了并且精心建立了一门关于这些不可对易符号的学说。

不久以后,泡利完成了量子力学第一个非比寻常的而且在物理上也很重要的应用,[①]他用矩阵方法算出了氢原子的定态能值,结果完全与玻尔的公式相符。从这时起,人们对理论的正确性就不再有什么怀疑了。

然而,这个形式体系的真正意义却丝毫也不清楚。如同经常出现的情况一样,数学要比解释的思想更聪明些。当我们还在讨论这点时,发生了第二个戏剧性的奇事:薛定谔发表了他的著名论文。[②] 他所遵循的是一条完全不同的思想路线,那是从路易·德布洛意那里引出来的。[③] 早先几年,德布洛意提出过一个大胆的主张,并且得到辉煌的理论考虑的支持,他主张电子也应当显示物理学家在光的情形下所熟知的那种波粒二象性;按照这些观念,每个可以自由运动的电子都对应有一个波长完全确定的平面波,这波长由普朗克常数和电子的质量决定。德布洛意的这篇激动人心的短文,是我们在哥庭根的人都知道的。

1925 年,有一天我接到戴维荪的一封信,里面谈到电子在金属表面上反射的种种奇怪结果。我在实验方面的同事詹姆斯·弗兰克和我马上就揣想,戴维荪的这些曲线也许就是德布洛意电子

---

① W. Pauli, *Z. Physick* **36**, 336(1926)。

② E. Schrödinger, *Ann. Physick*(4), **79**, 361, 489, 734(1926); **80**, 437(1926); **81**, 109(1926)。

③ Louis De Broglie, Thèses, Paris, 1924; *Ann. Physik*(10), **3**, 22, (1925)。

波的晶格波谱,所以就安排我们的一位学生爱尔沙色去研究这件事①。他的结果是德布洛意观念的第一次定量的证明,后来戴维荪和革末②以及 G. P. 汤姆逊③又用一系列实验独立地完成了这个证明。

我们是这样地熟悉德布洛意的思想路线,但这并没有进一步引导我们把它应用到原子中的电子结构上。这是留给了薛定谔去完成的。他把德布洛意的适用于自由运动的波动方程,推广到有力作用的情形,并且精确地表述了波函数 ψ 所必须满足的一些附加条件,这些条件曾为德布洛意暗示过,那就是,ψ 必须是单值的,而且在空间和时间中有限。他成功地导出了氢原子的定态,它们是其波动方程的不扩展至无限远的单色波解。不久以后,在 1926 年初,关于这方面的解释似乎突然有了两个自容的但又完全不同的体系,即矩阵力学和波动力学。但是薛定谔本人很快就证明了两者完全等价。

和哥庭根或剑桥关于量子力学的说法比起来,波动力学更受欢迎得多。波动力学运算的是波函数 ψ,它至少在单粒子情形下可以在空间中描绘出来,而且波动力学使用的数学方法是偏微分方程,那是每个物理学家都熟悉的。薛定谔还认为他的波动论有可能回到决定论的经典物理去;他建议完全放弃粒子的图像,不把电子说成粒子,而说成是一种连续的密度分布 $|\psi|^2$ 或电荷密度分

① W. Elsasser, *Naturwiss.* **13**, 711(1925)。

② C. J. Davisson & L. H. Germer, *Phys. Rev.* **30**, 707(1927)。

③ G. P. Thomson & A. Reid, *Nature* **119**, 890(1927); G. P. Thomson, *Proc. Roy. Soc.* (*London*) A **117**, 600(1928)。

布 $e|\psi|^2$（就在最近，他又重新强调提出了这个意见①）。

对我们哥廷根的人来说，这个解释在实验事实面前是站不住脚的。那时已有可能用闪烁法或盖革计数器记数粒子，并且已能借助威尔逊云室把它们的径迹拍下照片来了。

我认为只考虑束缚电子是不可能解释清楚 ψ 函数的。所以我早在 1925 年年底就力图把显然只能处理振荡过程的矩阵方法加以推广，使其也适用于非周期过程。那时我正在美国麻省理工学院作客，在那里我发现 N. 维纳是一位杰出的合作者。在我们合写的文章中②，把矩阵改成了算符这个一般的概念，这样就有可能描述非周期过程了。可是我们找错了真正的门路，那还是由薛定谔找到的；当时我马上就采用了他的方法，因为这可以引导到 ψ 函数的解释。爱因斯坦的观念又一次引导了我。他曾经把光波的振幅解释为光子出现的几率密度，从而使粒子（光量子或光子）和波的二象性成为可理解的。这个观念马上可以推广到 ψ 函数上：$|\psi|^2$ 必须是电子（或其他粒子）的几率密度。这样主张是不难的；但怎样去证明呢？

对于这个目的，原子散射过程本身作了提示：一簇来自无限远处的电子，可表为强度已知（即 $|\psi|^2$ 已知）的入射波，它们撞在一障碍物上，譬如说重原子上。正如轮船引起的水波遇到木桩时便激起次级的圆形波一样，入射电子波在原子作用下有一部分变为次级的球面波，其振荡振幅 ψ 在不同方向是不同的。在远离散射

① E. Schrödinger, *Brit. F. Phil. Sci.* **3**, 109, 233 (1952)。

② M. Born & N. Wiener, *Z. Physik* **36**, 174 (1926)。

中心处，这波的振幅平方决定着散射到某一方向的相对几率。此外，如果散射原子本身可以存在在不同的定态上，则由薛定谔波动方程也可十分自然地得到这些态被激发的几率，此时电子在散射后能量有损失，即所谓散射是非弹性的。这样，就有可能为玻尔理论的假设——这是弗兰克和赫兹首先从实验上证实的——提供一个理论基础[1]。不久，温侧尔就从我的理论成功地导出了著名的 α 粒子散射的卢瑟福公式[2]。

但是，和这些成就比较起来，使 ψ 函数的统计解释迅速被接受的一个更重要的因素，却是海森堡的一篇文章[3]，其中包含他的著名的测不准关系，通过这一关系，新概念的革命性特征才第一次被弄清了。事情表明，我们不仅需要放弃经典物理，而且还需要放弃原子物理中把粒子想象成极细小的沙粒似的那种关于实在的朴素概念。一粒沙子在任何时候都有确定的位置和速度。对电子来说情况就不是如此了；如果决定位置时的准确度越高，决定速度的可能性就越小，反之亦然。我将在更一般的关系方面回到这些问题上来，但在此以前我想稍微谈谈碰撞的理论。

我所用的数学近似技巧是比较简单的，但不久就得到了改进。在那已经多到难以计数的文献当中，我只能指出少数几个早期作者的名字，他们使理论获得了大大的进展。这些人是：挪威的荷兹马克，瑞典的法汉，德国的贝特，英国的摩特和马塞。

---

① M. Born, *Z. Physik*, **37**, 863(1926); **38**, 803(1926); *Gött. Naohr. Math. Physik* k_1, **1**, 146(1926)。

② G. Wentzel, *Z. Physik* **40**, 590(1926)。

③ W. Heisenberg, 同上, **43**, 172(1927)。

今天,碰撞理论已成了一门专门科学,它本身有着成卷的大部头教本,其成就已经完全在我之上了。当然,归根到底,所有现代的物理学部门,即量子电动力学,关于介子、原子核、宇宙射线、基本粒子及其转变的理论,都属于这一观念领域,这个领域里的讨论是没有界限可言的。

我还想说一下在1926年到1927年间,我曾设法用另一种方法去证明量子力学统计概念的合理性,那是部分和俄国物理学家福克合作的[①]。在前面提到的那篇三人合写的文章中,有一节实际上预测到了薛定谔函数;只是没有把它看作一个空间的函数 ψ,而是看作具有分立足标的函数 ψ_n,其分立足标 $n=1,2,\cdots$ 是定态的标号。如果所考虑的系统受到一个随时间变化的力的作用,则 ψ_n 也就是含时间的,而 $|\psi_n(t)|^2$ 则表示在时刻 t 出现定态 n 的几率。

这样,我们从一个仅出现一个定态的初始分布出发,就可以求得跃迁几率,并能研究它们的性质。当时我们特别感兴趣的是绝热极限情况下的问题,在此情况下外界作用的改变很缓慢;能够证明,此时跃迁几率变得特别小,这是可以预期到的结果。狄拉克也独立地发展了一个关于跃迁几率的理论,并且取得了结果。可以说,整个原子物理和核物理都要用这个概念体系来工作,特别是狄拉克给予它们的那种极为简洁的形式[②];差不多所有的实验都导

---

① M. Born, *Z. Physik*, **40**, 167(1926); M. Born & V. Fock, 同上, **51**, 165(1928)。

② P. A. M. Dirac, *Proc. Roy. Soc.* (*London*) A**109**, 642(1925); **110**, 561(1926); **111**, 281(1926); **112**, 674(1926)。

致关于事件的相对几率的陈述,即便它们披着截面之类名字的外衣。

那么,像爱因斯坦、薛定谔和德布洛意这些伟大的发现者,又怎样会不满足于这种情况的呢?事实上,所有这些人的反对意见都不是针对公式的正确性,而是针对关于它们的解释的。我们必须区别开两个密切交织着的观点,即决定论的问题和关于实在的问题。

牛顿力学在如下意义上是决定论的。如果准确地给定系统的初始状态(全部粒子的位置和速度),则任一其他时刻的状态都可由力学定律算出。一切其他的物理学部门都是按照这种式样建立起来的。机械决定论逐渐成了一种信条——宇宙像是一部机器,一部自动机。就我所知,在古代或中古时代的哲学中,并无这种观念的先例;它是牛顿力学巨大成就的产物,特别是天文学中巨大成就的产物。在十九世纪,它成了整个精确科学的基本哲学原则。我曾自问,这个原则是否真的合理。我们在经典运动方程的基础上真的能对一切时间作出预言吗?由简单的例子不难看出,这只是我们假设有可能绝对准确地进行测量(位置的,速度的或其他量的)时的情况。让我们考虑一个无摩擦地在一直线的两端点(壁)之间运动的粒子,粒子在端点处作完全弹性的反冲。它以不变的速度往返运动,此速度等于其初速 v_0,我们可以准确地说出它在一指定时刻的位置,只要 v_0 准确地已知。

但是,如果容许有一不准确度 Δv_0,则在时刻 t,预言位置的不准确性便是 $t\Delta v_0$;这就是说,它随 t 而增大。如果我们等待较久,则

当到达时刻 $t_c=\frac{l}{\Delta v_0}$ 时(此处 l 是两弹性壁之间的距离),不准确度 Δx 便将等于整个区间 l。这样,关于 t_c 以后时刻的位置,我们就绝不可能说什么了。只要我们容许速度数据哪怕有最小的不准确性,决定性就要变成完全非决定性。我们说绝对的数据是否有什么意义呢(我的意思是指物理意义,而不是形而上学的意义)? 我们说坐标 x 等于 π 厘米合不合理呢(这里 $\pi=3.1415\cdots$ 是一个熟知的超越数,即是圆周与其直径的比率)? 作为一个数学工具说来,用无穷小数表示实数是一个极为重要和有用的概念。作为物理量的量度说来,它就是毫无意义的概念了。如果把 π 算到小数第 20 位或 25 位,得到的两个数就不能用任何测量把它们彼此区别开或和真正的值区别开来了。按照爱因斯坦在相对论中以及海森堡在量子论中所使用的富有启发性的原则,在物理学中应当取消那些不和可以设想的观测相对应的概念。在上述情况下也能毫不困难地做到这点;我们只要把 $x=\pi$ 厘米这类说法改成:x 之值的分布几率在 $x=\pi$ 厘米处具有一尖锐的最大值;而且(如果想更准确的话)我们还可以加上一句:其分布宽度如何如何。简言之,通常的力学必须按统计方式来表述。最近我曾在这种表述方式上花了一点时间,知道这是不难做到的。这里不是更详细地介绍这个问题的地方。我只想着重指出一点,即经典物理的决定论已表明是一种假象,是由于过分重视数理逻辑的概念结构而产生的。它在探索自然中是一种偶像,而非理想,因此不能用它来反对关于量子力学的基本上为非决定论的统计解释。

关于实在的争论就困难得多了。粒子(例如一粒沙子)的概念暗中含有这样一个观念:它有确定的位置,作确定的运动。但是按照量子力学,要同时任意准确地决定位置和运动(更确切地说应为动量,即质量乘以速度)是不可能的。这就产生两个问题。首先,不管理论上断言如何,是什么东西妨碍我们用精密实验去任意准确地测量这两个量的呢?其次,要是我们真的弄清楚了这是行不通的话,那我们还有根据对电子应用粒子的概念以及与之相应的观念吗?

关于第一个问题,很清楚,如果理论是对的话(我们有充分的理由相信这点),那么,妨碍位置和运动(以及其他一对对类似的所谓"共轭的"量)之同时可测性的东西,必在于量子力学规律本身。情况的确是这样,但这决非显而易见的。玻尔本人曾经花了许多精力去发展一个测量理论[①],以便澄清这种情况,并且回答爱因斯坦的那些最巧妙的论点,爱因斯坦曾不断设法想出一些测量装置,企图借以同时准确地测得位置和运动。结果是这样:为了测量空间坐标和时间的瞬间,需要有一个刚性量尺和时钟。另一方面,要测量动量和能量,仪器装置需要有一些可动的部分,以便接受并且指示待测物体的撞击。如果考虑到量子力学也适合于处理物体和仪器的相互作用这个事实,就可看出任何测量装置都不可能同时满足这两个条件。因此,实验是相互排斥而又并协的,只有把它们结合起来,才可以揭示出我们关于一个物体所能知道的一切。物理学中这种并协的观念已被公认为直观理解量子过程的关

① Niels Bohr, *Naturwiss*, **16**, 245(1928); **17**, 483(1929); **21**, 13(1933); "Causality and Complementarity", *Die Erkenntnis* **6**, 293(1936)。

键。玻尔曾将这个观念巧妙地转用到一些完全不同的方面——例如转用到意识和大脑的关系上,自由意志问题上以及其他的基本哲学问题上。

现在我们来谈最后一点:我们还能够把那种不能按照通常方式将位置和运动的概念与之联系起来的东西称作一个事物或粒子吗?如果不能,我们的理论发明出来要描述的实在又是什么呢?

回答这个问题不是物理学而是哲学的事,要完全讨论它会超出这次演讲的范围。关于这个问题,我已在别处充分表明了我的看法[①]。这里我只想说,我是强调保留粒子观念的。自然,这需要重新确定粒子的意义。为此目的已有相当成熟的概念可以利用,那就是数学中所熟知的所谓关于变换的不变性。我们所知觉到的每个物体,表现出无数的方面。物体的概念就是所有这些方面的一个不变量。从这个观点看来,目前普遍应用的同时出现粒子和波的概念体系,完全可以证明是合理的。

但是,最近关于原子核和基本粒子的研究已把我们引到了这个概念体系将显得不够用的边缘。从我所介绍的关于量子力学起源的故事中,我们要得到一个教训,那就是,数学方法的改进看来并不足以产生一个令人满意的理论;在我们学说中的某处可能潜藏着一个不能用任何经验来证实的概念,必须取消它,才可以扫清道路。

① M. Born, *Phil. Quart.* **3**, 134(1953); *Physik. Bl.* **10**, 49(1954)。

物理学和相对论

〔1955年7月16日在瑞士伯尔尼国际相对论会议上所作的演讲。〕

我感到很荣幸地被邀来代替N.玻尔谈谈物理学和相对论，他因故未能前来伯尔尼。

我不知道玻尔选择这个讲题时是怎样想的。我记不起来我有没有和他讨论过相对论了；事实上也没有什么可讨论，因为我们对所有的主要之点意见都一致。“物理学和相对论”这个题目可以用不同的方式来解释：它的意思可以是指我们对相对论借以建立的那些经验事实的回顾，也可以是指我们对相对论在整个物理学中发生的影响作一番考查。现在，这样一次考查正是这次会议的目的；如果要总结一下所有的报告和研究结果，那会是放肆的，而且远非我之力所能及。我想还是向诸位提供一些关于五十年前爱因斯坦第一批论文发表时物理学状况的感想，把那些论文的内容与他前辈的工作作一比较分析，同时叙述一下它们对物理世界的冲击。对你们大部分人来说，这是历史。在你们开始学习的时候，相对论已是一项确立了的理论了。像我那样还能记得那些遥远日子的人，已经所剩无几了。在那些和我同辈的人看来，爱因斯坦的理论是一个崭新的革命理论,需要努力才能消化它。不是每个人都能够或者愿意这样做的。因此,在爱因斯坦发现这理论以后的一段时期充满了争论,有时甚至是尖锐的争吵。我想讲讲我所知道的故事,试一试把那些为现代物理学奠定基础的激动人心的日子重温一下。

当我 1901 年开始在大学学习的时候,麦克斯韦的理论已是各处公认的了,但非各处都在讲授。我在布雷斯劳大学听到的谢菲的演讲,是那里第一次讲授这种理论,当时我们听起来似乎很困难。当我 1904 年来到哥庭根的时候,我去听了伏阿根据麦克斯韦理论所作的关于光学的演讲;但那是一次新的大胆尝试,从弹性以太理论转变过来只是几年以前的事。那时候,哥庭根在理论物理方面具有现代精神的主要代表人物是阿伯拉罕,他的名著那时叫 Abraham-Föppl(阿伯拉罕-富伯),现在叫 Abraham-Becker(阿伯拉罕-贝克)的,是我们知识的主要来源。这一切都说明我们是在怎样的科学气氛中成长起来的。牛顿力学仍然完全支配着整个领域,虽然在前十年中已经有了某些革命性发现,例如 X 射线,放射性,电子,辐射公式,能量子等等。大学生受到的教导仍然是(我想不仅在德国,而且在各处都是如此):物理学的目的即在于把一切现象简化为遵守牛顿定律的粒子运动;怀疑这些定律是从未出现过的异端。

我第一次遇到关于这种信条的困难是在 1905 年,就是我们今天庆祝的那一年。我是在一个研究电子论的讨论班里遇到这些困难的,这个讨论班的主持人不是一位物理学家,而是一位数学家,叫明可夫斯基。我对这些遥远的往日当然已经记忆模糊,但我可以肯定,在这个讨论班里,我们讨论的是这个时期所知道的关于运动系统的电动力学和光学的东西。我们研究了赫兹,斐兹杰惹,拉摩,洛伦兹,彭加勒和其他等人的论文,但也约略知道明可夫斯基本人的观念,那些观念仅仅在两年后就发表了。

现在我要谈谈爱因斯坦的这些前辈的工作,主要是洛伦兹和彭加勒的工作。但我承认,我没有把他们那些数不清的论文和著作全部重新读过。我从爱丁堡的教席引退后,便在一个没有科学图书馆的宁静地方定居下来,自己的大部分书籍都丢掉了。所以我多半是靠记忆,帮助我的只有少数几本我将引用的书。

洛伦兹在 1892 年和 1895 年关于运动物体电动力学的重要论文包含着相对论形式体系里的许多东西。然而,他的基本假设完全是非相对论性的。他假设有一种绝对静止的以太,是牛顿绝对空间的实体化;同时他还把牛顿的绝对时间视为当然的。当他发现他适用于虚空空间的场方程在坐标 x,y,z 和时间 t 同时变换为新参量 x',y',z',t' 的某些线性变换下保持不变时,他就把这些参量称为“局部坐标”和“局部时间”。彭加勒后来引进了洛伦兹变换的名词来称呼这些变换,事实上它们在洛伦兹以前就有了;早在 1887 年伏阿就注意到,光的弹性理论里的波动方程对这种类型的变换是不变式。洛伦兹进一步证明了,如果把物质和光之间的相互作用看成是由于嵌入物质中的电子引起的话,则所有涉及 $\beta=\frac{v}{c}$(v = 物体的速度,c = 光速)的一级效应的观测都可得到解释,特别是可以解释下一事实:参与运动的观测者不可能发现物体运动的一级效应。但是有些很精确的实验表明,例如迈克尔逊 1881 年在波茨坦初次进行的,后来于 1887 年由迈克尔逊和莫雷以更高的精确度重复进行的实验表明,地球运动的效应甚至到β的二次项也不能发现。为了解释这点,斐兹杰惹在1892年创立了缩短假说,洛伦兹马上就采用了它,并且把它纳入他的体系里去。这样,洛伦兹就得到了运动物体的一组场方程,与一切已知的观测都相符;它对于虚空空间中的过程是相对论性不变式,而对于实物体是近似不变式(近似到β的一次项)。但是,洛伦兹仍然坚持他的静止以太和传统的绝对时间。我马上要回到这一点来。彭加勒采纳了这一研究结果,向前跨进了一步。关于他的工作,我参考的是瓦爱塔克的名著 *A History of the Theories of Aether and Electricity*(《以太和弹性理论的历史》),我在学生时代就已用此书作为指南。这本书现在已完全重写过。新版本的第二卷谈的是"现代理论,1900—1926";在那里你们可以找到从彭加勒的论文中援引来的材料,其中有些我曾查过原文。援引的这些材料表明,早在1899年,彭加勒就认为绝对运动很可能在原则上不能觉察到,并且认为以太很可能不存在。1904年他在美国圣路易斯举行的艺术科学会议上所作的一次演讲中,用更严密的形式表述了这些观念,虽然没有用到任何数学;他预言将有一种新的力学出现,其主要特征将表现为如下的法则:任何速度都不可能超过光速。

瓦爱塔克从这些话里得到很深的印象,以致他把他书里有关的一章取名为"彭加勒和洛伦兹的相对论"。爱因斯坦的贡献在书中似乎是处于次要地位。

根据我自己的回忆并借助我手边的几本可利用的书刊,我设法就这个问题形成了一个意见。

在第一次世界大战前的那些愉快年代里,哥庭根学会有一个笔名为乌夫斯开-斯铁夫东(Wolfskehl-Stiftung)的基金(W 基金)。这项基金原来是指定用十万马克作为奖金授给能证明费尔玛著名的“伟大定理”的人的。每年都收到几百封信,甚至只是明信片,声称其中提出了答案,而数学家们就为此忙于检查错误。后来这个工作的琐碎无益变得如此的令人厌烦,以致决定将这笔款项用于其他更为有益的目的上,那就是邀请著名学者就当前的科学问题作学术演讲。在这一系列演讲中,有一次是由彭加勒在 1909 年 4 月 22 日到 28 日作的,并在 1910 年由托布纳出版成书。我出席了这些“彭加勒宴余演讲会”(P. -Festival,我们当时这样称呼它)。如今我从头至尾看了一下这本书,又刷新了回忆。开头的五次演讲谈的是纯数学问题;第六次演讲题为“La mécanique nouvelle”(“新的力学”)。这是一次通俗的相对论报告,没有任何公式,只有极少的引证。报告中始终没有提到爱因斯坦和明可夫斯基,只提到了迈克尔逊、阿伯拉罕和洛伦兹。但是彭加勒用的推理方法正是爱因斯坦在 1905 年第一篇论文里所引入的,我即将谈到这篇论文。这是不是意味着彭加勒比爱因斯坦先知道这一切呢?这是可能的,但奇怪的是,这次演讲明确地给你的一个印象是,他在报告洛伦兹的工作。

另一方面,洛伦兹本人从未声称自己是相对论原理的创立者。在彭加勒访问哥庭根的后一年,我们举行了洛伦兹宴余演讲会。我当时作为一个年轻的额外讲师[1],被指定为这位著名客人的临

---

[1] 德国或其他欧洲大学里的一种讲师,不由学校付薪俸,而以学生所交的学费为报酬。——译注

时助手,同时负有记录讲辞、筹备出版它们的责任。因此,我有着每天和洛伦兹讨论的特权。那些演讲发表在*Physikalische Zeitschrift*上(11卷,1910年,1234页)。第二次演讲开头的几句话是:“在这儿,在哥庭根,明可夫斯基任教过的地方,来讨论爱因斯坦的相对论原理,对我来说是一件特别愉快的任务”。这已足够表明洛伦兹本人认为爱因斯坦是相对论原理的发现者了。在同一页上以及随后的几节中,还有其他的言论表明洛伦兹不愿放弃绝对空间和绝对时间的观念。当我在他逝世前几年访问他时,他的怀疑主义仍未改变。

我把所有这些细节告诉给你们,是因为它们可以阐明五十年前的科学实况,而并非因为我认为优先权的问题具有很大的重要性。

现在请让我回到我自己在相对论问题上的努力。在哥庭根获得博士学位后,我于1907年到了剑桥,想在发源之地学习一些关于电子的东西。J. J. 汤姆逊的讲课确实令人非常振奋,他演示了一些辉煌的实验。但是拉摩的理论课对我并无多大帮助;我觉得他的爱尔兰方言很难懂,我所听懂的东西,其水平似乎还未到达明可夫斯基的观念。后来我回到家乡布雷斯劳,终于在那里听到了爱因斯坦的名字,读到他的论文。那时我正在研究一个相对论问题,那是在明可夫斯基讨论班里留下的问题;我向朋友们谈到了它。我的朋友中有一位名叫斯坦涅斯劳斯·洛雷艾的年轻波兰人,指点我注意爱因斯坦的论文,这样我就读了这些文章。虽然我对相对论的观念和洛伦兹变换已很熟悉,但是爱因斯坦的推理对我仍是一种启示。

你们当中很多人也许已经看了他刊载在 1905 年 *Annalen der Physik*(4),17 卷,811 页上的论文"Zur Elektrodynamik bewegter Körper"("论运动物体的电动力学")。你们想必注意到某些特点。突出的一点是,它没有援引前人的一篇文献。这给你一种全新大胆尝试的印象。但是,正如我已尽力说明的,那当然并不真实。我们有爱因斯坦本人的证言。塞立格博士出版过一本关于"爱因斯坦和瑞士"的最引人的书,塞立格曾经问爱因斯坦,他在百恩的一段时期哪篇科学文献对他的相对论观念最有帮助。今年 2 月 19 日塞立格博士收到了回信,他已把这封信发表在 *Technische Rundschau* 上(N. 20, 47. Jahrgang, Bern 6. Mai 1955);爱因斯坦写道:

> "毫无疑问,要是我们从回顾中去看特殊相对论的发展的话,那么它在 1905 年已到了发现的成熟阶段。洛伦兹已经注意到,为了分析麦克斯韦方程,那些后来以他的名字而闻名的变换是重要的;彭加勒在有关方面甚至更深入钻研了一步。至于我自己,我只知道洛伦兹在 1895 年的重要工作(上面所引德文书中的两篇论文),但不知道洛伦兹后来的工作,也不知道彭加勒继续下去的研究。在这个意义上说,我在 1905 年的工作是独立的。它的新特点在于理会到这一事实:洛伦兹变换的意义不仅在于它和麦克斯韦方程有联系,而且它还一般地论述到空间和时间的本性。进一步的新结果是:'洛伦兹不变性'是任何物理理论的普遍条件。这对我有特别重要的意义,因为我以前已经发觉,麦克斯韦的理论不能说明辐射的

微观结构,因而不可能是普遍有效的——。”

我想,这就使得情况完全清楚了。这封信的最后一句特别重要。因为它表明,爱因斯坦 1905 年关于相对论和光量子的论文并非不相关联。那时他已经认为麦克斯韦方程只是近似正确的,光的真实行为比较复杂,应当用光量子(或者如今天所说的光子)来说明;而相对论原理是一个更普遍的原理,它所根据的考虑,应该在麦克斯韦方程不得不被放弃而代之以一种关于光的精细结构的新理论(则我们今天的量子电动力学)时仍然有效。

爱因斯坦第一篇相对论论文的第二个特点在于他的出发点,在于他那些借以建立其理论的经验事实。这个出发点具有惊人的简洁性。他说,感应定律通常的公式表述中含有一种非对称性,那是人为的,不符合事实的。根据观测事实,感应电流仅与导线和磁铁的相对运动有关,而通常的理论在解释这效应时,却有十分不同的说法,要看是导线静止磁铁运动还是磁铁静止导线运动。然后文章接着就这件事实写了一短句,说一切想从实验上发现地球相对于以太运动的企图都失败了。这给人这样一种印象,就是迈克尔逊的实验毕竟不是那么重要的,爱因斯坦无论怎样都会到达他的相对论原理。

这个原理连同光速是一与参考系无关的常数这个公设一起,乃是寥寥几页上借以导出整个理论的仅有的假设。第一步是阐明不同地点上两个事件的绝对同时性没有物理意义。然后用两个放在同一参考系中不同地点上的时钟来定义相对的同时性,它表示光信号在两时钟之间来回所需的时间相同。这个定义可以直接导致洛伦兹变换及其全部推论,即洛伦兹-斐兹杰惹缩短,时间膨胀,速度相加定理,真空中电磁场分量的变换律,多普勒原理,光行差效应,能量转换定律,电子运动的方程,以及纵向质量和横向质量作为速度函数的公式。

但是,对我——以及对许多其他人——来说,这篇论文激动人心的特点与其说是在于它的简洁性和完整性,不如说是在于那种敢于大胆向牛顿的已建立起来的哲学,向那传统的空间和时间的概念进行挑战的勇气。这就把爱因斯坦的工作从他前辈的工作中突出出来,从而使我们有权利说,那是爱因斯坦的相对论,尽管瓦爱塔克持有不同的意见。

爱因斯坦在他第二篇相对论论文"Ist die Trägheit eines Körpers von seinem Energieinhalt abhängig?"〔"物体的质量是否依赖于它的能量?"*Ann. d. Phys.* (4), vol. 18, 1905, 639〕中,有三页的篇幅是证明著名的公式 $E=mc^2$ 的,这个表明质量和能量等价的公式,结果变得对核物理、对物质结构和星球能量来源的理解以及对原子核能的技术利用(不论是好的还是坏的),都有基本的重要性。这篇论文也成了优先权争论的目标。事实上,这个公式在特殊情况下是已经知道了的;例如奥地利物理学家哈孙隆尔早在1904年便已证明,密封在容器里的电磁辐射使容器抗拒加速度的能力增大,就是使容器的质量增大,此增大与辐射能量成正比。哈孙隆尔已在第一次世界大战中牺牲,当他的名字后来被人错用来损坏爱因斯坦发现的名誉时,他已无法反对了。然而,我不打算进一步去说这个不光彩的故事。我提到这些事只是为了使大家了解,狭义相对论毕竟不是个人的发现。爱因斯坦的工作是一座拱门的拱心石,这座拱门是洛伦兹、彭加勒和其他等人建造起来的,它支撑着明可夫斯基树立起的一座建筑物。我以为忘掉这些人是不对的,在许多书上都能找到这样的错误。甚至佛兰克所著的著名传记《爱因斯坦,他的生活和时代》也不能免于受到这种责备,例如他说(在德文版第六卷第三章),在爱因斯坦以前从未有人想到过一种光速在其中起突出作用的新型力学定律。彭加勒和洛伦兹两人早就发觉这点了,质量的相对论性表达式(含有 c)已被公正地称为洛伦兹公式。

今天,这个公式已是非常自然的了,以致你们简直不会想象到关于它激烈进行争论的刻薄情形。1901 年,考夫曼在哥庭根根据快速阴极射线电磁偏转的研究首先确立了电子的质量依赖于其速度的事实。我前面已经提到的阿伯拉罕接受了这次挑战,他证明了,J. J. 汤姆逊所引入的电磁质量(即电子本身的场的自能)在适当发展到高速时,的确与速度有关。他假设电子是一个刚性球:但后来他又考虑到洛伦兹-斐兹杰惹缩短,修改了他的理论,并且恰好得到洛伦兹早已用比较简单的推理方法得到的那个公式。事实上,能量和质量之依赖于速度根本和所考虑物体的结构无关,而是一个普遍的相对论性效应。在弄清楚这点之前,许多理论家关于刚性电子的电磁自能写了长篇累牍的(如果不说是可怕的话)文章,其中有赫格洛兹,赫兹,索末菲以及其他人。我初次的科学尝试也是在这方面;但我没有假设电子具有经典意义上的刚性,而是借助我从明可夫斯基那里学来的方法把洛伦兹电子推广到加速运动情形,试图借以定义相对论性的刚性。

今天,这一切努力都显得有些白费;量子论使得观点改变了,目前的趋势与其说是要解决自能的问题，不如说是要避开它。但是，总有一天它会回到舞台的中心。

明可夫斯基在1907年发表了他的论文“Die Grundlagen für die elektromagnetischen Vorgänge in bewegten körpern”（“运动物体中电磁过程的基础”）。文章系统地介绍了他用一种赝欧几里得几何把空间和时间在形式上统一成一个四维“世界”的理论，为此他发展了一种矢量张量微积分。这种微积分经过一定修改后马上就成为一切相对论研究的标准方法。此外，明可夫斯基的文章还包含一些新的重要结果，他得到了运动实物体中的电磁场方程组，它对于洛伦兹变换是精确的不变式，而不是像洛伦兹那些稍有不同的方程那样只是近似的不变式；还有，文章提出了一种研究力学运动方程的新方法。

1908年初，我大胆地把我关于电子论的手稿寄给了明可夫斯基，他好意地复了我的信。同年9月21日，我在科伦听到了他的著名演讲“空间和时间”，在这次演讲中，他把他的观念以通俗的形式向自然科学协会的会员作了解释。他邀请我到哥庭根去和他一同搞些进一步的工作。我按照他的话做了；但可惜的是，几星期后由于明可夫斯基的突然去世，我们的合作即行中止。选查他那些未发表的论文的工作落到我的身上，其中有一篇我接着重新写过发表了。

第二年，即1909年，我在萨尔斯堡的自然科学协会第一次和爱因斯坦会晤。爱因斯坦正在那里发表题为“我们关于光的本性的看法所经历的新变化”的演讲，意思显然是介绍光量子。我也讲了“相对论原理体系中的电子动力学”。在我看来，很有趣的是，爱因斯坦似乎已经越出了狭义相对论,把它留给二三流的先知者去研究,而自己却在仔细考虑由于光的量子结构所引起的新的谜,当然,他也在仔细考虑引力和广义相对论的问题,当时广义相对论还未成熟到可以普遍讨论的地步。

从此以后,我在各种会议上不时地见到爱因斯坦,并且偶尔和他往返一些信件。1909 年,他担任苏黎世大学的教授,继于 1910 年担任布拉格大学教授,1912 年又回到苏黎世,任多科性工业大学教授。翌年他到了柏林,在那里,普鲁士学院给了他一个特殊职位,那是由于范霍夫逝世而空缺下来的,不担任教学任务,且有其他权利。这次聘请主要是由于普朗克的努力,普朗克对相对论有着浓厚的兴趣,并且在相对论力学和热力学方面写过若干重要的论文。两年后,在 1915 年春季,我也被普朗克邀至柏林,作他的教学助手。以后的四年是我一生中最可纪念的时期,这并不是因为第一次世界大战正带着所有的悲哀、激动、掠夺和侮辱而在激烈地进行,而是因为我在普朗克和爱因斯坦的身边。

只有这个时期,我经常见到爱因斯坦,有时几乎每天都见到。在这段时期,我能仔细观察他心里的活动,弄清楚他对物理学以及许多其他方面的观念。

这正是广义相对论终于表述出来的时候。和狭义相对论大大不同,如今这是真正的个人的工作。这项工作早在 1907 年 12 月发表的一篇论文里就开始了,那篇论文提出了等价原理,它是广义相对论整个庄严建筑物借以建立的唯一的经验柱石。

当我们谈到爱因斯坦 1905 年在他的狭义相对论中所用的物理事实时,我曾说,电磁感应定律对爱因斯坦似乎比迈克尔逊实验更有指引价值。那时候,感应定律已有70年的历史(法拉第是在1834年发现它的),每个人始终都知道,这个效应只与相对运动有关,但是谁也不曾因为理论没有考虑这种情况而不满。

现在,等价原理的情况也很类似,只是,关键的事实在更早得多的时候,即在250年前就已人人皆知。伽利略曾发现,在地球重力作用下,所有物体都以相同的加速度运动,牛顿把这点推广到天体以万有引力相互吸引的情形。惯性质量和引力质量相等的事实,被认为是牛顿力的一个特性,似乎谁也没有仔细想过这一事实。

狭义相对论在整个物理学中恢复了牛顿力学惯性系的特殊作用和等价性;只要没有加速度,就不可能觉察到绝对运动。而离心力以及加速系统(例如转动系统)中出现的相应的电磁现象这些惯性效应,却只能用绝对空间来描述。爱因斯坦认为这是不可容忍的。他仔细考虑这点后,注意到惯性质量和引力质量的相等乃是意味着:在一封闭匣中的观测者不可能决定匣中物体运动的不均匀性是由于整个匣子的加速度引起的,还是由于外界重力场引起的。这给他提供了广义相对论的线索。爱因斯坦假定,这一等价性应该是一个对一切自然现象都成立的普遍原理,而不只是对力学运动才成立的。这样,他在1911年就得到这样的结论:一束光线在重力场中一定要偏转,而且立刻提示说,他的简单的偏转公式在实验上可以通过全日蚀时观测太阳附近固定星球的位置来验证。

实际发展这个理论是一项巨大的工作,因为这必须用到一门新的数学,而那是物理学家很不熟悉的。有些比较保守的物理学家,例如阿伯拉罕,米逸,诺斯脱姆等人,企图从爱因斯坦的等价原理发展出一个统一的标量引力场理论,但是没有获得什么成就。爱因斯坦自己是唯一在瑞斯和莱维-西威达所推广的黎曼几何中找到正确数学工具的人;他发现他的老友葛罗斯门是一位技巧熟练的合作者。但还是花了几年的时间,直到 1915 年,方才完成这项工作。

我还记得,1913 年我在蜜月途中随身行李里带了几本爱因斯坦的论文翻印本,它们老是好几个小时地吸引着我的注意力,使我的新娘非常恼火。这些论文在我看来是很引人的,但是很难,几乎使人感到害怕。当我 1915 年在柏林遇到爱因斯坦的时候,这个理论已经有了很多改进,而且由于莱维瑞尔所发现的水星近日点的反常性得到解释而更增加了一层光辉。我不仅从书刊中,而且从多次同爱因斯坦的讨论中懂得了它,其结果是,我决定绝不在这方面尝试做任何工作。广义相对论的创立那时在我看来乃是人类思索自然中的最伟大的功绩,是哲学领悟、物理直觉和数学技巧最惊人的结合,今天我还是这样看。但是,它和经验的关联太少。我觉得它好像是一件伟大的艺术作品,供人远远欣赏和赞羡的。

按照我对这个演讲题目的理解,我不想进一步讨论狭义相对论和广义相对论的实验验证问题,因为我在这方面不是专家,而且别人已经谈到这点。我只想提几桩突出的事件。

1915 年,索末菲发表了关于氢谱线精细结构的相对论性理论。其根据是如下一个数学结果:质量之依赖于速度引起椭圆轨道近日点的进动。很有趣的是,彭加勒也曾想用这个效应去解释水星运动的莱维瑞尔反常性;彭加勒关于这方面的意见是他在前面所提到的哥庭根演讲中说的。结果当然是否定的,因为水星的速度与光速相比小得太多。对原子核周围运动的电子就不同了,这同玻尔和索末菲的量子化法则结合起来便可导致氢谱线分裂的解释。

氢光谱理论的现代说法是根据狄拉克的相对论性波动方程,近年来借助量子电动力学已经取得了很大改进。

相对论和爱因斯坦的光量子观念结合起来的另一个显著结果,是康普顿效应的理论。

艾夫斯和斯提佛耳在 1938 年直接证实了时间膨胀的效果,它引起氢极隧射线的横向多普勒效应,1939 年鲁恰特和奥丁又以更高的精确度证实了这点。这在宇宙射线介子的现代研究中起着很重要的作用,在宇宙射线中,由于速度巨大,观测到的介子寿命可以成百倍地大于它本来的寿命。

如今,狭义相对论对大家已经是一个很自然的理论了,整个原子物理已是这样地同它融合起来,这样地浸没在它里面,以致挑出几个特殊的效应作为爱因斯坦理论的证实简直是毫无意义了。广义相对论的情况则不同;爱因斯坦所预言的三个效应都是存在的,但理论和观测之间定量符合的问题仍在讨论之中。然而,广义相对论的重要性在于它在宇宙论中掀起了一场革命。这场革命开始于 1917 年,当时爱因斯坦曾把他的场方程加以推广,加上了一项所谓宇宙项,并且证明了存在一个代表一封闭宇宙的解。这个关于有限但无界的空间的意见,乃是迄今已经设想到的关于世界本性的最伟大的观念之一。它解释了星球体系为何不弥散而逐渐稀疏的神秘事实,假如空间是无限的,那就会如此。它给马赫的原理提供了物理意义,这个原理认为惯性定律不应当看成是虚空空间的性质,而应当看成是整个星球体系的结果,这就为现代的宇宙膨胀论开辟了道路。在这方面,广义相对论通过天文学家夏普莱,虎布尔以及其他等人的工作又一次找到了和观测的联系。今天,宇宙论已是一门广阔的科学,有着无数的书刊,对此我知道得很少。因此我不得不恰恰略去爱因斯坦在这方面的工作,这项工作也许可以认为是他具有最伟大的成就的。

作为代替,请让我告诉诸位一些我和爱因斯坦在那些过去的日子里个人相处的关系,告诉诸位一些在我们之间最后发生的关于物理学终极原理方面的意见分歧的事。

我们在柏林讨论到的东西远远超出了相对论的范围,甚至超出了一般物理学的范围。由于第一次世界大战正在进行,政治问题当然占了主要地位。关于这些事情我虽很想谈谈,但我必须限于谈物理学。

那时,爱因斯坦正在和德哈斯一起研究所谓回转磁效应的实验,这个效应证明了安培分子电流的存在。他对量子论也深感兴趣,但却为它的许多佯谬所困恼。

1919 年,我到佛兰克福继任劳埃的职位,所以和爱因斯坦的同事关系中断了。但是我们常常相互访问,而且通信是活跃的。我将从这些信件中选出几封读给你们听听。那正是爱因斯坦突然变得举世闻名的时候,正是他的理论连同他的人格成为狂热争论目标的时候。

正当战争前夕,有一个德国探险队曾赴俄国去考察爱因斯坦关于日蚀期间光线被太阳引起偏转的预言;由于战争爆发,探险队员受阻并且成了战俘。战后,两个英国探险队在爱丁顿爵士的领导下又为同样的目的出发了,他们获得了成功。这件事在全世界引起的轰动是很难描述的。爱因斯坦马上成了最出名的妇孺皆知的人物,成了一个打破憎恨之壁而把科学家联合起来齐心协力的人,一个用另一更好的世界体系代替牛顿的世界体系的人。但是同时,一个当我在柏林时就已表现出来的反对派,在P.林纳德和J.斯塔克的领导下成长起来了。这个反对派是出于一种科学上的保守主义和偏见,杂以种族歧视和政治情绪的最荒谬的混合物,因为爱因斯坦是犹太人出身,有着爱好和平反对军国主义的信仰。下面是爱因斯坦来信中的几个例子;1919年6月4日的一封信是从物理学谈起的:

> "……同您一样,量子论使我激起了和您十分相似的感情。其实人们应当为它的成就感到羞惭,因为取得这些成就是靠了基督的一个教条:'一只手必须不知道另一只手在做什么'。"

然后,隔了几行他接着谈到了政治:

> "……一位生硬的X弟兄(指数学家,我们用德文'ixen',英文'to x'表示'计算'——作者注)能眼中带着泪水说,他已经对人类丧失了信心吗?正是当代的人们在政治事务方面的本能行为,才易于使决定论的信仰复活……"

你们看到,他那后来使他同绝大部分物理学家之间产生一道鸿沟的决定论哲学,不仅限于科学,而且也扩展到人类事务上去了。

这时候,德国的通货膨胀已开始严重起来。在我的系里,施特恩和盖拉赫正在准备他们的著名实验,但因经费缺乏而受阻。我决定作一系列关于相对论的通俗演讲,利用大家渴望得到有关这个问题的知识的狂热,收一些听讲费作为我们研究的基金。这个计划成功了,听讲的人很拥挤,当讲辞付印成书后,很快就售出去三版。爱因斯坦对我的努力表示感谢,在1919年11月9日给我的一封信中对我用友好的“你”字来代替拘谨的“您”,信里关于犹太人应该如何反抗正在进行的排犹运动提出了一些看法:

“好,从现在起在我们之间将使用‘你’字来互相称呼了,如果你同意的话……假如犹太人自己积聚一些钱,以便在高等学校之外给予犹太学者以经济上的支持和教学上的便利,我认为是合理的……”

当时,有些著名的科学家和哲学家曾在法兰克福报上攻击爱因斯坦,这引起了我的好争性。我回敬了一篇相当尖锐的文章。爱因斯坦对此似乎感到欣喜,他在1919年12月9日写道:

“你在法兰克福报上的优秀文章给了我很大的喜悦。如今你也将和我一样,受到成群的记者和其他人的纠缠了,虽则程度上轻一些。在我,这件事使我厌恶到简直不能再呼吸下去,更不必说做什么合理的工作了……”

大约一年之后(1920 年 9 月 9 日),他写道:

“……正像神话里的人碰到的每件东西都变成金子一样,对我,每件事都成了报纸上喧哗的声音。各宜得其所应得……”

那是一个稀奇的时期,全世界在为一个没有人懂的物理理论而激动,各处的人们分成了赞成和反对爱因斯坦的两派。如果你对那个时期感兴趣的话,你可以在前面引述过的佛兰克所写的传记里找到极好的记载。

然而,在我们的通讯中,科学问题又恢复到它们应有的地位。同年(1920 年 3 月 3 日),爱因斯坦写道:

“在我空闲的时候,我总是从相对论的观点去仔细考虑量子的问题。我不认为理论一定要放弃连续性不可。但是,我迄今未能成功地把我喜爱的观念具体化,未能借助于应用超决定论条件下的微分方程来理解量子论……”

早在那时,我们就已讨论到量子论能否和因果性调和起来的问题。下面是爱因斯坦 1920 年 1 月 27 日来信中的意见:

“因果性的问题也使我烦恼得很。光的量子吸收和发射到底要从完全的因果性意义上来理解呢,抑或这里面仍是有统计残余呢?我不得不承认,我缺乏判决的勇气。无论如何,我是非常非常不愿意放弃完全的因果性的……”

从那时起,我们的科学道路就越来越分开了。后来我到了哥庭根,同N.玻尔,泡利,海森堡相接触。当1927年量子力学发展起来的时候,我自然希望爱因斯坦能同意,但却失望了。下面是从他的来信中引出的一段:

“量子力学非常令人赞叹。但是有一个内在的声音告诉我,那还不是真正的雅各〔德国的俗语〕[①]。这个理论贡献很大,可是并未使我们更接近‘上帝’的奥秘。无论如何,我深信他并不是在掷骰子……我正在辛苦地推导物质粒子的运动方程,把粒子看作广义相对论微分方程中的奇点……”

最后一句指的是很久以后在普林斯登同霍夫曼和茵菲尔德合作完成的一篇论文,这是爱因斯坦对相对论最后一个伟大的贡献。原来的理论中假设自由粒子(例如一个天体)在一条测地线上运动,如今弄清楚这假设是不必要的,用一种巧妙的逐级求近法可以从场方程导出它。这些极为深奥的重要研究后来得到了福克和茵

① “德国的俗语”这几个字是玻恩加的,爱因斯坦信中没有这几个字。又“真正的雅各”(das ist der wahre Jekob)意指真货,地道的东西,此处指量子力学不是完善的理论。——译注

菲尔德的进一步发展。

所引这封信的前一部分,提到他拒绝承认物理学中的统计规律是终极规律;他谈到掷骰子的上帝,后来他常在讨论和书信中使用这个用语。

他在普林斯登生活的最后一段时期,把精力都集中在发展一种符合他的基本哲学信仰的新物理学基础上,这些基本哲学信仰是,一定有可能把外间世界看成是不依赖于观测主体而独立存在的,并且支配这个客观世界的规律是决定论意义上的严格因果的。那就是他的统一场论的目的,关于这些理论,他出版了好几本书,总希望量子原理最后会成为他的场方程的推论。

关于这些尝试我无法多说,因为从一开始我就不相信它们会成功,因此没有用足够的重视去研究他那些艰深的论文。我认为和后期的爱因斯坦本人比起来,量子力学是更为紧紧地追随着他原来的哲学的,这种哲学曾导致他取得了巨大的成就。

我们从他那里学来的这一课是什么呢? 他自己告诉我们说,他是从马赫那里听来这一课的,所以实证主义者声称爱因斯坦是他们当中的一员。我不认为这是对的,如果实证主义的学说认为科学的目的就在于描述感官印象的相互联系的话。爱因斯坦的指导原则不过是:那些你能思想的并能形成概念的、但是按其本质说来却是不能付诸实验检验的东西(例如不同地点上的事件的同时性),都是没有物理意义的东西。

量子效应表明,这个原则对原子物理中许许多多的概念都是正确的,但是爱因斯坦不愿把这个判据应用到这些事例上。因此,他反对量子力学的通常解释,虽然量子力学是遵循着他自己的一般教导的;他试图走一条完全不同的、和经验离得比较远的道路。过去他获得的最大成功,靠的单单是一个幼童皆知的经验事实。而如今,他试图不和任何经验发生关系,只靠纯粹的思维。他相信能用理性的力量猜测到上帝按之建立世界的规律。在这个信仰上,他不是孤立的。爱丁顿后期的论文和著作说明,他也是这种看法的主要代表人物之一。我在1943年曾经出版了一本小册子,题为《物理学中的实验和理论》(剑桥大学出版社),其中试着把情况作了分析,并且驳斥了爱丁顿的主张。我寄了一册给爱因斯坦,收到了一封很有趣的回信,不幸把它丢失了;但是我还记得有一句大意是这样的话:“你对黑格尔主义的大声斥责很有趣,但我将继续用我的努力去猜测上帝的方针。”像爱因斯坦这样一位用思维取得了如此巨大成就的伟大人物,是有权利向先验方法的边缘走去的。现在的物理学没有追随他;它继续在积累经验事实,继续用一种完全为爱因斯坦所不喜欢的方法解释这些事实。对他来说,一个势或场的分量,是按照确定的决定论规律变化的实在的自然客体。现代物理学运用的是波函数,就其数学行为来说,它们和经典的势十分类似,但是并不代表实在的客体;它们被用来决定找到实在客体的几率,而不管这些客体是粒子,还是电磁势,或是其他的物理量。爱因斯坦曾经多次企图借助一些巧妙的例子和模型来证明这一理论有矛盾,N. 玻尔花了无数的精力去驳斥这些非难;关于他和爱因斯坦的讨论,他曾在 Einstein, Philosopher-Scientist(《爱因斯坦,哲学家-科学家》,The Library of Living Philosophers,7卷,199页)一书中作了有趣的报道。

我最后一次看到爱因斯坦大约是在1930年。虽然我们继续通信,但我觉得,要谈些关于爱因斯坦最后一阶段生活和工作方面的情况,是我所不能胜任的。我希望泡利教授能把这方面的情况告诉我们一些。在结束的时候我谨向各位致歉,因为这篇演讲是如此之冗长。但是我和爱因斯坦的友谊是我一生中最主要的经验之一,所以"Ex abundantia enim cordis os loquitur"(洋溢于中,乃出诸口),或者用苏格兰的成语说:"Neirest the heart, neirest the mouth"(言为心声)。

原子时代的发展及其本质

〔本文为1955年3月18日在德国尼特萨逊,洛肯修道院新教神学院对新闻记者所作的演讲,以后复于1955年夏数度作演讲之用。〕

本人应邀来讲讲原子时代,它的发展和本质。我不想有意把这个题目扩大,详细去谈物理上的发现和它们在技术目的和军事目的上的应用,我宁愿谈谈我对这些发现的历史根源以及它们对人类命运的影响的看法。像我这样一个从事科学研究的人,很少有时间研究历史;我不得不根据这样一件事实,就是我在七十多年的漫长生活中,亲身经历了一段近代史,并且仔细考虑过它。此外,我曾经读过或者至少浏览过几本对我这个题目有帮助的书。譬如说,我记得我在学生时代读过斯宾格勒的《西方的没落》。我也读过一点陶恩毕的伟大著作,听过几次他几年前在爱丁堡所作的基福演讲。我所以同时提到这两位作家,是因为他们都认为人类历史是有规则性甚至是有规律的,认为只要把不同类的民族文化作一比较研究,就能看出这些规则或规律来。我所实际知道的欧洲历史,主要是从一本由于体裁优美、词句清晰而在英国学校和大学的基础学科中广泛采用的书上得来的,那就是费歇的《欧洲

史》。我们从这本书的序言里引述几行就可看出他的观点:

"然而,一种智力上的激动是我所没有的。比我聪明,比我博学的人从历史里看出一种情节、节奏、预定好了的样式。我看不到这种和谐。我能看到的只是一个事变接着另一个事变,好像一个波浪接着另一个波浪一样;我看到的只是一个个独一无二的伟大事实,所以是不能加以概括化的,历史学家唯一安全的法则是:他应该认识到意外事件和不能预言的事件在人类命运发展中的作用。这不是犬儒主义和失望主义的学说。进步的事实是明明白白详详细细地写在历史书页上的;但进步不是自然界的规律。这一代获得的进步也许在下一代又会失掉。人们的思想可能向着导致灾难和野蛮的渠道里流去"。

很明显,这里有着两种历史学派,一派相信事件的历史过程是遵从规律和有意义的,另一派则否认这点。

作为一个科学家,我是习惯于寻找自然现象的规则和规律的。我请求你们宽容,如果我也从这个观点去看现在的问题的话,但我所用的方式和上述两派历史学家不同。

新的历史时代的曙光,例如从古代向中古时期的过渡,显然并不为生活在那个时代的人所觉察到。每件事的进行都是不间断的,这一代的生活和上一代的生活没有多大不同。一个个时期和一个个时代的划分,是历史学家为了在混乱的事件中寻找方向而设想出来的。甚至我们现在生活着的这个科学技术时期的开端,也是一个延续了一百多年的缓慢过程,当时的人根本没有觉察到。

今天的事情显得不同了。这几年发生了一些改变我们生活的新事情。这个新特征含有光辉的希望,同时也含有可怕的威胁:是尘世天堂的希望,也是人类自己毁灭自己的威胁。这不是宗教预言家或者哲学圣贤的启示,而是科学这一最清醒的思想活动给人类去选择的两种可能性。毁灭的威胁特别表现在令人难忘的广岛和长崎事例中,这两件事足以使人信服了。但是我愿一开始就指出,投在那里的原子弹跟以后发展的热核武器比较起来,只不过是儿童的玩具而已。我本人并未参与这一部分科学——原子核物理学——的发展。但是我有它的足够知识来说,这并非一个简单的破坏力相乘的问题:使一定数量的不幸的人遭到毁灭,而更多的比较幸运的人会幸免于难。这是一种根本一网打尽性质的情况变化。今天,美国和苏联所存储的原子弹、氢弹和铀弹,可能足够互相毁灭各自所有的较大城市,大概还要加上其余所有的文化中心,因为几乎所有的国家都或多或少和这两个大国之一有关系。但是更坏的东西还在准备着,也许已经可以应用了:例如能在大面积地区产生辐射尘而杀伤一切生物的钴弹。特别罪恶的是:放射性辐射对后代有贻害;可能引起人类退化的变化。哈恩(他发现的铀分裂曾促进了这方面的发展,但他本人并未参加,而且那是大大违反他的意愿的)最近发表了一篇无线电广播演讲,其中描述了这种情况的真实面貌,这篇演讲辞已经出版并被广泛传诵,因此我毋庸多说了。他还谈到原子核物理的有利应用,即生产能量,生产同位素作为医药和技术中的工具等。这些在将来的日子里确实可以造福人类,只要将来的日子存在的话。我们正站在人类在过去的世纪里从未走到过的十字街头上。

然而,这个生死存亡关头只是我们智力发展阶段的一个征兆。我们要问:把人类卷入这进退维谷境地的更深刻的原因是什么呢?

基本的事实是这样一个科学发现:造成我们人和我们周围一切事物的物质不是牢固不可破坏的,而是不稳定的,爆炸性的。正确地说,我们大家都是坐在火药桶上。诚然,这火药桶有着相当坚固的壁,我们需要几千年的时间才能在它上面钻一个洞。今天我们刚刚渡过了这段时间,但在任何时候,只要我们划一根火柴就可能把我们自己炸到天空中去。

这种危险情景的确是事实。下面我会回到科学事实上来,并且用比较学术化的讲法叙述它们。但我首先要讨论这个问题:是否有可能不要动这个火药桶,让我们平安地坐在上面,而不去管它里面装的是什么?或者不用这个譬喻来说的话:人类是否能生活和繁荣下去,而无须去研究物质结构,以免招来毁灭自己的危险?

为了回答这个问题,我们需要对历史有一个确定的哲学观点。我在这方面几乎谈不上有什么知识,但是我在前面提到,请准许我用科学家的方法试试解决看。

那么,情况看来是这样。人类通常被认为是“能思维的动物”。人的出现是靠他收集经验并据以行动的那种能力。单独的个人或是一群人带头去做,其余的人就跟着学。这是千百年来一种无名的过程;我们不知道在古代是谁发明第一批工具和武器的,谁学会畜牧和农业,谁发展了语言和书写艺术。但是我们可以肯定,在少数有进步思想的人和保守派之间经常是有斗争的,自有文字记载以来,我们就看到这点了。人类的总数是多的,并且随着生活条件的每次改善而逐渐增加。如果天才的百分比基本上保持不变,他们的绝对数字就和人类总数按同样的比率增加。同时随着每次的技术发明,新的结合的可能也在增加。因此情况是和复利计算法相似:如果本金加上利息,本金就增加了,利上加利,本金再增加,以至无穷。这就是数学家所说的按指数增加。

这当然只对平均情况来说是正确的,这是一种统计规律。我相信统计规律对历史来说也有效,正如它在轮盘赌中,或是在原子物理学、星体天文学、遗传学等等中有效一样——这就是说,在所有和大数目有关的场合,统计规律都有效。这可以拿来解释前面引述的费歇的《欧洲史》里一句话的意思,即“进步的事实是明明白白详详细细地写在历史书页上的”。然而,当他接着说“但进步不是自然界里的规律”时,他似乎应用了一种关于自然规律之本质的陈腐见解,即,自然规律是严格因果的决定论的规律,不容许有例外。我们今天知道大多数自然规律都是统计性的,容许有偏差;我们物理学家称之为“涨落”。

由于不是每个人都熟悉这个观念,请让我用个简单例子说明一下。我们大家都呼吸空气,空气似乎是一种稀薄的,密度均匀的连续物质。但用复杂仪器所作的研究表明,空气实际上是由无数分子组成的(主要是氧和氮两种),这些分子来回飞动,互相碰撞。连续的形象是我们感觉迟钝的结果,因为我们的感觉只记录大数目分子的平均行为。但是由此产生一个问题:何以分子在混乱跳动中的平均分布是均匀的呢?或者换句话说,何以在两个体积相等的空间中分子数目是相同的呢?回答是,在同样体积中分子数目从来就不是严格相等的,而只是近似相等的,这是统计学中一个简单结果的推论,按照统计学,这种近似均匀的分布和任何其他分布比起来占有压倒的几率。但如果两个相比较的空间体积足够小,那就能观测到偏差。悬浮在空气中的质点,例如植物的花粉或纸烟的烟,在显微镜中可以看到它们作微小的不规则的曲折运动;爱因斯坦解释了这种称为布朗运动的效应,认为这是由于在任一短时间间隔内,沿相反方向撞到这些微小的、用显微镜才能看到的质点上的空气分子的数目并不绝对相等,因此质点由于平均反冲的涨落而被来回推动着。在原则上说,涨落的大小没有限制,但统计规律使其极不可能出现大的偏差。否则就会发生这种情况:靠近我嘴巴的空气的密度也许连续几分钟内都很小,以致我会窒息。我是不怕发生这个情况的,因为出现这种事的几率极其微小。

我想,历史上的均匀性也是由于同样的统计规律。但普通历史一般是对小部分人和短时间来说的,所以统计均匀性并不触目,而触目的乃是表现出混乱和毫无意义的涨落。我不晓得是否可以不把陶恩毕的想法看作是企图在涨落中发现规律性的尝试。

无论如何,在我看来,从这种考虑不可避免地要得到一个结论。

聚集知识和应用知识的过程,如果看作全人类长时期的一种努力,就必须遵从按指数增长的统计规律,而且不能制止。

另一方面,如果只考虑地球上一块有限的空间和有限的时间,譬如说一个国家或一群人在几百年时间里的事,那么在这个过程里也许就看不到什么,甚至看到成就的损失和倒退。但是,人类智慧的力量将在世界的另一个地方和另一时间里显示出来。

让我用一些历史回忆说明这点。在原子物理的道路上,决定性的一步大约是在两千五百年前跨出的；我是指希腊自然哲学学派的思想，他们是台尔斯、安纳希曼德、安纳斯米尼斯，特别是原子论者刘其普斯和德谟克里特。这是第一批思索自然而不希求直接物质利益的人，他们纯粹是为求知欲所驱使。他们假定自然规律的存在，企图把各种各样的物质归根到看不见的、不可变的、相同粒子的位形和运动。要理解这一观念之大大优越于当时世界上其他各地通行的各种概念，并不是容易的事。如果不是由于当时的社会条件不利，这个观念和希腊的伟大数学一起可能早就把世界引向决定性的科学技术进步了。这些希腊君子生活在一个崇拜身心的和谐与美的社会。他们鄙视体力劳动，认为那是奴隶的工作，所以他们忽视实验，因为实验是非弄脏双手不可的。因此他们并未试图给这些观念提供实验的基础，或者想付诸技术上的应用，而这也许本可把古代世界从野蛮人的攻击中拯救出来的。

在大移民以后，基督教教会建立起的极权制度，对一切革新都怀有恶意。可是希腊人点起的火炬仍在灰烬里冒烟。它潜伏在许多寺院所保存和传抄下来的，以及堆在拜占庭图书馆里的书籍里面，一直到了阿拉伯学者手中才又燃起了明亮的火焰。阿拉伯学者在天文学和数学上甚且作出了本质上新的创造，他们保卫着希腊的传统以待时机成熟。拜占庭人在突厥人逼迫下逃到了意大利，他们通过书籍不仅把古代的古典知识带了来，而且也把科学研究的观念带了来。因此来了一个发现和发明的时期，而使欧洲获得了几百年的优势。在中国出现的是一种平行发展，也许源流还要更早。我对这些简直不知道什么，但英国剑桥有位著名的生物学家聂德汉写了一本渊博的新书，对此有详细的叙述。在欧洲文艺复兴时期和以后,中国正好处在停滞状态中,因此欧洲就走在前面好几百年。我有许多中国学生、日本学生和印度学生来证实,这些国家在科学天才方面并不差于我们。

从这些考察中可以得到两个结论。首先,如果以为那成为人类生存危机的原子时代之曙光本可避免,或者以为这种危险知识的进一步发展会受到抑制,这些都是荒唐的。希特勒曾企图扼杀他所谓的"犹太物理学",苏联也同样对待过孟德尔的遗传学,但都毫未成功,反而对自己有害。

其次,危险情况的突然出现部分是历史的偶然事件,但主要是远景的歪曲所构成的错觉。关于自然的知识以及由此产生的力量是在稳步增长的,虽然也有起伏和后退,但平均说来是以不断增加的加速度来增长的,这是自持(指数的)过程的特征。因此,必定有这么一天,这个过程会使整个一代的生活条件发生相当大的变化,因而会表现为一种灾害。而由于有许多人没有参与技术发展,他们必须在没有适当准备的情况下使自己适应这一发展,所以由此产生的复杂性就增加了对这种灾害的印象。

收获到希腊原子论者种下的果实的,是我们这一代。物理学研究的最后结果就是证实了他们的基本概念,即:物质世界本质上是由相同的基本粒子组成的,这些粒子的位形和相互作用产生出各种现象。但是,这个简单的描绘当然只是丰富的实验结果的粗略缩影,由于补充了许多特点,它最终是非常复杂的。

这些基本粒子称为核子,因为它们凝合在一起形成原子核。

化学原子既非不可分割①(顾名思义),而且对一定的化学元素来说也并不相同,像上一世纪所相信的那样。这是下一事实的结果:核子在带电方面可以是中性的——我们称之为中子,也可以是带正电的——我们称之为质子。化学元素由一个原子核和外层带负电的粒子——电子——云所组成,原子核是由中子和质子(因此原子核带有正电)凝成的极密的一团,而电子则围绕着原子核。电子的质量远比核子的小,但和质子有同样多的电荷,只是带负电而已。外层电子的数目等于核内质子的数目,因而整个原子在带电方面呈中性。电子云决定着原子的化学性质和大多数物理性质。质子数相同因而外层电子数也相同的原子,即使核内的中子数不同,它们在化学上也是不能区分的,在许多物理学方面也不能区分。这些几乎相同的原子,只是中子数不同,即只是它们的质量(重量)不同,它们叫作同位素。

普通的化学和物理的元素是同位素的混合物。电子云结构所遵从的规律已经知道了;目前在这方面的研究不是要发现新原理,而是要处理复杂性日益增加的问题。核结构和核行为所遵从的规律还不很清楚。但是完全可以肯定,有些最一般的物理定律在这方面还是适用的,借助这些定律可以作出许多深刻的结论。

在这些定律中,最重要的一个是质量(M)和能量(E)的等价性,这一等价性可表为常用的公式 $E=Mc^2$,式中 c 是光速。这个公式的一般推导是整整五十年前由爱因斯坦根据相对论的考虑给出的,很久以前就能进行实验验证了。c 的常用单位是厘米/秒,

① 原文为不可见(invisible),疑为不可分割(indivisible)之误。——译注

数字很大,一个 3 后面跟着十个零;因此 $c^2 = c \times c$ 是极大的,一个 9 带着二十个零。因此,对所有普通的化学和物理方面的能量交换来说,质量的变化都极为微小。在原则上说,一个钟开足发条时是重了一点点,但那是绝对量不出来的。在核变化中情况就不同了,因为这时发生很大的能量交换。

一堵墙有一百块相等的砖,除去灰泥,其重量正好是一块砖的一百倍;如果加上灰泥,则重量相应增加。核子的情形基本上相同:一个原子核有一百个核子,重量约等于单个核子的一百倍。但这只是近似,因为有偏差,因此一定有一种像灰泥的东西。现在,十分奇怪的是,这种灰泥有负的重量:即原子核比它的构成者的总和轻些。按照爱因斯坦,这就是说,灰泥是各部分结合起来时损失的结合能。这些"质量亏损"是相当大的,因而相应的能量也就非常大。

最轻的元素是氢的一种同位素,包含一个质子。(还有一种氢的同位素多一个中子,叫作氘,也有一种多两个中子的,叫作氚。)第二个元素是氦,主要成分是一种包含两个质子和两个中子的同位素。当这些凝集能量释放出来时,能量很多。这个过程不能自发发生;因为原来就有一种障碍阻止着这些粒子结合起来,所以必须消耗一定的能量才行。情况有些像水闸,必须先把闸门绞起来才能使蓄水池里的水流出去工作。对紧接着氦以后的元素也有同样情形;它们是不稳定的,会结合起来;除非有闸门把它们分开;幸而有着非常坚固的闸。在整个元素序列中,直到中间部分,情形都是这样的,大约到铁的位置;再以后情况就相反,每个原子核都有分裂的趋势,只是由于闸门阻止着才未分裂。在自然界中发现的最后一个元素铀,有最弱的闸门,1938 年由哈恩和他的同事斯特拉斯曼在实验中第一次打破的,就是这个元素。

从这些精细的实验室里的实验直到 1942 年费米在芝加哥建成第一座铀反应器(或反应堆),经过了很长的一段道路,要求大量的才能、勇气、技巧、组织和金钱。决定性的发现是铀原子核由于中子碰撞而裂变,同时放出几个中子;这个过程要能控制到使一定数量的中子不致逸出,或者不致与杂质碰撞而消失,以便产生雪崩似的新的裂变,即产生独立自足的反应。开始时,没有人能预言它的结果,但自然对它作了这样的安排,以致一旦手段齐备,人类就马上发现了它。它的利用是历史上的一件偶然事件,是世界大战的影响。1945 年 7 月 16 日爆炸的原子弹,其制造的技术过程花了三年的光阴和近五亿美元。

相反的过程,即原子核熔合成更重的核(例如氢熔合成氦),是太阳和所有恒星的能源。在它们的中央部分,温度和压力都非常高,以致四个核子有可能按照一系列步骤通过连锁反应结合起来。现时地球上已成功地利用铀弹作为引火物使四个核子结合起来,那就是我们现在已有的氢弹。这真是魔鬼似的发明,因为当时还不知道有什么方法可以减轻其爆炸威力;但是最近已经宣布有方法控制这种反应了。

一切物质都是不稳定的,这点不容再有怀疑了。如果不是如此的话,星星就不会发亮,太阳也不会发热和放光,地球上就没有生命。稳定性和生命是不相容的。因此生命必须冒着危险,或者是幸福的结局,或者是坏的结局。今天的问题是如何才能把最大的危险引向幸福的结局。

现在我想稍微谈谈,如果人们的作为理智些,那就能获得怎样的幸福。首先是能源的问题。在我年轻的时候,那是五十年前了,煤的蕴藏量估计可以再用几百年;那时还没有大规模使用石油。其间,大量的煤用掉了,石油被发现并且使用日益广泛了。石油燃料的储藏量估计还可以用好几百年。因此,寻找新能源似乎还不是一个迫切问题。但这个结论会是错误的。煤和石油不仅是能源,而且是许多化学产品的最重要的原料。让我指出塑料和它们的许多应用就够了。一定有那么一天,农产品不足以供应日益增加的人口的需要。那时化学将生产代替品,当然,煤是这方面唯一可以利用的原料。因此,燃烧煤和石油乃是一件无知行为。另一方面,这个问题的社会面貌决不可以忘却。看来有这么一个为时不远的日子:那时候文明国家里的工人将不愿意从事黑暗而危险的矿工职业,至少在经济上不会忍受这种工资。英国似乎已经接近这种情况。还有许多国家既没有煤也没有石油;对这些国家来说,运送轻便的核燃料将是一桩幸福的事情。

原子核物理学的另一种和平应用方式,是利用原子反应器的放射性副产品。生产出来的许多元素的不稳定的放射性同位素,可以用于许多目的:在医药、技术、农业等方面作为辐射源,以代替贵重的镭;例如治疗癌,进行材料试验,通过演变创造植物的新品种等等。"示踪元素"的观念也许比这一切都更重要。把小量放射性同位素加到某种元素里,观测它们放出的辐射,就可能推知这种元素在化学反应中,甚至在生物机体内的作用。生物化学中已经日益增多地利用这种方法进行实验,这标志着我们在了解生命过程方面的一个新纪元。

所有这些,以及将来可能由此发展起来的事,都是伟大的事。联合国在日内瓦召开的国际会议已经讨论了怎样由各国共同合作,以利用所有这些可能性。我不是原子核物理学家,所以没有参加这次会议。我希望这次会议的工作能带来丰富的成果。但我不禁要问,这样一个技术天堂能否与原子弹的罪恶相抗衡呢?

我在开头时曾用"尘世天堂"这几个字,但在那里我是另有所指的:不是指技术进步,而是指实现人类永恒的渴望,即"世界和平"。

至于我目前所要表明的意见,那我既不能依靠我的物理学知识,也不能依靠我对历史的自发研究;这些意见在我看来只是常识,我有许多朋友,各国的著名学者,对此都有同感。我们相信大国之间——现时只有两三个这种国家——的大战已经是不可能的了,或者最低限度在最近的将来不可能。因为我早已说过,这多半会引起总毁灭,不仅是交战国,而且还有中立国。克劳塞维兹有句名言:"战争是政治用其他手段的继续",这句话不再站得住脚了,因为战争已经成为疯狂的事。如果人类不能废止战争,人类这个动物学名词就不应当是源出于智慧,而应当源出于癫狂了。

最上层的政治家们似乎都理解这种情况。我们看到冷战调子低下来就表明如此。由于惧怕武装冲突会引起巨大的灾祸,使得各处接近起来进行协商。但惧怕并不是和解与解决争端的良好基础。能否设想,我们目前靠惧怕所得到的和平可以用一个更好更可靠的基础来代替呢?

如果你们认为我是个有点滑稽的人物,拒绝承认一种棘手情况,那我就要像德国哲学家莫根斯顿所写的"绞台上的歌"里滑稽

哲学家潘斯特朗所说的那样[1],毅然地说:

> 因为,他犀利地争辩着,
> 不可以发生的事情将不许有。

然而,我这个看法不是孤立的。爱因斯坦也同意我,他在临死前曾和伟大的哲学家罗素以及其他人发表了一个明朗的声明。在林多举行科学讨论会的十八个诺贝尔奖金获得者,化学家和物理学家,一致通过了一个同样的宣言。让他们今天像些梦想家吧:他们是未来世界的建设者。

但没有很多时间来等待他们的言辞生效了。一切都依赖于我们这一代人的才能,去重新调整我们对新事物的想法。如果不能这样做,地球上文明生活的日子就要到达末日。即便一切经过良好,我们所经过的道路也是非常非常接近地狱深渊的。

因为世界上充满了许多似乎不可解决的矛盾:国界的迁移,人口的流亡,种族、语言、民族传统、宗教等的对立,殖民制度的破产,最后还有对立的经济意识形态,资本主义和共产主义。难道我们真能希望,所有这些可怕的紧张都可以不用武力来解决吗?

代替废止战争这个激进的建议,试用国际协议来禁止大规模破坏的新武器,这是否更为可行呢?这个想法在我(和我的朋友

---

① 莫根斯顿写过一篇深刻而美丽的诗篇,但在群众中得不到多少共鸣。后来他又出版了几本小书,名字叫作 Galgenlieder,其中通过两个叫帕姆斯脱姆和考夫的怪人,用漫画手法表现了他的哲学。这些书获得了巨大的、永久的成功。

们)看来是行不通的,其理由如下。

通过核反应生产能量,已到处都在安排和改进了。旨在禁止生产毁灭性武器的监督制度,只能在和平时期发生作用。如果大国之间发生战争,即使开始时使用常规武器进行,也会使这种监督停止。这样的假定是否合理:一个在灾难中的国家,当它以为用原子弹可以拯救自己的时候,会愿意放弃这个最后的手段,即使它自己也要受到更惨重的灾难?

至于那些常规武器,我必须承认我不明白何以没有引起像今天普遍对原子弹所感到的那种恐惧和厌弃。它们已经不再是士兵对士兵所用的正当武器了,它们已经成为不择手段的毁灭性武器了。它们不单被拿来针对军事目标,而且针对敌国的整个组织和生产能力,针对工厂、铁路、房屋;它们杀害无辜,老人、儿童和妇女;它们毁坏最高尚最有价值的文化成就,教堂、学校、纪念物、博物院、图书馆,而毫不关心其历史重要性和不可补救性。从道德观点来看,战争走向现代野蛮主义的决定性一步,就是总体战的观念。即便没有原子武器,使用普通炸弹的结果再加上化学毒气和细菌毒素,其前景也是够骇人的。

单单禁止原子武器是不够的,不仅从道德方面说是如此,从具体事实说也是如此。人类只有一劳永逸地废止一切通过战争使用武力,方能获得拯救。今天,恐惧产生了一种危险状态的和平。下一个目标是,必须加强可以保证人们和平共处的道德原则来巩固这种和平。基督曾教人如何对待别人。但许多国家的做法直到现在都是这样的(教会也不反对这种态度):似乎这些戒律只能在自己统治的领域内有效,而对国家之间的相互关系就不如此。这就是罪恶的根源。只有在国际范围内以了解代替猜疑,以助人代替嫉妒,以爱代替恨,我们才能活下去。在我们的时代里,在我们眼前,非暴力的学说已经在一个非基督徒的手中获得了胜利,那就是甘地。他不流血地解放了他的国家(我想如果他的对手不是好心的英国而是其他国家的话,他也不会采用别的方法的)。为什么不可能跟着学他的样子呢?

我不能作出任何可以解决实际政治争端的建议。可是我想讨论一些基本之点。

首先是,各国都有很大数量的人为了私利而热衷于备战,而如果必要的话,甚至就发动战争。有许多大工业和许多形式的企业从军备中赚钱。有许多人由于浪漫的传统而喜欢军人生活,或是因为他们爱卸除责任而只是服从。还有些军官:将军们、海军总司令们、空军元帅们等等,他们的职业就是战争。他们仍然是目前各国政府的顾问。最后,还有些物理学家、化学家、工程师去发明新武器并且生产它们。如果只想稳定目前危险的和平而对这些人丝毫不加注意,对这些人所要受到的损失不给以补偿,那将是幻想。如何能实现这一点,这不是我力能胜任的,除了我所熟悉的物理学家这一类人。对这类人我看是没有什么困难的。

人们常听到许多责难原子物理学家的话:所有的灾难,不单是原子弹,还有那坏天气,都是这些脑力活动者的过失。我曾力图说明人类智力的发展势必有一天打开和应用储存在原子核内的能。其所以发生得如此快,如此完全,以致达到一种危急情况,则是由于一件悲剧性的历史偶然事件:铀分裂的发现正好是在希特勒当权的时候,而且正好就在他执政的国家里。那时,我和许多其他人一样，不得不离开德国，我目睹过那种使全世界为之震惊的恐怖。希特勒在开始时的成功，显得他好像有可能征服地球上的一切国家。从中欧出走的物理学家都知道，如果德国能成为第一个生产原子弹的国家，那将是不可救药的事。甚至终生是和平主义者的爱因斯坦也有这种忧虑，他曾被一些青年匈牙利物理学家劝说去警告罗斯福总统。从欧洲出走的学者对铀计划贡献了许多力量，其中最卓越的是费米，他也许是我们时代里仅次于卢瑟福的一位最伟大的实验物理学家。这个计划的方案留在美国人手里。在我看来，对制造原子弹的人是无可厚非的，除非有人相信极端和平主义的教条，认为即便对最大的罪恶也不应当使用暴力。战争后期对日本使用这种炸弹就是另外一回事了。我个人认为这是一桩野蛮行为，并且是愚蠢的行为。对此负责的不仅有政治家和军人，还有杜鲁门总统任命的在决策委员会里当顾问的一小部分科学家。费米是其中之一，当时已经死了。另一个人由于良心的原因已经放弃了一切科学活动，成为一个反对滥用科学的伟大教育机构的负责人。其余的人据我所知基本上没有放弃他们的生活和活动，也没有想到是否有必要对日本的城市投掷这种炸弹。如果你们想了解原子物理学家的心理，那就请读一下物理学家的寡妇罗拉·费米的一本聪明有趣的书，叫作《家庭中的原子》。这本书的最后一章是“一种新玩具，巨大的回旋加速器”。玩具一词很有意思，尽管有点夸张。这些人全神贯注在自己的问题里，如果一个问题找到了解决，他们就感到胜利，很少想到这些结果的后果如何。即使他们那时想到了，他们也是这样想的：这是我们力量范围以外的事。对他们来说，如果因为效果可能是危险的而放弃研究，那是荒谬的想法;因为如果他们放弃了,还会有许多其他人继续去做,特别是,假如美国人不是走在前头,俄国人就会走在前头。所有的人,除了少数以外,战后都回到和平职业上去了,回到研究和教学上去了,他们不再希求什么别的更好的东西。在他们中间组成了一些讨论和研究科学家的社会责任性和反对滥用科学发现的社团。

当然还有很少数的物理学家,他们尝到了权力的甜头并且喜欢它,这些人是野心家,想保持在战争期间获得的有势力的地位。但我总是认为,科学家对不用武力的政治理想的抗拒总要比其他社会团体的人来得小些。甚至那些野心的和庸俗的科学家,也会满足于指导巨大的发展计划,满足于充当国家行政机关在普通政策方面的顾问的。这类人的出现对科学发展本身的影响,不属于我们这次讨论的范围。但是,可否让我发表一下我个人的意见。从基本研究的观点来看,这样的发展将是可悲的,也许是不幸的。在这样的环境中,很难有希望出现新的爱因斯坦。

另一方面,科学家混到政治和行政里去在我看来又似乎是一种有利的事。因为他们和那些受法律和文学训练的人比较起来不是那么教条,更易于接受说理。为了说明这点,让我谈谈最近的个人经验。

一些诺贝尔奖金获得者,化学家和少数物理学家,七月间在康斯登兹湖的林多地方举行了一次例行年会讨论科学问题。哈恩,海森堡和我向他们提出了一个宣言(被称为迈诺宣言),这是我们和其他国家一些学者共同起草的,内容强调目前情况的危险性,要求废止战争。大多数与会者立刻同意了,但有少数人怀疑。一位著名的美国学者反对说:"我刚从以色列访问回来,我相信这个小国只有靠武装的力量才能在阿拉伯人的压力下获得安全。"这似乎很有理由。但他终于接受了我们的论点(如我上面所说的),和我们一起在宣言上签了字。

凡是在上次大战中留下惨痛创痕的,都会同样地反对战争,因为国界更动了,人口流散了,——例如在以色列、朝鲜、越南、德国。

我本人有足够的经验了解到政治迫害的牺牲者是怎么一回事。我被准许回到我的祖国,德国,但我的近在眼前的故乡却在西里西亚,现在是波兰的领土。那是惨痛的损失。但命运已经决定了。用武力扭转这种情况是不可能的,只能是更加不公平,很可能是整个毁灭。我们必须学会忍让,必须习惯于谅解和容忍,用助人的意愿来代替威胁和武力。否则文明人类就要接近末日。

因为我相信罗素是对的,他不倦地重复说,我们只能在共处与毁灭中作抉择,让我引述他的话作为结束:

> 在那数不尽的岁月里,日出日没,月圆月缺,星光照耀于夜间:但只是由于人类的来临,这些事物才得到了解释。在天文学的宏大世界里,在原子的微小世界里,人打开了曾被认为是不可理解的秘密。在艺术,文学和宗教中,有些人表现出崇高的感情,使人类值得保存下去。难道这些都将毁于浅薄的恐怖,就因为能够想到人类的人太少,只是想到这群人或那群人?难道某一种族那么缺乏智慧,那么没有公正的爱,那么盲从,甚至看不到最简单的自卫的教训,以致为了最后证明它的愚蠢的聪明,就要毁灭我们星球上的一切生命了?——因为

这样不仅人类将会死亡，而且动物和植物也会死亡，而它们是无人能指控为共产主义或反共产主义的——我不能相信这会是结局。

如果我们大家都不相信这一点，从而行动起来，结局就不会是这样了。

新 年 献 词

〔转载自 *Physikalische Blätter*, 11 卷, 1955 年 1 月 1 日。〕

我在国外消磨的这二十年中,物理学经历了许多变化。它已不再是过去所认为的静止的纯科学,而已成为各国实力政策中一个决定性的因素了。在哈恩发现铀分裂而引起的革命中,我只是个旁观者。依我看来,德国物理学家并没有像盎格鲁—撒克逊各国的物理学家那样意识到这一全然改变了的形势。在盎格鲁-撒克逊国家,没有人能够避免良心问题,这就是说,他要在那威胁文明世界的存在的扩充军备方面合作到何种程度。我常常自问:卢瑟福这位原子核物理学的真正创始者会怎样做呢?他肯定是个爱国者。在第一次世界大战期间,他曾对保卫祖国有过贡献。可是,他是有限度的。1933 年,当我来到剑桥的时候,哈伯尔也在那里,他由于被祖国放逐,既病而又精神颓丧。我企图使他同卢瑟福相会;可是他拒绝同这位化学战争的创始人握手。今天,卢瑟福会怎样做呢?他也许能够通过他的伟大人格使得破坏手段不向政治军事无条件投降。某些首要的美国物理学家曾经企图这样做过,但是没有成功。他们曾在一篇文件中警告美国政府不要对人口稠密的城市使用原子弹,文件里正确地预计到这样做在政治上和道义上的后果——这篇文件是以主席,我的老友詹姆斯·佛兰克的名义被称为佛兰克报告而著称的。

在美国和英国,已经成立了一些协会,目的在于解决科学家的社会责任问题。例如美国的"科学社会责任协会",我就是该会的会员之一。这个协会每月以新闻通信的形式向会员进行报道。从里面我们可以知道有关的讨论、谈话、刊物和书籍,以及它们的摘要,还有著名人士发表的声明,最后还有读者来信。上一期里有一封施维扎尔写给"伦敦每日先驱报"的有关氢弹的信件摘要,还有著名的晶体学家朗斯黛耳教授的一篇演讲(1954 年纪念渥特的演讲)里的言论,她是皇家学会第一批女会员之一。她是个教友会徒,也是反对滥用科学发明达到非人道目的和政治目的的带头人物。她刚从经由印度和日本到澳大利亚的世界旅行回来,在那些地方传播了她的思想。她在具有同样目的的英国协会中,是一个领导人。

据我所知,在德国迄今还没有这样的组织,就占领法所加于德国科学家的限制看来,这不过是一件自然的事。但是约束解除,履行新义务的时间已经到来,因此这些问题就有澄清的必要。按照我的看法,德国物理学会能够成为讨论这些问题的讲坛。这决不仅是有关最基本问题的一件事情,诸如有关对一般战争的态度,对使用那些威胁整个国家甚至全体文明人类生存的毁灭性手段的态度。它同时也是一件较小的但仍不失为重要问题的事情,这些重要问题涉及到科学家和社会的关系。试摘选数点如下:

研究工作的军事监督和刊物的检查,威胁着科学的自由,进行政治迫害的密探目前正在美国猖獗,越来越多的科学家陷身在大量设备完善的国家实验室里。最后,一个有成就的研究员是否将永久只居于专家助理的地位,抑或在某些重要决定中也起负责作用,这是一个重大的问题。

在战败后短短几年内,德国物理学在研究和教学材料方面已经完成了巨大的重建工作。从现在到行动完全自由也许只有很短的时间,让它以同样的精神利用这段时间去澄清一些道德问题和社会问题吧,这些问题之强加在物理学家身上,作为他做人或做一个国家公民所应担的任务,乃是由于他自己的研究工作结果。假如把这件事放下不做,科学的自由将和个别科学家的公民自由受到同样严重的威胁。而这个责任的问题也和科学本身一样是国际性的问题。因此,把不同国家里讨论这个问题的团体联合起来,这是人们极所希冀的。

录自《不息的宇宙》一书之附言

(1951)

结　　论

我们已经到达我们深入物质旅程的终点了。我们一直在寻找陆地,可是没有找到。我们钻得越深,宇宙就显得越不安静,越模糊,越是混沌的。据说,阿基米得就他发明的机械曾经充满了骄傲地叫道,“给我一块站立的地方,我将搬动这个世界!”宇宙中没有一块固定的地方:一切都是在疯狂的舞蹈中乱撞和摇摆。但是,并非仅仅因为这个理由才使得阿基米得的话成为自以为是之谈的。要搬动世界就意味着违反它的法则;而这些法则却是严格的,不变的。

正像教徒的虔诚信仰或是艺术家的灵感一样,科学家在科学研究上的冲动,表示人类在这万物的急旋中渴望找到某些固定的东西,安静的东西,那就是上帝、美、真理。

真理是科学家所追求的东西。他在宇宙中找不到什么静止的东西,持久的东西。并非每个事物都是可知的,更不是可预知的。但是,人的意识至少能够把握和理解“创造物”的一部分;在各种现象的飞驰中,矗立着不变的规律之杆。

我如此辛勤地在轰轰作响的时间织机上工作着,
为上帝编织出华瞻动人的外衣。

歌德:《浮士德》

附　　言

十五年前,在我写完以上几行之后,重大而可怕的事件发生了。原子,电子和原子核的整个疯狂舞蹈,是受上帝的永恒规律所支配的,它和另一个不息的宇宙有着连带关系,那可能是个魔鬼的宇宙;人们在其中争权夺势,最后终于成为历史。我那种无私的追求真理的乐观主义热忱,被严酷地动摇了。当我重读我过去所讲的关于点金术士的梦想在现时代实现的那些话时,我不禁为我自己的单纯而惊讶。那些话是这样讲的。

"如今,动机并不是那披上了魔术的神秘外衣下的对金子的贪欲,而是科学家的纯粹好奇心。因为一开始就很清楚,我们的目的不是想发财。"

金子意味着威力,意味着统治的威力,占有这个世界上大部分财富的威力。现代点金术甚至是达到这个目的的捷径,它能直接产生威力;一种统治的威力,威胁的威力,前所未闻的大规模杀伤的威力。而这种威力,我们已经实实在在地看到它在战争的残酷行动中炫示出来,在整座整座城市被化为废墟中炫示出来,在整座整座城市人口的被毁灭中炫示出来。当然,这样的行动也曾用其他手段来完成过。在同一次战争中,广岛以外的一些其他城市连同它们的极大部分人口,是被普通炸弹毁灭的,只是稍微慢些而已。以前的每次战争在破坏力方面都有其技术上的"进步",上溯到石器时代来说,那时青铜兵器胜过了燧石斧头和箭头。然而,那仍是有所不同的。许多国家、人口、文化曾经毁灭在强者的实力之下,但是仍有广大的区域未受影响,给新的成长留下余地。今天,地球已经变小了,而人类面临着最终的自我毁灭的可能性。

在提出重版本书的问题时,我感到相当为难。为了使这本书合乎时代的要求,我必须把 1935 年以后的科学发展记述下来。但是,这个时期尽管和任何先前的时期一样,充满了许多引人的发现、观念和理论,而我却不可能用过去写这本书时的同样语调来描述它们;过去,我深信洞察自然之工场乃是走向理性哲学、获得处世智慧的第一步。在我看来,发明原子弹的科学家都是极巧极有才能的人,但是并不聪明。他们把自己的发明果实无条件地交到政治家和军人的手里;这样,他们就丧失了他们道义上的纯洁性,丧失了智力的自由。

1945 年 7 月 16 日,第一颗试验性炸弹在新墨西哥的洛斯亚拉莫斯附近爆炸了。即便不以思想的精巧来衡量,而以金钱、科学合作和工业机构方面所作的努力来衡量,那肯定也是理论物理的最大胜利之一。任何预试都是不可能的,人们实在是冒了极大的危险,方才相信那些根据实验室里的实验而作的理论计算是准确的。因此,当物理学家看到第一次核爆炸的可怕现象时感到骄傲,感到卸下了重任,那就不足为奇了。他们对自己的国家和盟国的群众作出了巨大的贡献。

但在几个星期以后，当两颗“原子弹”投在日本而摧毁了广岛和长崎两个人口稠密的城市时，他们发觉有一个更为基本的责任落在他们肩上了。

世界上对战争的恐怖已经变得简直无动于衷。希特勒的种子已经成长起来。他的观念就是总体战争，他的炸弹捣毁了鹿特丹(Rotterdam)和柯文脱利(Coventry)。而他找到了热心的门生。最后，双方的轰炸机对中欧的一系列蹂躏都获得了成功。中欧的大部分历史珍宝和艺术珍宝，几千年的遗迹，都在熊熊大火中化为灰烬。像德雷斯顿这样一个建筑明珠，是在欧战的最后几天被毁的，据说，十万个平民，男人、妇女和小孩，和它一起同归于尽。我并不怀疑对此行动负责的人可以正当地宣称，那是战术战略上的需要；世人一般也找到了充分的根据：从盲目的仇恨和报复心，直到类乎人道主义的观念，认为为了缩短战争，采取一切手段都是够好的。真的，道德标准已经显著降低了。

然而，那两个投在日本的原子弹还是引起了一场轰动，当那些人类悲剧的详情揭晓以后，世界上许多地方出现了某些诸如良心的觉醒之类的东西。

这里不是我对那些决定采用这种残忍力量的政治家发表个人评论的地方。先例是很多的——一夜之间屠杀两万人和一分钟内屠杀五万人，其责任并无多大差别。但是作为一个科学家，我关心的是科学和科学家应当分担多少责任的问题。

参与核爆炸发展事业的人，其动机肯定是无可非议的：他们当中有许多是由于服兵役而被派去做这件工作，还有些人参加是由于理会到德国人可能会第一个生产出这种炸弹。可是那时没有一个科学家组织能形成一种舆论。单独的个人变成了政治和军事权威们所指挥的巨大机器中的小齿轮。著名的物理学家成了这些权威们的科学顾问,体验到权力和威信的新感觉。他们喜爱这种工作,欣赏它的巨大成就,暂时忘却了严肃地思索它的后果。诚然,曾有一些科学家告诫过美国政府不要使用这种炸弹去轰炸城市,只要用一种不太残忍的方法去显示它的存在和威力就行了,例如把它扔在富士山顶上。他们非常准确地预见到袭击城市会产生悲惨的政治后果。但是,他们的意见却被等闲视之。

美国的公众舆论和科学家的信念之间的主要分歧,是关于保密的问题。科学家相信科学是没有秘密的。也许有些技术上的技巧在有限时间内能够保守秘密。但是自然规律对每个熟练地使用科学研究方法的人都是敞开无余的。

因此,不让俄国盟友知道原子弹计划是徒然的,而且保守这个秘密必然要使他们从老朋友变为敌人。他们感觉到了一种可怕的新武器的威胁;他们就自己动手去发展它,并且在一个出乎意料的短时间内成功了。

另一方面,这个保密的幻想对美国的核物理发展产生了不幸的结果。许多物理学家遭到怀疑,甚至遭到叛国的控诉。由于把科学发现分为秘密和公开的两类,由于对出版物的监督,整个科学受到了妨碍。某些安全条例无疑是不可避免的,主要是关于技术性问题的安全条例。但把基本研究隶属于政治权威和军事权威之下则是有害的。科学家现在已经亲身了解到:在科学研究方面,无所限制的个人主义的时代已经告终。他们知道,甚至最抽象最远古的观念也许有朝一日会成为具有巨大实用价值的观念——例如爱因斯坦的质能等价定律。他们已经开始把自己组织起来,讨论他们对人类社会的责任问题。这些组织有待完成的任务,就是要寻求一条途径,以协调国家安全和研究出版自由,没有这种自由科学必然会停滞不前。

原子核能的释放是一个可与史前人燃起第一把火相比的事件——虽然现在没有当代的普罗米修斯,而只有一批能干的不很英雄的人物,引不起写叙史诗的灵感。许多人都相信这些新发现要么会导致巨大的进步,要么会导致巨大的灾祸;引至天堂,或落入地狱。但是我想,这个地球必将保持它一向的样子;它一直是天堂和地狱的混合物,天使和魔鬼的战斗场。让我们向周围看看:这个战斗的前景是什么,而我们为了支援正义又能做些什么呢?

从魔鬼这边说起吧,这边有着氢弹。我们已经看到,虽然几乎所有的物质在原则上都是不稳定的,但由于地球上的温度低,所以我们能免于核灾难,即便在最热的熔炉中,也完全不足以引起核熔合。可是裂变的发现打破了这种安全。一个正在爆炸的铀弹的温度,可能高到足以促使氢核采取"碳循环"的形式熔合。这种碳循环是星体能量的泉源,或类似的催化过程的源泉。因此,一种效率比裂变爆炸弹高千万倍的炸药可能用一种取之不尽的物质制成。当然,工作是根据通常的理论开始的:如果我们不做,别人(指俄国人)也要做。假如做成了,那就有了一种新的大规模破坏的手段,而这种新力量的和平应用看来是不可能的。现在还不知道有什么方法可以使熔合的速度变慢下来,以便利用来作为燃料。这真是一个地狱般的前景。

然而,裂变却有许多前途远大的和平应用方式。它能用来作为燃料,因为反应速度能够控制。每个反应堆都可以产生大量的热,这种热目前多半是浪费掉了。电力站用铀或钍作燃料是可能的,因为关于有害辐射的那些困难肯定能够克服。而问题在于经济方面。原料极少,要是用核反应堆来生产目前用煤来得到的同样数量的能量,那么,目前和将来所能利用的全部铀矿不到半个世纪就会用完。因此,这种新燃料未必可能跟煤和油竞争。但在某些情况下,这也许是可能的,那是在核燃料体积小重量轻的优点跟煤和油比较起来成为决定性关键的时候。有可能用"培养"的方法增加裂变的效率,这种方法在于引导堆中的过程,使其中的大部分核变为可分裂的同位素。这将意味着原料可以延长使用一个很长的时间。

除了这种尚未解决的利用核反应生产功率的应用方式之外,还有许多其他的应用已经导致很大的进展,而且更有希望。首先是堆里可以产生新的同位素。我们关于核稳定性以及它们相互作用规律的知识已经大大增进。某些放射性产物可以在医药上用于医疗目的,例如在和癌斗争时可以代替镭。最重要的应用就是所谓"示踪方法",它正在革新化学和生物学。早在放射性发现的初期,海威西曾经有过这样的想法,就是在化学或生物过程中加上少量放射性同位素以追查原子的命运。这种方法是靠辐射来显示原子的存在。由于辐射的侦察方法极为灵敏,和使用天平比起来,我们能用这种方法测定微少得多的微量元素。甚至还有可能研究活组织中的原子分布。这个想法的实际应用以前都局限在已知有天然同位素的少数几种原子上,但现在周期表中几乎所有的元素都有可以利用的同位素了。这方面的工作虽然差不多刚刚开始，但已导致重要的结果，将来还会导致更重要的结果。

但是，和那潜伏在幕后的幽灵比起来，和那大规模原子战争的可能性比起来，这些重要的结果又算得了什么呢？

如果战争再和其他可怕的发明结合起来，例如和远距离运送炸弹的火箭，和化学的、生物的以及放射性的毒素结合起来，这样一种战争就肯定意味着一种难以想象的人类的苦难和退化。任何国家都不能免受其害，工业高度发展的国家受害最多。我们的技术文化是否能在这样一次灾难之后幸存，还很成疑问。也许有人认为这并不是什么大损失，而只是因为我们技术文化的缺点和罪恶而得到的应有惩罚。这些缺点和罪恶就是：缺乏艺术和文学方面的创造天才，忽视了宗教和哲学的道德教导，难于放弃国家主权这类过时的政治概念。但我们大家都牵连在这场悲剧中；自卫的本能，对子女的爱，却要使我们去想想救世之道。

世界上存在着两大政治势力，即美国和苏联，双方都假托其目的在于和平而不在其他，但是双方都竭尽全力来重整军备，以保卫它们的理想和生活方式，在它们之间，则是一个衰弱分裂的企图走中间路线的欧洲。双方都正在为自己的军事力量贪婪地吞噬着最新的科学技术成就。它们对自己所狂热信仰的生活方式，都有着某种理论。可是这些理论的基础是颇可怀疑的。它们用同样的字眼来表示不同的甚至相反的意义，即以“民主”这个词为例，在西方，“民主”意味着自由秘密选举的国会代表制，而在东方，却意味着一些很不相同的难以表述的东西（一种复杂的经济政治上的官僚政治的金字塔，目的在于代表“人民”和为“人民”服务）。在其他方面,美国的理论要比苏联含糊得多,这似乎是有历史原因的。美国实际上是在真空中扩张生长起来的;西方的开拓者却必须克服可怕的自然障碍,虽则人为的阻力极其微小。今日的苏联不仅必须战胜自然困难,而且必须战胜人为的困难:它必须摧毁沙皇的腐朽制度,同化一些落后的亚洲部落;如今她给自己提出的一项任务就是要把远东的古老文化加以现代化。为此目的,免不了要有一个明确确定的充满了口号的学说,这是迎合劳苦大众的需要和本能的。这样,人们就能理解马克思哲学在东方所获得的力量。我们科学家在这个冲突中能做些什么呢?我们可以联合精神、宗教、哲学方面的力量,它们根据伦理道德是反对战争的。我们甚至可以攻击这个冲突的意识形态基础本身。因为科学不仅是技术的基础,同时也是健康哲学的来源。而现代物理学的发展,已经以一个有着基本重要性的原理使我们的思维日趋丰富,那就是并协的观念。在物理学这样一门精确科学中,能够找到许多相互排斥而又并协的情况,它们不能用同一的概念来描述,而需要两种表达方式。这一事实能够应用到其他的人类活动和思想方面。N.玻尔已经建议在生物学和心理学上作了某些类似的应用。在哲学上有一个关于自由意志的古老的中心问题。任何意志活动一方面可以看成是一种有意识的心灵的自发过程,另一方面可以看成是动机的产物,这种动机依赖于来自外间世界的过去或现在的印象。如果人们假设后者遵从自然界中的决定论规律,那么在行动自由感和自然过程的必然性之间就会有矛盾。但是如果人们把这看成是并协的例子,这一表观的矛盾就成为一个认识论上的错误了。这是一种健康的思想方法,若是恰当地应用起来,也许可以消除许多不仅是哲学方面的,而且是所有生活方式方面的剧烈争执,例如政治方面的。

马克思的哲学是一百年前建立的,当然一点不知道这个新原理。然而,一位杰出的俄国科学家最近企图从"辩证唯物主义"的观点去解释它。辩证唯物主义观点认为,一切思维包含着相反的对立面;它们经过斗争统一成一个综合体。所以他说,在这个马克思的论断中,你可以预言物理学中所发生的情况,例如光学中的情况:牛顿的正命题("光是由微粒所组成")和惠更斯的反命题("光是由波所组成")构成了对立面,直到两者在量子力学这个综合体中统一起来。这都是很好而无所争论的,虽则有点浅薄。但是,何不进一步把它用到两种竞争着的意识形态上,把自由主义(或资本主义)和共产主义当作两个对立命题呢?那时人们就会期望有某种综合体,而不是像马克思学说所期望的那样共产主义得到完全的永恒胜利。很难期望大约在一百年前发展起来的马克思的观念能够给现代科学的发展带来指路明灯。相反的情况倒更可能些:在这一百年期间,科学所发展起来的新哲学思想可能有助于进一步理解社会和政治关系。诚然,我们发现有两种思想体系以完全不同的显然相反的方法去处理同一种结构——国家。一种是以个人自由作为基本概念出发,另一种是从群众的集体利益出发。

这个差别跟我们刚才提到的意志问题的两个方面大致相当:一方面是主观的自由感,另一方面是动机的因果关联。因此,西方以政治和经济上的自由主义为理想,而东方的理想是一个由全权国家来调节的集体生活。但是,既然自由意志问题的矛盾可以用并协的观念解决,那么政治思想体系的矛盾似乎也能这样来解决。这样,东西方之间意识形态上的鸿沟也许就能沟通,而这就是自然哲学在目前危机中所能作出的贡献。

如此善于利用科学成果去进行大规模破坏的世界,最好能听听这和好与合作的讯音。

外国人名中英对照表

阿伯拉罕 Abraham, Max
阿基米得 Archimedes
阿楞 Allen
阿普顿 Appleton
阿斯通 Aston
阿特里安 Adrian, E. D
艾夫斯 Ives
爱丁顿 Eddington
爱尔沙色 Elsasser, W
爱伦菲尔斯 Ehrenfels, v.
爱普斯坦 Epstein
爱因斯坦 Einstein
安德拉德 Andrade
安德荪 Anderson
安纳斯米尼斯 Anaximenes
安纳希曼德 Anaximander
安培 Ampére
昂尼斯 Onnes, Kamerlingh
昂萨格 Onsager
奥本海默 Oppenheimer, R
奥丁 Offing
巴尔末 Balmer
巴克来 Barkla
巴莱特 Barnett
白努利 Bernoulli
柏蒂 Petit
柏拉图 Plato
包道尔斯基 Podolsky
鲍威耳 Powell
鲍林 Pauling
贝克勒尔 Becquerel
贝塞尔 Bessel
贝特 Bethe
崩迪 Bondi
毕奥 Biot
毕格玛利翁 Pygmalion

别鲁姆 Bjerrum
波埃斯 Boys,C. V
波德 Bode
波利亚伊 Bolyai
波特 Bothe,W
波义耳 Boyle
玻尔 Bohr,N
玻尔兹曼 Boltzmann
玻姆 Bohm
玻色 Bose
泊松 Poisson
布哈布哈 Bhabha
布拉格 Bragg
布拉开特 Blackett
布劳 Blau
布劳欧 Brouwer
布雷爱特 Breit
布里奇曼 Bridgman
布洛欣采夫 Blokhintzev
布西 Busch,H
查德威克 Chadwick
朝永振一郎 Tomonaga
达阿西 D'Arcy,Chevalier
达朗伯 d'Alembert
戴多 Dido
戴维孙 Davisson
道尔顿 Dalton
德拜 Debye
德波耳 De Boer
德布洛意 de Broglie
德福尔斯特 De Forest
德格鲁特 De Groot
德哈斯 De Haas
德鲁得 Drude
德谟克里特 Democritus
狄拉克 Dirac
丁格 Dingle,H
杜隆 Dulong
杜芒 Dymond
多普勒 Doppler
厄米 Hermit
恩发斯特 Ehrenfest,Tatyana
法汉 Faxén
法拉第 Faraday
法兰兹 Franz
范德格拉夫 Van de Graaff
范德瓦尔斯 Van de Waals
范霍夫 Vant Hoff

腓特烈 Frederic
斐兹杰惹 Fitzgerald
费道罗 Fedorow
费尔玛 Fermat
费米 Fermi
费涅耳 Fresnel
费歇 Fisher, H. A. L
冯米赛斯 Von Mises
冯诺爱曼 Von Neumann
冯外萨克尔 Von Weizsäcker
佛兰克 Frank, James
佛兰克 Frank, Philipp
否勒 Fowler
夫累铭 Fleming
夫里德曼 Friedmann
弗兰凯尔 Frenkel
弗兰克 Franck
弗雷德雷期 Friedrich
弗洛伊德 Freud
伏阿 Voigt, Woldemar
伏尔泰 Voltaire
福克 Fock
付尔斯 Fürth, R
傅立叶 Fourier
伽尔顿 Galton
伽利略 Galileo
伽莫夫 Gamow
盖革 Geiger
盖拉赫 Gerlach
高艾 Gouy
高斯 Gauss
哥白尼 Copernicus
哥施米特 Goudsmit
歌德 Goethe
革末 Germer
格里菲斯 Griffith
格士勒 Gessler
葛罗斯门 Grossmann, Mavcal
耿斯曼 Kunsmann
古斯里 Guthrie
顾伯 Cowper, A. D
顾德堡 Guldberg
果耳德 Gold
哈邦 Halban
哈伯尔 Haber
哈伯尔 Haber, Fritz
哈恩 Hahn, Otto
哈海耳 Haxel

哈密顿 Hamilton
哈孙隆尔 Hasenöhrl,F
哈特里 Hartree
海艾 Hey
海勒拉斯 Hylleraas
海森堡 Heisenberg,W
海斯 Hess
海特勒 Heitler
海威西 Hevesy
亥姆霍兹 Helmholtz
荷爱耳 Hoyle
赫格洛兹 Herglotz,G
赫歇斯 Herschels
赫兹 Hertz
洪德 Hund
虎布尔 Hubble
惠更斯 Huygens
霍伯斯特 Hornbostel
霍夫曼 Hoffmann,Benesh
基奥给 Giauque
基尔霍夫 Kirchhoff
吉布斯 Gibbs
吉姆斯 James,Williams
加博尔 Gabor
焦耳 Joule
居理 Curie
卡来尔 Carlyle
卡曼 Kármán
卡普萨 Kapitza
卡斯密尔 Casimir
开耳芬 Kelvin,Lord
开色姆 Keesom
康德 Kant
康普顿 Compton
考夫曼 Kaufmann,W
考克尔 Kockel
考涅格 König,Samuel
考斯特尔 Coster
考瓦斯基 Kovarski
柯勒 Köhler
科克罗夫特 Cockcroft
科希 Cauchy
克尔基 Kurti
克尔斯特 Kerst
克拉莫斯 Kramers
克莱茵 Klein,Felix
克劳纳克 Kroneker
克劳塞维兹 Clausewitz

克立平 Knipping
克利顿 Cleeton
克鲁克斯 Crookes
刻卜勒 Kepler
库仑 Coulomb
拉格朗日 Lagrange
拉摩 Larmor
拉普拉斯 Laplace
喇比 Rabi
喇曼 Raman
莱布尼茨 Leibniz
莱维 Levi
莱维瑞尔 Leverrier
赖迈特里 Lemaître
赖斯基 Rayski
赖欣巴哈 Reichenbach
兰姆 Lamb
郎缪尔 Langmuir
郎之万 Langevin
朗德 Landé
朗斯黛耳 Lonsdale, Kathleen
劳埃 Laue
劳伦斯 Lawrence
黎曼 Riemann
里得伯 Rydberg
里兹 Ritz
林纳德 Lenard
刘其普斯 Leukippos
刘维 Liouville
卢瑟福 Rutherford
鲁克理细阿 Lucretius
鲁恰特 Rüchardt
路易斯 Lewis, G. N
伦敦 London
伦琴 Röntgen
罗伯荪 Robertson
罗散斯 Rosanes
罗森费尔德 Rosenfeld
罗生 Rosen
罗素 Russell
罗西普斯 Leucippus
洛巴柴夫斯基 Lobatchefsky
洛伦兹 Lorentz
马德郎 Madelung
马丁 Martin
马赫 Mach, Ernst
马可尼 Marconi
马奇纳 Margenau, H

马塞 Massey
买厄 Mayer, Robert
买斯纳 Meisner
迈克尔逊 Michelson
麦克道各耳 Mac Dougall
麦克科斯克 McCusker
麦克雷艾 McCrea
麦克斯韦 Maxwell
孟德尔 Mendel
米逸 Mie
密立根 Millikan
密瑟斯 Mises, R. V
明可夫斯基 Minkowski
摩勒 Moller
摩特 Mott
莫根斯顿 Morgenstern, Christian
莫雷 Morley
莫培督 Maupertuis
莫塞莱 Moseley
乃德迈耶尔 Neddermeyer
耐登包尔格 Ladenburg
能斯脱 Nernst
尼科尔 Nicol
聂德汉 Jeedham, J
牛顿 Newton
努塔耳 Nuttal
诺希脱姆 Nordström
欧几里得 Euclid
欧勒 Euler
帕邢 Paschen
派斯 Pais
泡尔 Paul
泡利 Pauli
彭加勒 Poincaré, Henri
皮兰 Perrin
坡尔 Pohl
蒲劳特 Prout
普拉泰 Plateau
普兰特 Prandtl
普朗克 Planck
普雷哥金 Prigogine
琴斯 Jeans
冉斯基 Janski
仁科芳雄 Nishina
瑞利 Rayleigh
瑞斯 Ricci
润奇 Runge
塞立格 Seelig, Carl

塞曼 Zeeman
沙代 Soddy
沙伐耳 Sovart
绍斯威尔 Southwell
施特恩 Stern
施维扎尔 Schweitzer,Albert
史脱拉斯曼 Strassmann
斯宾格勒 Spengler
斯济纳特 Szillard
斯莱特 Slater
斯莫留柯夫斯基 Smoluckowski
斯契因 Schein
斯塔克 Stark
斯坦涅斯劳斯·洛雷艾 Sbanislaus Loria
斯特拉顿 Stratton,F. J. M
斯特拉斯曼 Strassmann
斯特鲁夫 Struves
斯特瓦尔德 Stewart
斯提佛耳 Stievell
斯托克斯 Stokes
素末菲 Sommerfeld
台尔雷克斯 Terreaux
台尔斯 Thales
泰勒 Taylor,G. I
泰特 Tait
汤川秀树 Yukawa
汤姆逊 Thomson
陶思毕 Toynbee,Arnold
铁夫 Tuve
退尔 Tell,William
托布纳 Teubner
托勒密 Ptolemy
瓦爱斯考普 Weisskopf
瓦爱塔克 Whittaker
瓦尔顿 Walton
瓦尔特 Walter
瓦格 Waage
瓦维洛夫 Vavilov
外斯 Weiss
威尔 Weyl,Hermann
威尔逊 Wilson,C. T. R
威廉姆斯 Williams
威塞姆 Wertheimer
韦太末 Wertheimer
维达耳 Vidale
维恩 Wien
维格纳 Wigner

图书在版编目(CIP)数据

我这一代的物理学/(德)玻恩著;侯德彭,蒋贻安译.—北京:商务印书馆,2015(2020.10重印)
ISBN 978-7-100-11157-7

Ⅰ.①我… Ⅱ.①玻…②侯…③蒋… Ⅲ.①物理学 Ⅳ.①O4

中国版本图书馆CIP数据核字(2015)第059533号

我这一代的物理学

〔德〕马克斯·玻恩 著

侯德彭 蒋贻安 译

商 务 印 书 馆 出 版
(北京王府井大街36号 邮政编码100710)
商 务 印 书 馆 发 行
北京艺辉伊航图文有限公司印刷
ISBN 978-7-100-11157-7

2015年6月第1版　　开本850×1168　1/32
2020年10月北京第2次印刷　　印张10
定价:30.00元